HISTOIRE

NATURELLE

DES POISSONS.

STRASBOURG, IMPRIMERIE DE F. G. LEVRAULT.

HISTOIRE

NATURELLE

DES POISSONS,

PAR

M. LE B.^{ON} CUVIER,

Pair de France, Grand-Officier de la Légion d'honneur, Conseiller d'État et au Conseil royal de l'Instruction publique, l'un des quarante de l'Académie française, Associé libre de l'Académie des Belles-Lettres, Secrétaire perpétuel de celle des Sciences, Membre des Sociétés et Académies royales de Londres, de Berlin, de Pétersbourg, de Stockholm, de Turin, de Gœttingue, des Pays-Bas, de Munich, de Modène, etc. ;

ET PAR

M. A. VALENCIENNES,

Professeur de Zoologie au Muséum d'Histoire naturelle, Membre de l'Académie royale des sciences de Berlin, de la Société zoologique de Londres, etc.

TOME ONZIÈME.

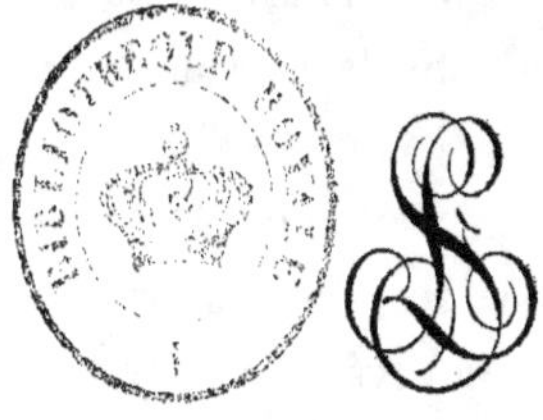

A PARIS,

Chez F. G. LEVRAULT, rue de la Harpe, n.° 81.

STRASBOURG, même Maison, rue des Juifs, n.° 33.

BRUXELLES, Librairie parisienne, rue de la Magdeleine, n.° 438.

1836.

AVERTISSEMENT.

La première famille dont nous traçons l'histoire dans ce volume, est une de celles qui nous ont donné le plus de peine, à M. Cuvier et à moi. Nous l'avions déjà bien élaborée dans un premier travail, dont M. Cuvier a consigné les principaux résultats, pour les Muges d'Europe en particulier, dans la seconde édition du Règne animal. Mais je dois dire que j'ai entièrement refondu et étendu ce travail général; car j'ai eu à faire connaître un nombre d'espèces double de celui que M. Cuvier avait examiné, et dont plusieurs ont donné lieu à l'établissement de genres distincts de celui des Muges.

J'ai suivi les préceptes de mon illustre maître, en plaçant dans la famille des Mugiloïdes le genre des Tétragonures, sans toutefois dissimuler les difficultés qui restent encore à résoudre pour justifier ce rapprochement.

Enfin, je commence à traiter de la grande famille des Gobies, dont le premier groupe, celui des Blennies, se trouve réuni dans ce volume, et dont le second va être exposé dans le suivant.

Je dois donner ici un nouveau témoignage de ma reconnaissance aux naturalistes qui veulent bien m'aider de leurs communications. M. Ruppel a eu la bonté de me faire connaître une partie des espèces nouvelles qu'il a découvertes dans son second voyage.

L'expédition envoyée par le Gouvernement à la recherche de l'infortuné Blosseville avait été montée de manière à servir encore les sciences physiques et naturelles, et elle a, en effet, contribué à les éclairer.

MM. Gaimard et Robert, qui en faisaient partie, ont rapporté une collection fort intéressante de poissons du Nord, et dont plusieurs m'ont déjà fourni, pour ce volume, des matériaux précieux, que je me suis empressé d'employer. Le zèle de M. Gaimard ne se ralentit pas; il semble augmenter avec les fatigues qu'il supporte et les privations qu'il s'impose. Aujourd'hui il retourne sur la seconde expédition armée pour persévérer à faire tous les efforts possibles et nécessaires pour retrouver l'équipage français arrêté dans les glaces. M. Gaimard espère visiter les côtes du Groenland, n'ayant d'autre but que de nous rapporter de nouvelles richesses, et de les déposer dans nos grandes collections nationales.

Au Jardin des Plantes, Mai 1836.

TABLE

DU ONZIÈME VOLUME.

LIVRE TREIZIÈME.

	Pages.	Planch.
DES MUGILOÏDES	1	

CHAPITRE PREMIER.

	Pages.	Planch.
DES MUGES OU MULETS	5	
Le Muge à large tête (*Mugil cephalus*, nob.)	14	307
Le Muge capiton, ou du Ramado (*Mugil capito*, nob.)	26	308
Le Muge doré (*Mugil auratus*, Risso)	31	*Ibid.*
Le Muge sauteur (*Mugil saliens*, Risso)	34	309
Le Muge à grosses lèvres (*Mugil chelo*, nob.)	36	*Ibid.*
Le Muge labéon (*Mugil labeo*, nob.; Muge sabounier, Risso)	40	310
Le Muge Dubahra (*Mugil Dubahra*, nob.)	43	
Le Muge à lèvres cachées (*Mugil cryptocheilos*, nob.)	44	
Le Muge raccourci (*Mugil curtus*, Yarell)	51	311
DES MUGES D'AMÉRIQUE	58	
Le Muge liza (*Mugil liza*, nob.)	61	
Le Muge curema (*Mugil curema*, nob.)	64	
Le Muge des roches (*Mugil rupestris*, nob.)	65	
Le Muge de Plumier (*Mugil Plumieri*, nob.)	66	
Le Muge blanquette (*Mugil albula*, Lin.)	69	
Le Muge rayé (*Mugil lineatus*, Mitch.)	71	
DES MUGES D'AFRIQUE	74	
Le Muge à grandes écailles (*Mugil grandisquamis*, nob.)	76	
Le Muge à anale en faux (*Mugil falcipinnis*, nob.)	77	
Le Muge à tête courte (*Mugil breviceps*, nob.)	78	
Le Muge de Constance (*Mugil Constantiæ*, nob.)	79	
Le Muge du Cap (*Mugil capensis*, nob.)	80	
DES MUGES DES INDES	*Ibid.*	
Le Muge céphalote (*Mugil cephalotus*, nob.)	81	

	Pages.	Planches
Le Muge de Bourbon (*Mugil borbonicus*, nob.)	84	
Le Muge kunnesée (*Mugil cunnesius*, nob.)	*Ibid.*	
Le Muge verdâtre (*Mugil subviridis*, nob.)	85	
Le Muge de La Peyrouse (*Mugil Perusii*, nob.)	86	
Le Muge de Broussonnet (*Mugil Broussonnetii*, nob.)	87	
Le Muge corsula (*Mugil corsula*, Buch.)	88	
Le Muge à tête plate (*Mugil planiceps*, nob.)	90	
Le Muge crénilabre (*Mugil crenilabis*, Forsk.)	91	
Le Muge rubanné (*Mugil fasciatus*, nob.)	92	
Le Muge lippu (*Mugil labiosus*, nob.)	93	
Le Muge cirrhostome (*Mugil cirrhostomus*, Forst.)	94	312
Le Muge à tache bleue (*Mugil cœruleo - maculatus*, Lacép.)	95	
Le Muge axillaire (*Mugil axillaris*, nob.)	97	
Le Muge cylindrique (*Mugil cylindricus*, nob.)	98	
Le Muge bouveron (*Mugil amarulus*, nob.)	*Ibid.*	
Le Muge macrolépidote (*Mugil macrolepidotus*, Rup.)	99	
Le Muge Pedaraki (*Mugil Pedaraki*, nob.)	102	
Le Muge de Péron (*Mugil Peronii*, nob.)	*Ibid.*	
Le Muge pointu (*Mugil acutus*, nob.)	104	
Le Muge de Forster (*Mugil Forsteri*, nob.)	*Ibid.*	
Le Muge Ferrand (*Mugil Ferrandi*, Q. G.)	105	
Le Muge à pectorales noires (*Mugil melanochir*, K. V. H.)	106	
Le Muge Parsia (*Mugil Parsia*, Ham., Buch.)	107	
Le Muge cascasia (*Mugil cascasia*, Buch.)	108	
Le Muge à nageoires jaunes (*Mugil melinopterus*, nob.)	*Ibid.*	313
Le Muge de Dussumier (*Mugil Dussumieri*, nob.)	109	
Le Muge carené (*Mugil carinatus*, Ehr.)	110	
Le Muge à dents recourbées (*Mugil curvidens*, nob.)	111	314
Le Muge ciliilabre (*Mugil ciliilabis*, nob.)	112	
Le Muge scheli (*Mugil scheli*, Forsk.)	113	
Le Muge tade (*Muge tâde*, Forsk.)	114	

Pages. Planch.

CHAPITRE II.

Des Cestres, des Dajaus et des Nestis.................. 116

Le Cestre à lèvres plissées (*Cestræus plicatilis*, nob.)....... *Ibid.* 315

Le Cestre oxyrhynque (*Cestræus oxyrhyncus*, nob.)......... 120

Des Dajaos, *et en particulier du* Dajao des montagnes (*Dajaus monticula* nob.; *Mugil monticula*, Griff.)............... 122 316

Des Nestis.................................... 124

Le Nestis cyprinoïde (*Nestis cyprinoides*, nob.)........... *Ibid.* 317

Le Nestis dobuloïde (*Nestis dobuloides*, nob.)............ 127

CHAPITRE III.

Des Tétragonures, *et en particulier du* Tétragonure de Cuvier (*Tetragonurus Cuvieri*, Risso)...................... 128 318

LIVRE QUATORZIÈME.

De la famille des Gobioïdes.................... 139

CHAPITRE PREMIER.

Des Blennies et des Pholis...................... 146

Le Blennie gattorugine (*Blennius gattorugine*, nob.)........ 148

Le Blennie rouge (*Blennius ruber*, nob.).............. 156

Le Blennie tentaculaire (*Blennius tentacularis*, Brünnich)...... 157 319

Le Blennie palmicorne (*Blennius palmicornis*, nob.; *Blennius sanguinolentus*, Pallas)........................... 159 320

Le Blennie de Yarell (*Blennius Yarellii*, nob.)............ 161

Le Blennie papillon (*Blennius ocellaris*, Linn.)............ 163

Le Blennie sphinx (*Blennius sphynx*, nob.)............. 167 321

Le Blennie trigloïde (*Blennius trigloides*, nob.)............ 168

Le Blennie aux dorsales inégales, *Blennius inæqualis*, nob.)... 170

Le Blennie d'Artedi (*Blennius Artedii*, nob.; *Blennius galerita*, Artedi)...................................... 171

	Pages.	Planch.
Le Blennie de Montagu (*Blennius Montagui*, Flemm.)	172	322
Le Blennie chevelu (*Blennius crinitus*, nob.)	175	
Le Blennie paon (*Blennius pavo*, Risso)	176	323
Le Blennie basilic (*Blennius basiliscus*, nob.)	180	
Le Blennie rouge cap (*Blennius rubriceps*, nob.; *Blennius erythrocephalus*, Risso)	183	
Le Blennie cagnette (*Blennius cagnota*, nob.)	184	
Le Blennie moine (*Blennius frater*, Bl. Schn.)	186	
Le Blennie à filets sur la nuque (*Blennius nuchifilis*, nob.; *Blennius cristatus*, Linn.)	Ibid.	
Le Blennie pilicorne (*Blennius pilicornis*, nob.)	187	
Le Blennie de Gorée (*Blennius goreensis*, nob.)	188	
Le Blennie sale (*Blennius sordidus*, E. T. Bennet)	189	
Le Blennie fissicorne (*Blennius fissicornis*, nob.)	Ibid.	
Le Blennie aux petites cornes (*Blennius parvicornis*, nob.)	190	
Le Blennie aux grandes cornes (*Blennius grandicornis*, nob.)	191	
Le Blennie céphalote (*Blennius capito*, nob.)	192	
Le Blennie panthérin (*Blennius pantherinus*, nob.)	193	
Le Blennie des fucus (*Blennius fucorum*, nob.)	194	324
Le Blennie océanique (*Blennius oceanicus*, nob.)	195	
Le Blennie géminé (*Blennius geminatus*, Wood)	196	
Le Blennie tacheté (*Blennius punctatus*, Wood)	197	
Des Pholis	198	
Le Pholis lisse (*Pholis lævis*, Flemm.; *Blennius pholis*, Lin.)	199	
Le Pholis smyrnéen (*Pholis smyrnensis*, nob.)	203	325
Le Pholis carolin (*Pholis carolinus*, nob.)	204	
Le Pholis à petites dents (*Pholis parvidens*, nob.)	205	

CHAPITRE II.

Des Blennechis et des Chasmodes	206	
Le Blennechis filamenteux (*Blennechis filamentosus*, nob.; *Blennius rostratus*, Soland.)	Ibid.	326
Le Blennechis de Dussumier (*Blennechis Dussumieri*, nob.)	208	

Pages. Planch.

Le Blennechis à tête courte (*Blennechis breviceps*, nob.)....... 209

Le Blennechis rayé (*Blennechis grammistes*, nob.).......... 210

Le Blennechis cyprinoïde (*Blennechis cyprinoïdes*, nob.)...... 211

Le Blennechis pointillé (*Blennechis punctatus*, nob.).......... *Ibid.*

Le Blennechis fascié (*Blennechis fasciolatus*, nob.; *Omobranchus fasciolatus*, Ehrenberg)........................ 212

Le Blennechis anolis (*Blennechis anolius*, nob.)........... 213

Le Blennechis à deux ocelles (*Blennechis biocellatus*, nob.).... 214

Le Blennechis mitré (*Blennechis mitratus*, nob.; *Petroskirtes mitratus*, Ruppel)............................ 216

Le Blennechis ancylodon (*Blennechis ancylodon*, nob.; *Petroskirtes ancylodon*, Ruppel)..................... 217

Des Chasmodes.................................. 218

Le Chasmodes bosquien (*Chasmodes bosquianus*, nob.; *Blennius bosquianus*, Lacép.)........................ *Ibid.* 327

Le Chasmodes à quatre bandes (*Chasmodes quadrifasciatus*, nob.; *Pholis quadrifasciatus*, Wood)................... 220

Le Chasmodes à neuf raies (*Chasmodes novemlineatus*, nob.; *Pholis novemlineatus*, Wood)................... 221

CHAPITRE III.

Des Salarias................................... 223

Le Salarias vermiculé (*Salarias vermiculatus*, nob.).......... *Ibid.*

Le Salarias marbré (*Salarias marmoratus*, nob.; *Blennius marmoratus*, Bennet).............................. 226

Le Salarias à carreaux (*Salarias textilis*, Q. G.)........... 227

Le Salarias à gouttelettes (*Salarias guttatus*, nob.).......... 228

Le Salarias strié (*Salarias striatus*, Q. et G.)............ *Ibid.*

Le Salarias de Dussumier (*Salarias Dussumieri*, nob.)....... 229

Le Salarias périophthalme (*Salarias periophthalmus*, nob.).... 230 328

Le Salarias à front bossu (*Salarias gibbifrons*, Q. et Gaim.).. 231

Le Salarias rayé (*Salarias lineatus*, nob.).............. 232

Le Salarias de Forster (*Salarias Forsteri*, nob.)........... 233

xij TABLE.

Pages. Planch.

Le Salarias à double série (*Salarias biseriatus*, nob.)....... 234

Le Salarias variolé (*Salarias variolosus*, nob.)............ 235

Le Salarias quadripenne (*Salarias quadripinnis*, nob.)....... *Ibid.*

Le Salarias de l'Atlantique (*Salarias atlanticus*, nob.)........ 238

Le Salarias de Seba (*Salarias Sebæ*, nob.)............... 239

Le Salarias marron (*Salarias castaneus*, nob.)............ *Ibid.*

Le Salarias rubanné (*Salarias fasciatus*, nob.; *Blennius fascia-tus*, Bl.).. 240

Le Salarias cyclope (*Salarias cyclops*, Ruppel)............ 241

Le Salarias noir (*Salarias niger*, Ehrenberg)............. 242

Le Salarias frontal (*Salarias frontalis*, Ehrenb.)........... *Ibid.*

Le Salarias à queue rousse (*Salarias ruficaudus*, Ehrenberg)... 243

Le Salarias à quatre cornes (*Salarias quadricornis*, nob.)..... *Ibid.* 329

Le Salarias pintade (*Salarias meleagris*, nob.)............ 246

Le Salarias de King (*Salarias Kingii*, nob.).............. 247

Le Salarias oryx (*Salarias oryx*, Ehrenb.)............... 248

Le Salarias daim (*Salarias dama*, nob.; *Blennius dama*, Ehr.).. 249

Le Salarias sauteur (*Salarias alticus*, nob.; le *Blennie sauteur*, Lacép.).. *Ibid.*

Le Salarias bridé (*Salarias frænatus*, nob.)............. 253

Le Salarias vert (*Salarias viridis*; nob.)................ 254

Le Salarias variolé (*Salarias variolatus*, nob.)............ 256 330

Le Salarias aux points rouges (*Salarias rubropunctatus*, nob.)... 257

Le Salarias vomerin (*Salarias vomerinus*, nob.)........... 258

Le Salarias à cavernes (*Salarias cavernosus*, nob.; *Blennius ca-vernosus*, Bloch)................................... 259

CHAPITRE IV.

Des Clinus, des Myxodes, des Cristiceps, des Cirrhibarbes et des Triptérygions................................. 260

Des Clinus..................................... *Ibid.*

Le Clinus argenté (*Clinus argentatus*, nob.)............ 261

Le Clinus sourcilier (*Clinus superciliosus*, nob.; *Blennius super-ciliosus*, Lin.)..................................... 266 331

Pages. Planch.

Le Clinus cottoïde (*Clinus cottoides*, nob.)............ 271

Le Clinus à museau pointu (*Clinus acuminatus*, nob.)....... 273

Le Clinus a tête courte (*Clinus brachycephalus*, nob.)....... 274

Le Clinus à lunettes (*Clinus perspicillatus*, nob.)........... *Ibid.*

Le Clinus porte-peigne (*Clinus pectinifer*, nob.)........... 276

Le Clinus chevelu (*Clinus capillatus*, nob.)............. 278

Le Clinus de Delalande (*Clinus Delalandii*, nob.)........... 279

Le Clinus de l'Herminier (*Clinus Herminieri*, nob.; *Blennius Herminier*, Lesueur)............................ 280

Le Clinus variolé (*Clinus variolosus*, nob.)............. 281 332

Le Clinus péruvien (*Clinus peruvianus*, nob.)............ 283

Le Clinus aux petits tentacules (*Clinus microcirrhis*, nob.).... 284

Le Clinus aux joues pointillées (*Clinus geniguttatus*, nob.).... 285

Le Clinus à gouttelettes (*Clinus guttulatus*, nob.).......... 286

Le Clinus élégant (*Clinus elegans*, nob.)............... 287 333

Le Clinus de rivage (*Clinus littoreus*, Forster)........... *Ibid.*

Le Clinus anguillaire (*Clinus anguillaris*, nob.).......... 288 334

Le Clinus hétérodonte (*Clinus heterodon*, nob.).......... 290

Le Clinus latipenne (*Clinus latipennis*, nob.)............ 291

Le Clinus chabot (*Clinus gobio*, nob.).............. 292

Des Myxodes............................. 293

Le Myxode vert (*Myxodes viridis*, nob.)............. 294

Le Myxode ocellé (*Myxodes ocellatus*, nob.)........... 295 335

Le Myxode à crête (*Myxodes cristatus*, nob.).......... 296

Des Cristiceps, *et en particulier du* Cristiceps austral (*Cristiceps australis*, nob.).......................... *Ibid.* 336

Des Cirrhibarbes, *et en particulier du* Cirrhibarbe du Cap (*Cirrhibarbis capensis*, nob.)................... 299 337

Des Triptérygions........................... 301

Le Triptérygion à bec (*Tripterygion nasus*, Risso).......... *Ibid.* 338

Le Triptérygion nigripenne (*Tripterygion nigripenne*, nob.)... 304 339

Le Triptérygion varié (*Tripterygion varium*, nob.; *Blennius varius*, Forster)............................ 305

Pages. Planch.

Le Triptérygion de Forster (*Triptérygion Forsteri*, nob.)..... 306
Le Triptérygion à fenêtres (*Triptérygion fenestratum*, nob.;
   Blennius fenestratus, Forster)...................... *Ibid.*

CHAPITRE V.

Des Gonnelles 308
Le Gonnelle vulgaire (*Gunnellus vulgaris*, nob.; *Blennius gun-
   nellus*, Lin.)................................. 309
Le Gonnelle sans nageoires (*Gunnellus apos*, nob.).......... 314
Le Gonnelle épineux (*Gunnellus mucronatus*, nob.; *Ophidium
   mucronatum*, Mitchill)........................ 315
Le Gonnelle ponctué (*Gunnellus punctatus*, nob.; *Blennius punc-
   tatus*, Fabr.)............................... *Ibid.*
Le Gonnelle de Fabricius (*Gunnellus Fabricii*, nob.; *Blennius
   lumpenus*, Fabr.).............................. 317
Le Gonnelle d'Islande (*Gunnellus islandicus*, nob.; *Centronotus
   islandicus*, Bl. Schn.)......................... 319
Le Gonnelle anguillaire (*Gunnellus anguillaris*, nob.; *Blennius
   anguillaris*, Pallas)............................ 320
Le Gonnelle à long ventre (*Gunnellus dolichogaster*, nob.;
   Blennius dolichogaster, Pallas)................... 322
Le Gonnelle rose (*Gunnellus roseus*, nob.; *Blennius roseus*,
   Pallas)..................................... 323
Le Gonnelle ruban (*Gunnellus tænia*, nob.; *Blennius tænia*,
   Pallas)..................................... 324
Le Gonnelle très-rouge (*Gunnellus ruberrimus*, nob.)........ *Ibid.*
Le Gonnelle rubanné (*Gunnellus fasciatus*, nob.; *Centronotus fas-
   ciatus*, Bl. Schn.)............................ 325
Le Gonnelle du Groenland (*Gunnellus groenlandicus*, Reinhardt) 326 340
Le Gonnelle de Strœm (*Gunnellus Strœmii*, nob.; *Blennius galerita*,
   Strœm)..................................... 327
Le Gonnelle à crête de coq (*Blennius alectrolophus*, Pallas)... 330
Le Gonnelle à tête hérissée (*Gunnellus polyactocephalus*, nob.;
   Blennius polyactocephalus, Pallas).................. *Ibid.*

Pages. Planch.

CHAPITRE VI.

Des Zoarcès.. 332

Le Zoarcès vivipare (*Zoarces viviparus*, nob.; *Blennius viviparus*, Lin.)..................................... 335

Des grands Zoarcès d'Amérique....................... 343

Le Zoarcès à grosses lèvres (*Zoarces labrosus*, nob.; *Blennius labrosus*, Mitchill)............................... *Ibid.* 341

Le Zoarcès frangé (*Zoarces fimbriatus*, nob.; *Blennius fimbriatus*, Mitchill).................................... 345

Le Zoarcès de Gronovius (*Zoarces Gronovii*, nob.; *Blennius americanus*, Bl. Schn.)............................... 346

CHAPITRE VII.

Des Anarrhiques..................................... 348

L'Anarrhique loup (*Anarrhichas lupus*, Lin.).............. 349 342

L'Anarrhique léopard (*Anarrhichas leopardus*, Agassis)...... 363

CHAPITRE VIII.

Des Opisthognathes................................... 365

L'Opisthognathe de Sonnerat (*Opisthognathus Sonneratii*, Cuv.; *Opisthognathus ocellatus*, Ehrenb. *Opisthognathus nigro-marginatus*, Ruppel)............................... 367

L'Opisthognathe de Cuvier (*Opisthognathus Cuvierii*, nob.).... 371 343

HISTOIRE
NATURELLE
DES POISSONS.

LIVRE TREIZIÈME.

DE LA FAMILLE DES MUGILOÏDES.

Les mugiloïdes, que M. Cuvier réduisait au seul genre des muges (*mugil,* Linn.), composent une famille naturelle dans laquelle nous reconnaissons cinq genres bien distincts. Tous ces poissons ont le corps presque cylindrique à cause de l'épaisseur du dos; ils sont recouverts par de grandes écailles, qui s'avancent sur le dessus de la tête comme sur celle des ophicéphales; leurs deux dorsales sont séparées, et la première n'a que quatre épines fortes et pointues; leurs ventrales, insérées généralement assez en arrière sous l'abdomen, expliquent comment Linné a pu avec raison, dans son Système, les regarder comme des poissons abdominaux. Leurs dents, quand elles existent, sont si fines qu'elles sont souvent à peine perceptibles; elles manquent même quelquefois.

Les poissons de cette famille ont les os maxillaires petits et cachés, pour la plus grande partie, entre la lèvre épaisse qui garnit l'intermaxillaire, et le sous-orbitaire, qui touche le plus souvent cette lèvre quand la bouche est fermée. Celle de la mâchoire inférieure est taillée en biseau, et porte sur son milieu un tubercule formé par un repli de la peau, et qui répond à un enfoncement de la mâchoire supérieure. Les os pharyngiens, très-développés, rendent l'entrée de l'œsophage anguleuse et étroite, de sorte qu'il ne peut arriver dans l'estomac que des substances assez molles et ténues. Ce viscère a le plus souvent une branche montante, à parois fort épaisses et musculeuses, qui la rendent semblable à un véritable gésier d'oiseau granivore.

Linné ne comptait que deux espèces de muges, réunissant, sous le nom de *mugil cephalus,* les six ou sept qui vivent dans nos mers d'Europe, et y ajoutant une seconde, le *mugil albula,* dont il devait la connaissance à Garden.

Nous portons le nombre des espèces étrangères de muges, tels que nous les entendons, à plus de trente. Nous formons, sous leur dénomination vulgaire aux Antilles de *Dajaus,* un petit groupe de muges d'Amérique, à museau saillant, à bouche un peu plus fendue longitudinalement, sans tubercule à la mâchoire inférieure; ils ont une bande de dents en velours sur les deux mâchoires, ainsi que sur le vomer et sur les palatins. Les mers de l'Inde nous ont fourni deux autres genres. L'un a les lèvres très-épaisses et à gros replis, bordant des mâchoires garnies de dents en fine carde, il y en a une bande étroite sur le devant du vomer seulement; le museau dépasse la mâchoire inférieure et est arrondi. Ces espèces ont la plus grande ressemblance avec les labéons, genre de la famille des cyprinoïdes, avec lesquels on les confondrait facilement, si on oubliait de faire attention aux deux dorsales. Nous désignons ce genre sous le nom de Nestis. Nous appelons Cestre (*cestræus*), un autre petit groupe à museau pointu, à bouche fendue longitudinalement, à mâchoire inférieure courte, sans tubercule et sans dents. La supérieure en a de rudimentaires, perdues dans l'épaisseur de la lèvre : le palais en est tout-à-fait dépourvu.

Enfin nous terminons par les tétragonures, qui tiennent en partie des muges, tout en montrant quelques affinités avec les scombéroïdes.

Si nous avons augmenté de beaucoup le nombre des espèces du genre des muges, tel que l'avait connu Linné, nous avons dû faire quelques modifications aux changemens que lui avaient apportés les successeurs de ce grand homme.

Ainsi nous avons déjà fait voir que le *mugil cinereus* de Walbaum est un *gerres* : M. Ehrenberg nous a démontré que le *mugil chanos* de Forskal est un poisson de la famille des *cyprins,* et nous adoptons complétement cette opinion. Le poisson dont Bosc avait communiqué la description à M. de Lacépède, sous le nom de *mugil appendiculatus,* n'est que l'*elops.* M. de Lacépède, adoptant toujours avec trop de confiance les opinions des autres sans les critiquer, avait cru que le poisson observé par son collègue était voisin des muges, parce que M. Bosc avait commis cette erreur; mais trouvant quelques différences notables dans les caractères, il en avait fait un genre nouveau. Il l'avait nommé *mugilomore,* et dédié l'espèce à la mémoire de sa femme Anne-Caroline; ce genre doit être rayé de la Méthode ichthyologique. Nous avons également reconnu que le *mugil salmoneus* de Forster n'est encore que l'*elops.* Mais nous avons rapproché des muges, à l'exemple de M. de Lacépède, l'espèce que Bloch avait d'abord nommée *mugil Plumieri,* mais qu'il avait ensuite retirée de ce genre pour la placer dans celui des sphyrènes.[1]

---

1. Bloch, Syst. posth., p. 100, et Cuv. Valenc., Hist. nat. des poiss., t. III, p. 250.

Quant au genre Mugiloïde [1] établi d'après le *mugil chilensis* de.Molina, espèce à laquelle cet auteur n'a attribué qu'une seule dorsale, il doit être réformé comme celui des mugilomores. Il est de toute évidence que ce voyageur a décrit un muge dont il n'avait pas redressé la première dorsale. La présence du tubercule de la mâchoire inférieure, le nombre des rayons de la dorsale examinée et le nom de *Liza* ne peuvent laisser de doute à ce sujet. M. de Lacépède augmente d'ailleurs avec raison le nombre des espèces de muges mentionnées par Gmelin, en y réunissant le *mugil crenilabis* de Forskal et le *muge à tache bleue* tiré des papiers de Commerson. Bloch a, dans son édition posthume, comme on vient de le voir, tiré un fort mauvais parti des matériaux qu'il possédait, quoiqu'il y ajoute les poissons que lui fournissent les manuscrits de Forster; les neuf espèces de Bloch se réduisent tout au plus à quatre bien authentiques. Nous établirons entre autres que le *mugil Hasselquistii* de Schneider est une sphyrène, chose d'autant plus singulière qu'il plaçait dans ce même ouvrage un vrai muge dans le genre des sphyrènes sous le nom de *sphyræna Plumieri.* Shaw [2] compte aussi neuf espèces, en prenant le fond de son genre dans l'ouvrage de Lacépède, mais en y ajoutant un *mugil malabaricus* d'après Russel, et à tort le chanos de Forskal,

---

1. Lacépède, t. V, p. 394.
2. *Gen. Zool.*, vol. V, 1.re part., p. 134.

CHAPITRE PREMIER.

Des Muges ou Mulets.

Nous venons d'établir que les muges sont des acanthoptérygiens à ventrales situées sous l'abdomen, à deux dorsales distinctes et même très-séparées, qui, par leur forme générale et par leurs grandes écailles, ont quelque chose de l'apparence extérieure de nos cyprins, surtout de nos chevaines ou meuniers. Leur bouche est petite, fendue en travers au bout du museau et légèrement pliée dans son milieu, où la lèvre inférieure a une protubérance qui répond à une échancrure de la supérieure; leurs dents sont infiniment petites et déliées, souvent même à peu près imperceptibles; de chaque côté de leur museau est un sous-orbitaire finement dentelé, sous lequel un maxillaire grêle s'abrite plus ou moins complétement; leurs opercules sont larges et bombés latéralement, parce qu'ils renferment, outre les branchies, un appareil pharyngien assez compliqué, qui ne laisse arriver dans l'œsophage que des matières liquides ou déliées, en les faisant passer par une voie très-contournée. Leur estomac se termine en une espèce de gésier charnu, qui a quelque rapport avec celui des oiseaux; leurs appendices pyloriques sont en assez petit nombre, mais leur intestin est long et replié.

Dépourvus d'armes offensives, les muges, malgré la grandeur à laquelle atteignent plusieurs de leurs espèces, ne peuvent attaquer les autres poissons, et même ils n'ont guère pour s'en défendre que les épines de leur première dorsale, trop menues et trop peu nombreuses pour être bien redoutables. Ils ont, au contraire, pour ennemis la

plupart des poissons voraces, mais spécialement, d'après
M. le prince de Musignano, le *perca labrax*.

Muge, mugeo, mujon, sont leurs noms provençaux : les
Espagnols prononcent *mugel;* sur le golfe de Gascogne on
les nomme *meuille,* d'où l'on a fait sur les côtes de la Manche
mulet, et en anglais *mullet*. Toutes ces dénominations rap-
pellent celle de *Mugil*[1], qu'ils portaient en latin, et l'on
voit par la comparaison des passages empruntés des Grecs
par les Latins, ou réciproquement, qu'en grec on les nommait κεϛρεύς.

Le sens de ces deux expressions se constate par tout
ce que les anciens rapportent de la frugalité de ces *mugils*
ou *Cestreus*, par tout ce qu'ils disent de leur naturel pacifique, de leur habileté à sauter hors des filets, de l'abondance avec laquelle ils se portent en certaines saisons aux
embouchures des fleuves, ou vers les lacs et les étangs
qui communiquent avec la mer; car, du reste, on ne
trouve ni dans Aristote, ni dans ses successeurs, aucune
indication tirée de leur conformation, et qui eût pu les
faire reconnaître, si leur nom n'eût pas mis sur la voie,
et si ce que l'on sait de leurs habitudes, ne se fût pas

---

1. M. Griffith, dans la traduction anglaise du Règne animal, dit que ce nom
de *Mugil* est supposé la contraction des deux mots latins *multum agilis*, afin
d'exprimer l'agilité des mouvemens de ce poisson. Le célèbre et savant philologue,
M. Hase, que j'ai consulté à ce sujet, a eu la bonté de me répondre que cette
étymologie est tirée d'Isidore de Séville, qui dit dans ses *Origines, lib.* XII, *cap.* 6,
S. 26, p. 397 : *Mugilis nomen habet, quod sit multum agilis. Nam ubi dispositas
senserit piscatorum insidias, confestim retrorsum rediens, ita transilit rete, ut volare
piscem videas.* Toutefois M. Hase croit cette étymologie aussi fausse que tant d'autres
imaginées par les grammairiens des temps classiques. Il est plus probable que le
mot de *mugil* est dérivé de *mucus*, dont la racine μύξα (*mucus*), rappelle sans
aucun doute les noms de μύξων, de μυξίνος, donnés aux muges par les Grecs.
Voyez aussi Schellers, au mot *mugil*.

trouvé assez conforme avec ce que les écrivains en racontent.

Les anciens Grecs distinguaient déjà plusieurs espèces de muges : Aristote[1] nomme dans le genre des cestreus les *chalones* ou *chélones*, les *myxons*, les *céphales*.

Dans un autre passage[2] il présente le *céphale* et le *cestreus* comme deux espèces du même genre, et à quelques lignes de là il dit que le *céphale* qui se tient près du rivage, est nommé par quelques-uns *chelon*, et qu'un autre *céphale*, vivant loin du rivage, ne se nourrit que de son propre mucus, ce qui semble indiquer le *myxon*; ainsi dans ce dernier endroit c'est κέφαλος qui est le nom générique.

Au contraire, Hicesius, dans Athénée[3], fait des *cestreus*, ainsi que des *céphales*, des *chélones* et des *myxins*, autant d'espèces de *leuciscus*, tandis qu'Euthydemus y divise les *cestreus* en *spheneus*, en *dactylus* et en *céphales*[4]; et que, selon Polémon, il y en avait que l'on nommait *plotes*; variations qui prouvent seulement que dans ces temps-là les nomenclatures populaires n'étaient ni plus régulières ni plus fixes que du nôtre; mais quoiqu'à en juger par les nombreux passages d'Aristote[5], où il emploie toujours le mot de κέστρεύς chaque fois qu'il parle des muges en général,

---

1. *Hist. anim.*, l. V, c. 11, p. 839 d : Αρχονται δὲ κύειν τῶν κεστρέων, οἱ μὲν χάλλωνες, τοῦ Ποσειδεῶνος, καὶ ὁ σάργος, καὶ ὁ μύξων καλύμενος, καὶ ὁ κέφαλος. —Et l. VI, c. 17 : Σάργος... καὶ ὃν καλῦσι δέ τίνες χελῶνα, τῶν κεστρέων, καὶ μύξωνα, etc. Le second passage semble exclure le sargue du genre des Cestreus, où on le croyait placé par une interprétation hasardée du premier.

2. L. VIII, c. 2, p. 900 e. — 3. L. VII, 306. — 4. L. VII, 307. — 5. Arist., *De anim. hist.*, l. IV, c. 10, p. 331 a; l. V, c. 9, p. 338 d; c. 10, p. 839 c; c. 11, p. 839 d; l. VI, c. 15, p. 871 d, e; c. 17, p. 873 b, c; l. VIII, c. 2, p. 900 e; c. 13, p. 909 b.

cette dénomination paraisse être celle qui était de son temps l'expression générique, le *céphale* était l'espèce la plus connue, et c'est celle dont le nom revient le plus souvent avec des détails sur les singularités de ses mœurs. Ce nom avait même fini par remplacer entièrement celui de *cestreus*[1], et chez les Grecs modernes il est constamment le nom générique.

Non-seulement il n'était pas facile de retrouver ces divers muges, mais la grande ressemblance que les espèces de ce genre ont entre elles, rend en général leur distinction un des problèmes les plus difficiles de l'Ichthyologie.

Bélon n'en reconnaissait qu'une espèce, quoique déjà la liste qu'il donne des différences observées par les habitans des bouches du Pô, et des noms par lesquels ils les désignent[2], eût pu lui suggérer d'autres idées.

Rondelet, après s'en être long-temps occupé et avoir consulté les pêcheurs, en distingua quatre, qui existent bien réellement dans la Méditerranée; mais il indiqua leur caractère d'une manière si vague, et en donna des figures si peu soignées, que Willughby ne crut pas devoir en admettre les différences comme spécifiques[3]. Artedi, trop souvent écho fidèle de Willughby, et Linné, adhérant d'ordinaire aux idées d'Artedi, adoptèrent cette opinion.

---

1. Κεϛρεύς ὁ νῦν λεγόμενος κέφαλος, Suidas, 1445.

2. *Græcum vulgus cephalum majorem* (*ex quo botargæ fiunt*) Coclano *vocat; Veneti una* cevola — *Padi accolæ cephalos grandes* miesine *vocant, voce ad myxinum aliquantulum accedente; Stœchadum vulgus* vergado; *Massilienses* calug. — *Qui ad oras Padi agunt eos variis nominibus pro magnitudine appellant :* canestrellos *enim minimos quos in canistris ferre solent, græcum vulgus* gillaros *nominat; alios quoque* bastardos, *medios inter majores et minores; alios* letreganos, *cæteris paulo latiores;* boseguas *alios mediam magnitudinem inter letreganum et miesine sortitos.* Bélon, *De aquat.*, p. 210.

3. Willughby, p. 276.

Ce dernier réunit tous les muges de l'Europe sous le nom commun de *mugil cephalus*, et leur assigna même, toujours sur l'autorité de Willughby, suivie par Artedi[1], un caractère sans exactitude, celui de cinq rayons à la première dorsale, qu'on n'observerait peut-être pas dans un individu sur cinquante, et dont nous n'avons rencontré dans toutes nos recherches qu'un seul exemple, et encore accidentel. L'excellente description de M. le prince de Musignano confirme également ce fait, et enfin, ce qui prouve que ce nombre cinq est tout-à-fait accidentel, c'est que l'auteur dont nous invoquons ici le témoignage, l'a observé sur le céphale, tandis que c'est le *mugil capito* seul qui nous a offert cet exemple.

Cependant l'autorité de Linné prévalut, et pendant très-long-temps les naturalistes n'ont placé dans leurs méthodes, comme espèce de nos mers, que ce seul *mugil cephalus* avec ses prétendus cinq rayons dorsaux, en lui opposant le *mugil albula* de l'Amérique septentrionale, distingué de l'autre parce qu'il n'en aurait que quatre.[2]

Cetti[3], en 1778, reproduisit l'idée de quatre espèces que les pêcheurs de Naples lui avaient montrées : le *cefalo*, qui est plus grand et a la tête plus grosse; l'*ozzone*, qui a la

---

1. Cependant Artedi s'exprime ainsi, *Descr. sp. pisc.*, p. 72 : *prior* (*pinna dorsalis*)... *aculeorum* quinque, *interdum quatuor.* Il n'est donc pas aussi inexact que Willughby.

2. Brünnich, dès 1768, avait déjà remarqué (*Pisc. massil.*, p. 81) que les muges de la Méditerranée n'ont que quatre rayons à la première dorsale; mais ce qui est plus curieux, c'est que Linné lui-même, dans le deuxième tome du Musée d'Adolphe-Fréderic, p. 104, après avoir inscrit en tête de l'article du *mugil cephalus* le caractère *radiis pinnæ dorsalis prioris quinque*, dit dans le corps de la description : *pinna dorsalis anterior radiis quatuor spinosis, tribus primis basi approximatis,* ce qui est parfaitement exact.

3. Cetti, *Storia nat. di Sardeg.*, III, 196.

tête plus aigüe et ne fait qu'un saut vertical; la *tumula* ou *lissa*, qui tourne en l'air en sautant; et la *concadita*, qui atteint à plus de deux livres et fait plusieurs sauts obliques, comme ces pierres auxquels les enfans font faire des ricochets.

Les pêcheurs de Gênes, ajoute-t-il, lui en firent voir trois espèces : le *noir*, la *grosse tête* et le *sauteur*; mais il avoue que ni pour les uns ni pour les autres il n'a pu découvrir de caractères.

Feu M. De Laroche, en 1809, en distingua deux à Iviça et en fit représenter les têtes dans les Annales du muséum d'histoire naturelle, t. XIII; le premier, pl. 20, fig. 4, nommé à Iviça *mugel*, est notre céphale; le second, pl. 21, fig. 7, nommé *lisa*, est notre muge à grosses lèvres. M. De Laroche n'en fait que des variétés du *mugil cephalus*.

M. Risso, instruit par les pêcheurs de Nice, en a indiqué quatre espèces et deux variétés[1], qu'il a ensuite érigées en espèces[2], et a essayé de les caractériser; mais ses différences, prises des nuances de couleurs d'ailleurs fort semblables, ou de quelques autres traits peu sensibles, n'auraient peut-être pas convaincu les naturalistes plus que n'avaient fait les observations antérieures de Rondelet.

M. Rafinesque[3] se borne à rappeler les noms déjà employés par l'auteur de Montpellier, mais ne considère les poissons qui les portent, que comme des variétés d'une espèce unique.

Je trouve dans un prodrome d'observations ichthyologiques de M. del Nardo, imprimées dans l'Isis de M. Oken[4], que les pêcheurs de Chioggia distinguent cinq sortes de

---

1. Ichthyol. de Nice, p. 343 et suiv. — 2. Deuxième édit., p. 388 et suiv. — 3. *Indice d'Ittiol. sicil.*, p. 56. — 4. Tome XX, p. 473 et suiv.

muges, dont M. del Nardo ne fait non plus que des variétés.
Une partie de leurs noms : *cievoli, botoli, canestri, cor-
tegano, boreghe, vergelate,* rentre dans ceux que Bélon
avait déjà mentionnés. Le *cievolo,* dit l'auteur, est le premier de ceux de Laroche, le *buosega* son second; par
conséquent notre céphale et notre muge à grosses lèvres.

M. de Mertens[1] rapporte aussi à peu près les mêmes
noms, et attribue les différences à l'âge; les plus petits,
jusqu'à un empan, dit-il, se nomment *bottolo;* un peu
plus grands, on les appelle *caostello, verzelata* et *destre-
gan;* au poids d'une livre, *ceolo* ou *cievolo;* enfin, depuis
deux livres jusqu'à quatorze, qui est la plus grande masse
qu'ils acquièrent, *bosega* et *volpina.* Ces noms, ajoute-t-il,
sont déjà anciens : une charte du quinzième siècle parle
des *ceffalis, listriganis* et *verzellatis.*

Si nous avons eu plus de succès dans la recherche de
caractères positifs et vraiment spécifiques, nous l'avons dû
d'abord au zèle généreux de M. Savigny, qui a recueilli et
déposé au Cabinet du Roi une collection des poissons de
la Méditerranée, non moins remarquable par le nombre
des objets, que par les soins éclairés que ce savant naturaliste a mis à les choisir.

Pour ce qui concerne les muges en particulier, il a consulté personnellement M. Risso, afin de bien s'assurer qu'il
possédait les mêmes espèces. Nous avons joint à cette collection des individus que M. Cuvier avait recueillis lui-
même autrefois en Italie; ceux que M. Delalande nous
avait apportés de Marseille; ceux que M. Banon nous a
envoyés de Toulon; ceux que M. Biberon nous a récem-

---

1. Voyage à Venise, t. II, p. 418.

ment apportés de Sicile. Nous leur avons comparé les différens muges que l'on vend sur le marché de Paris, et ceux
qui se pêchent sur quelques-unes de nos côtes de l'Océan,
notamment sur celles de Picardie, où M. Baillon nous les
a recueillis, et sur celles de l'Aunis, d'où elles nous ont été
envoyées par M. d'Orbigny. C'est ainsi que nous avons pu
assigner avec précision les nuances légères de forme qui
en marquent la séparation, et qui ne laisseront plus désor-
mais de doute que les seules mers de France en possèdent
jusqu'à six ou sept espèces parfaitement distinctes.

C'est un extrait de ce grand travail qui a été publié par
M. Cuvier dans la seconde édition du Règne animal. Il y
détermine, par des caractères très-précis, les six espèces
de muges les plus abondantes dans la Méditerranée et
les plus faciles à reconnaître; aussi les naturalistes qui ont
écrit après s'être éclairés par ces travaux, ont-ils tous admis
nos déterminations.

M. le prince de Musignano [1], qui a parfaitement bien
représenté toutes nos espèces de la Méditerranée, a fort
bien su les reconnaître d'après notre nomenclature et a
en quelque sorte justifié l'exactitude de caractères. Nous
citerons tout à l'heure les travaux de MM. Nilson et Yarell
quand nous traiterons des muges de l'Océan.

Ce qui est singulier, c'est que dans les longues descriptions qu'Artedi, Brünnich, Pennant, Bloch, Pallas, etc.,
ont données de leurs muges, et même dans leurs figures,
ils se sont tellement attachés aux caractères communs et
génériques, et ont fait si peu d'attention aux détails, d'où
l'on tire les différences spécifiques, qu'il est à peu près im-

---

1. *Iconogr. della fauna ital.*

possible aujourd'hui de savoir quelle espèce chacun d'eux avait sous les yeux.

Un mot de Linné me fait croire cependant que le sien n'était pas le vrai céphale; il dit dans le caractère générique: *denticulus inflexus supra sinus oris,* expression que Shaw a changée en *callus,* et qui ne peut se rapporter qu'à cette extrémité recourbée du maxillaire, qui paraît en arrière de la commissure dans plusieurs espèces, mais que justement on ne voit pas dans celle-là.

D'ailleurs Linné a travaillé sur l'ichthyologie en grande partie d'après les matériaux d'Artedi, et celui-ci dit positivement dans la longue description du *Mugil cephalus, oculi... nulla cute communi tecti:* expression qu'il n'aurait certainement pas employée s'il eût examiné les yeux du vrai céphale.

Nous allons donc essayer de suppléer à cette inattention: mais pour le faire avec méthode, nous décrirons d'abord comparativement les muges de la Méditerranée; nous tâcherons de les rapporter aux indications qu'en ont données les anciens; nous constaterons ce qu'il y a de plus certain sur leurs habitudes et sur leurs propriétés; passant ensuite sur les côtes de l'Océan, nous reconnaîtrons ceux d'entre eux qui y existent aussi, et nous donnerons la description de ceux qui sont propres à cette mer. C'est alors seulement que nous pourrons avec succès nous transporter dans les parages plus éloignés, et y signaler soit nos espèces lorsque nous les y rencontrerons, soit les espèces plus ou moins différentes que la nature y produit.

Le Muge a large tête.

(*Mugil cephalus*, nob.)

Mais nous devons commencer ce travail par une description détaillée de l'espèce la plus connue, de celle que l'on voit le plus souvent dans la Méditerranée, et qui a été plus particulièrement l'objet de l'attention des anciens naturalistes : c'est le grand *muge*, le *muge à large tête*, celui qui doit à juste titre conserver privativement le nom de *mugil cephalus*, que déjà Rondelet a bien reconnu devoir lui appartenir. C'est en effet cette espèce qu'il nomme en particulier *cephalus*. On la reconnaît à ces deux traits : *capite ex majore, latiore, sed breviore quam reliqui mugiles*, et *oculi magni, mucagine quadam obducti, palpebram esse diceres.*

C'est bien sûrement aussi le *cephalus* d'Aristote; car, comme elle a seule ces paupières épaisses et muqueuses qui lui recouvrent une partie de l'œil, de la même manière que dans le maquereau, il n'y a guère qu'elle qui puisse être sujette à devenir aveugle pendant l'hiver, comme le maquereau, par l'épaississement de ces membranes, ainsi qu'Aristote le rapporte de son *cephalus* (*Hist. anim.* VIII, c. 19).

On l'appelle encore *cefalo* sur les marchés de Rome, et nous l'y avons acheté sous ce nom. M. Charles Bonaparte assure que les pêcheurs le distinguent sous le nom de *cephalo vero, cephalo commune* et *cephalo mattarello*. Sur quelques côtes de France on l'appelle *cabot*, qui a la même signification. C'est le *cievolo* des pêcheurs de Venise, nom qui n'est qu'une corruption de *cefalo;* mais suivant l'auteur que nous venons de citer, il aurait aussi dans cet endroit les noms de *volpina* et de *volpinetto,* et en Toscane on l'appellerait *muggine caparello;* à Nice *carida.* D'ailleurs l'auteur fait observer que dans ces différens lieux tous ces noms sont plutôt génériques que spécifiques. Selon Rafinesque les Siciliens le connaîtraient dans le val de Mazara sous le nom de *molettu,* et dans le val de Nota sous celui de *lampune.* C'est aussi le *mugel* d'Iviça dont M. De Laroche a représenté la tête, mais peu exactement (Annales du mus., XIII, pl. 20, fig. 4).

C'est une des plus grandes espèces : on en voit souvent de 18 pouces de longueur, il y en a de deux pieds et plus : il pèse jusqu'à dix et douze livres, souvent jusqu'à quatorze, quelquefois même jusqu'à dix-sept, selon M. le prince de Musignano, et comme il est le plus commun dans la Méditerranée, c'est celui dont les mœurs sont le mieux connues, ou plutôt on doit dire qu'il a fait oublier les autres, que son histoire a, en quelque façon, absorbé la leur, et qu'on ne peut presque distinguer dans ce que les naturalistes rapportent des muges, ce qui est propre à celui-ci; de sorte que nous pouvons remettre ce que nous avons à dire de ses habitudes et de ses propriétés, après que nous aurons caractérisé les espèces jusqu'à présent confondues avec la sienne.

Ce poisson, comme tous ceux du genre, a le corps alongé et assez épais; le museau court, obtus, et le dessus de la tête aplati; le dos est arrondi, le ventre aussi, mais un peu moins; il se comprime sur les côtés, et cette compression augmente de plus en plus vers la queue. Sa ligne du dos est presque droite; celle du ventre est légèrement et uniformément convexe, de manière que la plus grande hauteur est sous la première dorsale; elle est à cet endroit

du cinquième de la longueur totale. Son épaisseur est un peu plus
de la moitié de la hauteur, laquelle, derrière la deuxième dorsale et
vers la queue, est de plus de moitié moindre qu'auprès de la première dorsale, et l'épaisseur de cette partie n'est pas la moitié de
sa hauteur.

La longueur de la tête est quatre fois et demie dans la longueur
totale; sa hauteur à la nuque une fois et demie dans sa propre longueur. Sa largeur derrière les yeux est un peu moindre que sa
hauteur. Le crâne est très-légèrement convexe, et sa face supérieure
est presque rectangulaire; le museau se termine en avant en s'abaissant un peu, et sa circonscription horizontale s'y fait par un arc
très-ouvert, auquel la mâchoire inférieure s'unit en montant par
un plan incliné, mais de manière à ce que le profil de son extrémité soit très-obtus. Les côtés de la tête sont plats et descendent
obliquement, en se courbant pour se rapprocher l'un de l'autre
sous la gorge. L'œil est un peu au-dessous de la ligne du profil du
crâne, et dirigé latéralement; il occupe à peu près moitié de la
hauteur. La distance du bout du museau fait le quart de la longueur
de la tête. Le diamètre de l'œil est le cinquième de cette longueur,
et il est éloigné de l'autre de deux fois et demie son diamètre. Un
repli adipeux de la peau garnit les bords de l'orbite et ne laisse
qu'un espace en ovale vertical d'un tiers plus étroit que haut, ouvert au-devant de l'œil. Ce voile adipeux s'étend tout autour de l'œil,
et surtout vers la tempe; il distingue bien cette espèce parmi celles
d'Europe. Le museau est soutenu en dessus par les deux os du nez,
qui sont très-larges. De chaque côté, en avant de l'œil, est le sous-
orbitaire, petit, triangulaire, dont le bord inférieur ou antérieur
est rectiligne et entier, et qui a une petite troncature à l'angle inférieur. Les deux orifices de la narine sont placés au-dessus du sous-
orbitaire, près de la ligne du crâne et le long du bord externe du
nasal, et ils sont assez séparés : l'antérieur est rond et très-petit, le
postérieur est plus grand, transversalement ovale, et placé un peu
plus haut et à égale distance de l'œil et du premier.

L'extrémité du museau, ainsi que les lèvres, n'ont point d'écailles,
mais il y en a sur le front, sur le crâne, sur la joue, et sur toutes

les pièces operculaires : elles tombent cependant aisément sur ces dernières.

La bouche est fendue horizontalement au bout du museau, et ne s'étend que jusqu'à moitié de l'espace qui est au-devant de l'œil; sa fente est comme ployée en angle ou chevron très-ouvert. La lèvre supérieure, qui est verticale et peu épaisse, a dans son milieu une faible échancrure, à laquelle répond un petit tubercule rond et simple de la lèvre inférieure. Celle-ci est moins épaisse que la supérieure et comme taillée en biseau et amincie en avant, en sorte qu'elle rentre entièrement sous la supérieure quand la bouche est fermée. Les branches de la mâchoire inférieure sont singulièrement aplaties et élargies; à leur symphyse, elles portent en dessus ce tubercule en forme de carène, qui répond à l'échancrure de la mâchoire supérieure et se prolonge en dedans de la bouche jusqu'à la pointe de la langue. La mâchoire supérieure est assez protractile en avant et vers le bas. C'est seulement lorsqu'elle fait ce mouvement d'extension que l'on découvre le maxillaire petit et grêle, terminé en pointe et qui, dans l'état de rétraction complète, se cache sous le sous-orbitaire. Son extrémité ne dépasse pas la commissure : deux circonstances qui forment encore un caractère distinctif de cette espèce parmi celles d'Europe.

Le long du bord de chaque mâchoire est une rangée simple de petites dents excessivement fines, mobiles, et qui tiennent à la gencive plutôt qu'à l'os de la mâchoire; derrière celle de la supérieure se voit, comme à l'ordinaire, le petit voile du devant du palais, et derrière ce voile le bord antérieur du vomer sans dents, concave et renflé de chaque côté en un tubercule. Le palais est lisse; la langue est comme un coussin arrondi, et sans aucune âpreté : ses bords sont à peine libres. Le préopercule est grand, creusé assez profondément, de sorte que la joue paraît au doigt presque entièrement charnue; mais elle est, ainsi que le limbe du préopercule, recouverte d'écailles grandes, solides, semblables à celles du corps. L'angle postérieur de ce préopercule se porte un peu plus en arrière que s'il était droit, et il est arrondi; le bord de cet os est très-mince, presque membraneux, et n'a ni épines ni dentelures. L'opercule est médiocre, triangulaire, arrondi à son bord postérieur, c'est-à-dire, en forme de quart de cercle; cette pièce est fortement unie avec l'interopercule et le subopercule, et leur jointure disparaît presque sous les écailles. La hauteur du subopercule en avant est à peu près le tiers de celle de l'opercule, et sa forme ressemble à un demi-croissant, dont la pointe remonte jusqu'au tiers supérieur du bord de l'opercule. Les ouïes sont assez bien ouvertes; mais les subopercules et les interopercules se rapprochent tellement de ceux de l'autre côté sous la gorge, qu'ils enveloppent et cachent la membrane branchiostège, et qu'il faut presque la disséquer pour voir qu'elle est soutenue par six rayons courbés en arc, comprimés et serrés l'un auprès de l'autre; le cinquième et le sixième surtout sont unis et si intimement, que plusieurs observateurs ne les ont pris que pour un, et n'en ont compté à certains muges que cinq, bien que tous en aient six. Toute cette membrane et la peau du dessous de la gorge sont sans écailles.

La pectorale est attachée au-dessus du milieu de la hauteur; sa longueur est six fois et demie dans la longueur totale; sa largeur à sa base est du tiers de sa longueur; mais ses rayons ne peuvent s'écarter beaucoup, de sorte qu'elle ne présente pas une grande surface. Elle est coupée obliquement en pointe; elle a dix-sept rayons, dont le premier est court et presque couché sur la base du second, qui est, comme lui, simple, mais articulé; les autres sont ramifiés : les deuxième, troisième et quatrième sont les plus longs.

Une écaille longue, triangulaire, un peu carenée, est attachée au-dessus de la base de la pectorale, et s'étend jusqu'au tiers de sa longueur : elle est aussi du nombre des caractères de l'espèce.

Les ventrales sont presque au tiers antérieur du corps : elles sortent sous le tiers postérieur de la longueur des pectorales, et à peu près vis-à-vis le milieu de la distance entre l'insertion des pectorales et le commencement de la dorsale; elles sont aussi grandes que les pectorales, arrondies et attachées au ventre par plus de moitié de leur bord interne. Elles ont une épine assez forte, et cinq autres ramifiées, dont les deux premières dépassent le rayon épineux d'un tiers; les autres se raccourcissent peu. Près de leur attache et en dehors se voit une suite de trois écailles longues et étroites, formant un appendice triangulaire, dont l'extrémité atteint au milieu la longueur de la ventrale. Les écailles sont attachées au corps dans toute la longueur de leur bord interne, et forment un léger sillon, où se loge le bord externe de la ventrale dans le moment du repos.

Entre ces deux nageoires est une autre pièce triangulaire, recouverte d'écailles semblables à celles du corps en avant, mais d'écailles pointues en arrière : ces dernières ont leurs pointes libres.

La première dorsale naît à la moitié de la distance mesurée du bout du museau au commencement de la caudale; sa hauteur fait plus de moitié de celle du poisson; elle est un peu moins longue qu'elle n'est haute; on lui compte quatre rayons, dont les trois premiers sont forts, et plus longs du double que le quatrième, qui est très-grêle. Il est aussi plus éloigné des trois premiers que ceux-ci ne le sont entre eux. De chaque côté de sa base est un appendice écailleux, triangulaire, couché sur le dos, qui atteint jusqu'au quatrième rayon. La seconde dorsale naît aux deux tiers environ de la distance entre le bout du museau et le commencement de la caudale. Elle est aussi haute que la première; sa longueur fait les deux tiers de sa hauteur. Elle a un rayon épineux du quart au plus de la hauteur de celui qui le suit, et elle a huit rayons mous, tous ramifiés. Son bord supérieur est échancré en arc. Le dernier rayon se relève et n'a cependant que moitié de la hauteur du premier : il est profondément fourchu; il n'y a point d'appendice sur les côtés de sa base.

Précisément vis-à-vis de la deuxième dorsale se voit l'anale, qui est un peu plus étendue, mais aussi haute. On lui compte trois rayons épineux, dont le premier très-court et presque caché, et huit ramifiés et articulés, dont le dernier très-fourchu. Elle est un peu en croissant, comme la dorsale qui lui répond.

La caudale est fourchue, mais peu profondément, jusqu'au tiers seulement de sa longueur. Elle a quinze rayons, et trois à quatre plus petits en dessus et en dessous. Sa longueur est du cinquième de la longueur totale.

Les nombres de ses rayons sont donc comme il suit :

B. 6; D. 4—1/8; A. 3/8; C. 14; P. 17; V. 1/5.

Je compte quarante et quelques écailles dans la longueur, et quatorze ou quinze dans la hauteur. Ces écailles sont grandes, aussi longues que larges, arrondies par leur bord libre, et coupées carrément à leur bord radical, qui n'a qu'une légère échancrure dans son milieu, et point de crénelures. Leur partie recouverte est striée, au milieu seulement, de sept ou huit lignes irrégulièrement longitudinales, et non pas en éventail, et la partie visible de leur surface est lisse : vues à la loupe, elles montrent des stries concentriques d'une finesse excessive, et leur bord aminci et libre est très-finement pointillé : un petit trait relevé en occupe le centre. Chacune d'elles a dans son milieu une petite élevure longitudinale.

Je n'ai pas pu voir de ligne latérale, et je ne vois pas qu'elle soit tracée sur les figures de l'iconographie de la Faune d'Italie, ni qu'il en soit fait mention dans le texte.

Ce poisson est gris plombé sur le dos; cette teinte s'éclaircit sur les flancs. Le ventre et toutes les parties inférieures sont d'un blanc argenté mat. Les opercules et les côtés de la tête ont de beaux reflets dorés et argentés.

Le long des flancs il y a six ou sept lignes longitudinales et parallèles, grises, à reflets un peu dorés, formées par une teinte plus brune sous le milieu de chaque écaille. En y regardant de près, on voit sur les écailles des flancs de petits points gris ou bruns.

Les nageoires dorsales et la caudale sont gris foncé. L'anale est plus pâle, a une teinte noirâtre en travers sur sa base, et vers son bord terminal il y a aussi une bande un peu tirant au noirâtre : les ventrales sont blanches.

L'iris de l'œil est gris, à reflets dorés; la pupille, d'un bleu noirâtre, est entourée d'un cercle d'or; la peau adipeuse qui recouvre l'œil est d'une belle couleur jaune d'ambre.

L'anatomie des muges, et particulièrement celle du céphale, est très-remarquable, surtout en ce qui concerne les organes de la digestion et les parties de l'ostéologie qui s'y rapportent.

On a vu que l'ouverture de la bouche est en forme de chevron, et que du milieu de la mâchoire inférieure s'élève un tubercule osseux qui répond à une échancrure de la supérieure.

Cette disposition se continue dans la bouche et jusque dans le pharynx.

Une élevure charnue règne depuis ce tubercule jusqu'à la langue elle-même, qui est large, obtuse, presque entièrement fixée, et carenée en dessus comme un toit. La chaîne d'osselets qui règne entre les arceaux des branchies est aussi élevée en carène. Les arceaux n'ont pour toute dentelure que des doubles rangées de soies raides très-serrées, couchées en travers sur leur côté concave, et qui en garnissent si bien les intervalles, que l'eau seule peut filtrer au travers.

Le corps du sternum se prolonge fort en arrière et est comprimé, élargi à son bord inférieur, qui est creusé en dessous d'une espèce de canal. A ses côtés sont les deux pharyngiens inférieurs très-grands, très-minces, courbés en forme de demi-cuiller, dont la concavité est tournée vers le haut, et séparés par une crête longitudinale de la membrane du pharynx, crête qui est une continuation de celle que forment les os impairs des branchies. Cette face concave des pharyngiens inférieurs est garnie de soies serrées et couchées en travers comme celles des arceaux qui les précèdent. Mais ce qu'il y a de plus curieux, ce sont les pièces supérieures des arceaux et les pharyngiens supérieurs. Ces os ont des formes très-compliquées et constituent dans le squelette une espèce de cage qui est garnie en dessous par la membrane du pharynx; elle répond à la face supérieure de ce passage par deux grandes surfaces convexes qui sont reçues dans les deux concavités, formées par les pharyngiens inférieurs. Le bord postérieur des pharyngiens supérieurs et postérieurs est libre, et forme à chacune de ces surfaces convexes une arête dirigée en arrière ou une espèce de valvule qui fait marcher les alimens vers l'œsophage.

Il résulte de cette structure que le fond de la bouche du muge, en arrière des branchies, ne se termine pas, comme à l'ordinaire, par un orifice rond, plus ou moins dilatable, mais par une fente horizontale dont la courbure représente deux arcs de cercle à convexité dirigée vers le bas, et réunis par leurs extrémités internes en un angle saillant vers le haut. C'est presque une répétition de l'angle que forme l'ouverture des mâchoires. La veloutée qui tapisse la surface convexe de ces pharyngiens supérieurs, est molle et finement papilleuse. C'est pour loger tout cet appareil que les opercules des muges sont si fortement bombés, de manière à laisser un espace assez large entre eux et la crête inférieure formée par le basilaire. Les muscles de ces arceaux et des pharyngiens qu'ils supportent, sont les mêmes que dans les autres poissons, mais prononcés plus distinctement.

A la suite de ce pharynx vient l'œsophage, d'abord lisse intérieurement, puis hérissé, vers le cardia, de longs filamens mous, qui eux-mêmes sont villeux, et entre lesquels s'arrête une grande quantité de mucus. Il est assez long et donne dans un estomac très-petit, dont la première partie se continue suivant la direction de l'œsophage, et se termine en un petit cul-de-sac pointu, comme il est ordinaire dans les poissons. Ses parois sont de la même épaisseur que celles de l'œsophage. Près du cardia et en dessous naît la deuxième branche, qui prend une épaisseur telle qu'on peut la regarder pour un véritable gésier, analogue à celui d'un oiseau. Elle varie de forme dans chaque espèce. Dans le céphale que nous décrivons elle est arrondie, mais en même temps comprimée, de sorte que sur le milieu de sa sphère il y a tout autour une arête assez tranchante. L'intérieur de ce viscère, dont il y a si peu d'exemples dans la classe des poissons, est tapissé d'une veloutée très-mince. Sa cavité est très-petite, et elle est plissée par de grosses rides longitudinales. Sur le milieu de sa face inférieure s'ouvre le pylore, qui n'a que deux appendices cœcales. Sa valvule est composée d'un grand nombre de cirrhes dirigés vers l'intestin, et entre lesquels s'ouvre le canal de la bile.

L'intestin est étroit, mais d'une longueur considérable : il fait vingt replis avant de se rendre à l'anus. Un de ces replis passe sous l'estomac, de sorte qu'à l'ouverture de l'abdomen on ne voit que l'intestin et un peu du foie. Les parois du canal intestinal sont très-minces, et sa veloutée est garnie de petites papilles courtes et fines comme des cheveux. Dans le rectum elles sont disposées en quinconce avec une régularité admirable. Ce rectum est marqué par une valvule épaisse, fortement ciliée, dirigée vers l'anus, et qui se rencontre au dix-huitième repli. Tous les replis du mésentère sont garnis de lobes sans nombre, d'une graisse jaune et fluide.

Le foie est petit, placé en travers sous l'estomac, et un peu obliquement de haut en bas et d'arrière en avant, attendu que le diaphragme sur lequel le foie s'appuie, n'est pas tendu verticalement. La vésicule du fiel est médiocre, oblongue, et se termine en pointe. Le canal cholédoque est très-court; il se porte droit vers le duodénum, dans lequel il s'ouvre en arrière des deux appendices cœcales.

La rate est assez grosse et tout-à-fait cachée entre les nombreux replis de l'intestin.

Dans l'individu que nous avons disséqué, les ovaires étaient petits et n'occupaient que peu d'espace vers l'arrière de l'abdomen; mais avec l'âge et dans la saison ils prennent la forme de deux gros boudins, qui remplissent presque toute la longueur de l'abdomen et qui contiennent une innombrable quantité d'œufs. La vessie natatoire est grande, oblongue, et très-mince.

Le cœur du céphale et des autres muges est, comme à l'ordinaire, en forme de tétraèdre; mais ses angles solides et ses arêtes sont très-arrondis; il a en arrière une oreillette en forme de rein. Un diaphragme épais sépare la cavité du péricarde de celle de l'abdomen.

Le péritoine est entièrement noir.

Le cerveau a de très-grands lobes antérieurs (ou olfactifs), divisés chacun en deux par un étranglement transversal. La partie antérieure est petite et ovale; la postérieure est grande, convexe, triangulaire et creusée en arrière d'un sillon oblique. Les lobes creux ne sont pas beaucoup plus développés, ils contiennent dans leur inté-

rieur quatre tubercules : les antérieurs minces et alongés, les postérieurs plus gros et globuleux. Le cervelet est grand, recourbé sur
lui-même en arrière. Les lobes du quatrième ventricule sont peu
apparens, les nerfs olfactifs sont gros, divisés en deux troncs presque
égaux. Les optiques sont aussi assez gros et fort plissés. Une substance grise et graisseuse, plus solide dans le muge que dans les
autres poissons, remplit le vide du crâne entre les os et le parenchyme médullaire du cerveau.

La tête osseuse du céphale et des muges en général, offre un
crâne assez différent de la plupart de ceux des acanthoptérygiens,
par sa dépression, par sa largeur et par sa surface lisse.

L'ethmoïde et le vomer sont larges et courts : le vomer est plus
avancé et a plus d'étendue que l'ethmoïde. Échancré en avant par
un arc ouvert et très-concave, grossi de chaque côté par un tubercule, il se termine en pointe aiguë en arrière. Les grands frontaux
s'élargissent sur les orbites, et les frontaux antérieurs et postérieurs
portent encore leurs pointes plus en dehors. Les pariétaux sont petits,
très-séparés par l'interpariétal, qui est aussi placé entre les occipitaux
latéraux sur toute leur longueur.

La face occipitale du crâne est presque horizontale et seulement
enfoncée derrière le vertex. C'est dans l'enfoncement que règne la
crête mitoyenne, laquelle ne s'élève pas au-dessus du niveau du
crâne. Les crêtes intermédiaires se réduisent à des pointes déprimées
des occipitaux supérieurs. Les crêtes extérieures sont tout-à-fait
latérales et sont les prolongemens en apophyses fort aiguës du mastoïdien. Entre ces deux pointes en est une troisième, fournie par
l'occipital externe. Le surscapulaire s'attache à toutes les trois par
autant de branches.

La région interorbitaire est fort plate; l'espace antécérébral est
large; en dessous les ailes orbitaires se recourbent pour agrandir
encore cet espace et lui fournir une sorte de rebord saillant.

Les parties latérales inférieures du crâne ont une concavité longitudinale, qui occupe surtout l'occipital latéral en dessous et un
peu de la grande aile, et qui sert, conjointement avec la courbure
de l'opercule, à loger en partie le grand appareil pharyngien.

Les tendons qui attachent les muscles de l'épine aux occipitaux latéraux, s'ossifient avec l'âge, ce qui produit deux longues apophyses plates et élargies en arrière.

Les naseaux sont très-grands et carrés.

Rien n'est plus curieux et en même temps plus difficile à décrire que l'appareil composé par les pleuréaux et les pharyngiens. Chacun des quatre pleuréaux supérieurs a une forme particulière : grêles du côté par où ils s'articulent avec les pleuréaux inférieurs, ils s'élargissent et se contournent à leur extrémité opposée, de manière à y former des disques en général d'une figure plus ou moins rhomboïdale, fortement entamée à son bord postérieur par une large échancrure ronde. Ces disques se recourbent vers le bas, et portent, suspendus à leur bord réfléchi, les trois pharyngiens. L'antérieur est simple et à peu près rhomboïdal, le second a une tige longitudinale qui adhère aux pleuréaux, et deux branches descendantes qui s'unissent en anneau. Le troisième a un pédicule, qui s'attache à cet anneau et se dilate dans le bas pour former la plus grande partie de la surface convexe, qui, au plafond du pharynx, répond à la concavité du pharyngien inférieur ou du criçéal.

Le surscapulaire a trois branches : une pour l'occipital latéral, une pour l'externe, une pour le mastoïdien ; le scapulaire est fort petit et collé au bord antérieur du grand os huméral, qui se trouve ainsi élevé et attaché au surscapulaire, et contribue par cette disposition à relever la nageoire pectorale.

Le cubital s'alonge et s'élargit en proportion, ce qui donne de l'étendue à la surface sur laquelle s'attachent les muscles de la pectorale, et doit les rendre très-puissans. Des quatre osselets du carpe, l'inférieur est seul un peu plus grand que les autres. Le stylet coraco-claviculaire est fort et s'alonge jusqu'au quart postérieur de l'os du bassin, au bord externe duquel il s'insère par un ligament, plutôt qu'à la côte même ; les trois côtes suivantes ont un élargissement mince au bord antérieur de leur base, et un appendice attaché sur leur base même : les dernières deviennent plus grêles.

Les interépineux de la première dorsale répondent aux sixième, septième, huitième et neuvième vertèbres dorsales ; ceux de la seconde, aux quatorzième, quinzième, seizième et dix-septième, et il y a ici deux et trois interépineux par vertèbre. La même chose a lieu pour l'anale, qui s'attache sous les quatre premières vertèbres de la queue. Les trois dernières concourent à porter la caudale; et la dernière de toutes, celle qui est élargie en un triangle vertical, a de chaque côté un crochet transversal. Le bassin lui-même, qui n'est pas très-rejeté en arrière, alonge sa pointe antérieure jusqu'assez près de la symphyse des os huméraux, et s'y attache par un ligament très-fort, en sorte que ce genre tient de près aux subbrachiens. [1]

L'épine du céphale a vingt-quatre vertèbres : douze abdominales et douze caudales, toutes plus longues que larges et rétrécies dans leur milieu. Les premières abdominales ont des apophyses transverses, larges et horizontales; ces apophyses s'inclinent ensuite, et la onzième et la douzième s'unissent en anneau. Il y a douze paires de côtes : la première est simple et répond à l'appendice du stylet coraco-claviculaire.

Tel est le *muge céphale*. Nous allons maintenant parler des autres de la Méditerranée, dans l'ordre de leur ressemblance avec lui.

Le MUGE CAPITON, *ou du* RAMADO.

(*Mugil capito*, nob.)

Nous commencerons par l'espèce qui paraît devenir la plus grande après le céphale; si même elle ne l'égale ou ne le surpasse pas quelquefois : nous en avons de plus de deux pieds.

Elle nous a été envoyée de plusieurs endroits de la Méditerranée, notamment de Marseille par feu M. Delalande; mais nous verrons dans la suite que c'est l'espèce la plus commune dans l'Océan. C'est, à ce qu'il nous paraît,

---

1. Cuvier et Valenciennes, Hist. nat. des poissons, t. I, p. 278.

celle qui, au rapport de M. Risso, est connue des pêcheurs de Nice sous le nom de *ramado,* et que ce naturaliste distingue par une tache noire à la base de sa pectorale[1], caractère qui n'est pas suffisant. Nous avons lieu de croire aussi que c'est l'espèce qui a été particulièrement décrite par Willughby.

Comme nous voyons ce muge s'avancer vers le Nord jusque sur les côtes de Norwége, il ne nous paraît pas impossible que ce soit sur un individu de cette espèce qu'Artedi et Linné aient fait leur description du *mugil cephalus.* Mais quand cela serait vrai, ce qui n'est pas facile à vérifier et à affirmer, il n'en restera pas moins constant que ce *mugil cephalus* ne serait pas celui de Rondelet, ni le *cefalo commune* riverain de la Méditerranée, qui est la seule espèce méritant d'être nommée le vrai céphale.

Nous pouvons appeler ce ramado *mugil capito,* parce que Gaza et d'autres ont employé cette expression pour traduire le mot grec κέφαλος.

Comparé au céphale, il a la ligne du profil un peu plus descendante à compter de l'œil, et moins arquée au bout, ce qui lui rend le museau, vu de côté, moins obtus, et approchant davantage de la forme d'un coin. Sa tête est plus courte et ne fait que le cinquième de la longueur totale. Ses dents sont aussi bien plus fines, et l'on ne peut les découvrir qu'à la loupe, surtout à la mâchoire inférieure, si même ce ne sont pas plutôt des cils très-couchés que des dents. Le bout de son maxillaire se courbe et se montre, même dans l'état de repos, à nu derrière et en dessous de la commissure. La pointe du sous-orbitaire est plus courte et plus finement dentelée sur un espace plus large; la surface de cet os est

---

1. Risso, 1.re édition, p. 344. Il le regardait alors comme une variété. Depuis, et après avoir vu notre travail, il en a fait une espèce, 2.e édit., p. 390; mais il ne l'a pas bien caractérisée.

en outre relevée d'une arête. Les deux ouvertures de la narine sont beaucoup plus rapprochées l'une de l'autre que dans le céphale, et leur distance entre elles est bien moindre que celle qui sépare la postérieure de l'orbite. La peau des bords de l'orbite n'a pas d'épaisseur adipeuse, et n'avance point sur le globe de l'œil; elle forme un cercle et non un ovale. Son vomer est presque droit, sans enfoncement. Sa langue est ployée en toit, avec une arête assez aiguë, et le pourtour en est garni d'âpreté et comme cilié. En arrière il y a sur chaque palatin une plaque ovale, pointue à chaque extrémité. Les écailles qui couvrent sa joue, sont plus nombreuses, et un peu âpres au toucher. La portion découverte du subopercule est plus étroite et ne fait pas le quart de la hauteur de l'opercule.

L'écaille de sa pectorale est plus courte, plus obtuse : sa longueur est trois fois et demie dans celle de la nageoire, quoique cet organe soit plus court à proportion, étant sept fois dans la longueur totale. Il y a le plus souvent à l'angle supérieur de l'aisselle une petite tache noire, prolongée en une bande noirâtre, qui occupe une partie de la base de la pectorale; quelquefois aussi on voit sur les rayons mêmes, dans ses deux tiers postérieurs, une grande tache ou bande bleue ou grise salie de noirâtre. L'appendice écailleux de la première dorsale est un peu plus long que celui du céphale, et ses trois premières épines un peu plus courtes à proportion.

Les écailles du corps sont un peu plus longues que larges; les lignes de leur éventail sont au nombre de dix ou douze, aussi à peu près parallèles; on voit à leur bord radical un léger commencement de crénelure. C'est la seule espèce où j'ai découvert jusqu'à présent un cinquième rayon à la première dorsale; et cela ne m'est arrivé que sur un seul individu. Ce rayon était trois fois plus petit que le quatrième, et aussi éloigné de celui-là, qu'il l'est lui-même du troisième. Je l'ai cherché avec attention dans beaucoup d'autres de ces capitons sans l'y découvrir plus que dans les autres muges. Dans ce même individu la seconde dorsale avait un rayon mou de moins que dans le céphale; mais sur d'autres j'ai retrouvé le même nombre : l'anale en avait toujours un de plus.

D. 4 ou 5 — 1/7 ou 8; A. 3/9; C. 14; P. 17; V. 1/5.

Pour en compléter la description, nous donnerons les détails suivans, pris récemment sur un individu frais, plein, d'assez grande taille et originaire du lac Biserte.

Sa hauteur au milieu égale la longueur de la tête, et est quatre fois et demie dans la longueur totale. La hauteur de la tête à la nuque fait plus des deux tiers et moins des trois quarts de sa longueur; sa largeur à la nuque égale sa hauteur : entre les yeux elle est d'un tiers moindre.

La longueur de la pectorale est près de huit fois dans la longueur totale. Il y a quarante-huit écailles entre l'ouïe et la caudale, et quatorze dans la hauteur.

L'iris est jaunâtre. Le dos est gris d'acier avec des reflets bleuâtres et en partie jaunâtres.

Le ventre est blanc d'argent. Toutes les écailles ont le bord mat. On compte sur les flancs six ou sept lignes d'un brun roussâtre. La tache noire de l'angle de la pectorale se replie en dedans, et occupe la moitié de la largeur de l'aisselle; sa teinte est d'ailleurs plus ou moins foncée, et je la regarde comme peu caractéristique.

Les observations anatomiques suivantes, faites sur le capiton, montrent d'assez nombreuses différences avec le céphale.

Le foie est épais, placé en travers sous l'œsophage. Le lobe gauche est le plus long, coupé carrément et un peu divisé en lobules.

L'œsophage est long et garni en dedans de plis longitudinaux et médiocres. Vers le haut il y a un grand nombre de villosités qui n'occupent pas la moitié de la longueur de ce canal.

L'estomac proprement dit est simple, assez grand, sans plis en dedans. Sa branche charnue a la forme d'un bulbe, ou mieux d'une toupie. Ses parois sont très-épaisses. Le pylore est entouré de six appendices cœcales courtes, mais grosses. L'intestin ne fait dans cette espèce que six à huit replis avant de se rendre à l'anus; sa veloutée est partout garnie de villosités assez grosses.

La rate est oblongue, cachée sous les replis de l'intestin. Les deux laitances sont grosses et longues : elles occupent plus de la moitié postérieure de l'abdomen. La vessie natatoire est grande; elle tient toute la longueur de la cavité du ventre. Antérieurement elle se divise en trois lobes courts, dont le mitoyen est lui-même un peu échancré à sa pointe.

Indépendamment de ce qu'on voit à l'extérieur, le squelette de ce capiton diffère aussi en plusieurs points de celui du céphale. Ses os du nez sont moins larges en avant; son interpariétal occupe plus de place à la face supérieure du crâne; ses opercules se recourbent davantage de leur bord supérieur, et ils y ont près de l'articulation une forte échancrure arrondie, dont on ne voit qu'un vestige dans le céphale. La branche mastoïdienne de son surscapulaire est presque réduite à rien.

Le prince de Musignano a donné une fort bonne figure de ce muge dans sa Faune d'Italie. Il le regarde avec raison comme le plus commun de toutes nos mers d'Europe.

On en fait des pêches abondantes le long des rivages, avec des filets appelés en italien *mugginara.* Sa chair est aussi bonne que celle du céphale. A Rome on les nomme *cefalo calamita,* en Toscane *acuccotto,* sur les côtes de la Romagne et du Pisan *baldigare* ou *baldicara,* à Venise *lotregano.*

Voilà donc deux premières espèces qui, bien que fort semblables pour un observateur superficiel, quoique vivant en partie dans les mêmes eaux, et arrivant à peu près à la même taille, sont faciles à distinguer l'une de l'autre, pour peu qu'on les regarde avec attention. Dans le *céphale* le museau est plus obtus, les dents sont plus fortes, le bout du maxillaire est caché dans l'état de repos; le voile graisseux qui entoure les yeux, ne les laisse apercevoir qu'en partie par une ouverture ovale de moitié moindre que leur globe; il y a sur l'aisselle de la pectorale une longue

écaille pointue; et dans le capiton le museau est en coin,
les dents ne s'aperçoivent qu'à la loupe; le maxillaire, quand
la bouche est fermée, laisse voir son extrémité en dessous
de la commissure des lèvres; le globe de l'œil est entièrement à découvert; l'écaille sur l'aisselle de la pectorale est
courte et obtuse : ajoutons que l'on voit souvent une tache
noire sur la base de cette nageoire, etc.

Bientôt nous verrons une troisième espèce encore plus
distincte; mais avant d'en parler, nous devons en décrire
deux qui se rapprochent beaucoup du capiton, et bien
plus que celui-ci ne ressemble au céphale; ce sont le *muge
doré* et le *muge sauteur*, nommés ainsi par M. Risso.

Le Muge doré.

(*Mugil auratus*, Risso.)

Le *muge doré*, tel que M. Savigny l'a reçu de M. Risso
lui-même,

a la tête moins large d'un quart que le céphale, ce qui produit
un effet très-sensible à la vue; elle est aussi plus courte et, comme
celle du capiton, comprise cinq fois dans la longueur totale. Ses
dents sont aussi marquées qu'au céphale, et par conséquent beaucoup
plus qu'au capiton. Les orifices de sa narine sont rapprochés comme
dans ce dernier, et l'espace qui est entre eux ne fait pas moitié de
celui qui est entre l'ouverture postérieure et l'œil; le maxillaire ne
se recourbe pas, et dans l'état de repos il se cache sous le sous-
orbitaire comme dans le céphale; mais le sous-orbitaire est tronqué
obliquement, et relevé d'une arête comme celui du capiton. Il a le
bord antérieur droit et sans échancrure. La ligne du profil est aussi
droite. La peau des bords de l'orbite est un peu épaisse et a de même
une ouverture ronde qui ne couvre point le globe de l'œil. Ses pectorales sont plus pointues et un peu plus longues que dans la plupart des autres espèces, et ne sont contenues que six fois dans la

longueur totale. Il n'y a point d'écaille au-dessus de leur aisselle ni de tache noire à leur base. L'échancrure de sa caudale est plus profonde et ses lobes sont plus pointus.

Les écailles de la base de la première dorsale sont plus longues et dépassent de près de moitié le quatrième rayon. Celles du corps sont plus longues que larges et ont dix ou douze lignes parallèles, mais point de crénelures sensibles.

A l'intérieur de sa bouche on observe que sa langue est ployée en toit, échancrée de chaque côté et sans âpreté; que son vomer n'a ni dents ni enfoncement, et que son palais est garni de granulations papilleuses.

D. 4 — 1/8; A. 3/9; C. 14; P. 17; V. 1/5.

Le fond de sa couleur est plus doré, et ses lignes ont une teinte plutôt fauve que bleuâtre.

M. Risso ajoute qu'il a sur l'opercule une tache ovale d'un jaune doré, qui l'a fait nommer *mugon daurin* par les pêcheurs de Nice. Selon le même observateur il pèse jusqu'à trois livres, et sa chair est tendre et savoureuse.

Son anatomie offre encore quelques particularités remarquables et distinctives.

Le mugil doré a le foie petit, et la vésicule du fiel assez grosse.

Son œsophage est long et plissé en dedans par d'assez grosses rides; c'est sur leurs arêtes que sont disposées les villosités de la membrane interne, de sorte qu'elles font des lignes longitudinales.

L'estomac est étroit, fort alongé, avec d'assez gros plis longitudinaux à l'intérieur; sa branche charnue est moins en forme de toupie que celle du capiton, elle est même fusiforme, étant alongée et seulement un peu renflée vers le milieu.

Il y a huit cœcums au pylore, qui sont disposés de manière à recouvrir tout l'extérieur de cette branche charnue : ils sont tous égaux entre eux. L'intestin est très-long; il fait encore un plus grand nombre de replis que celui du céphale. La vessie natatoire ressemble à celle du capiton; mais le lobe du milieu est simple, entier, et se termine en pointe comme les deux latéraux.

Nous trouvons les mêmes observations dans l'Iconographie de la Faune italienne, quant au goût délicat de la chair et quant aux couleurs de l'opercule; aussi nomme-t-on cette espèce à Rome, *cefalo dalla garza d'oro* (*garza* signifie opercule dans le langage des pêcheurs); quand ses teintes sont plus lavées, elle prend le nom de *cefalo chiaro*, et quand les raies sont plus brunes, celui de *cefalo rigato*, nom qui s'applique cependant à d'autres espèces. En Toscane, on la connaît sous la dénomination de *muggine orifrangio*, dans les Marches sous celle de *badigia d'oro*, et à Gênes sous celle de *musano d'all' oro*.[1]

En résumé, ce muge doré a presque tous les caractères de forme du capiton, si ce n'est que ses dents sont plus fortes, que son maxillaire est moins recourbé et entièrement caché quand la bouche est fermée, et que ses pectorales sont plus longues, plus pointues et sans taches noires.

C'est très-probablement le *myxo* de Rondelet (p. 265), qui, dit-il, est semblable au *cestreus*, mais qui a la tête moins aigüe. Cet auteur assure que sa chair est plus glutineuse et sa peau plus enduite de mucus que celles des autres espèces; si ces propriétés étaient constantes, ce pourrait être le *myxo* d'Aristote, qui semble avoir tiré son nom de sa mucosité, et dont il est dit même qu'il ne se nourrit que du mucus qui l'enveloppe[2]; mais on lit, dans un autre passage, que ce *myxo* est un des moins bons parmi les muges, ce qui s'accorderait mal avec le témoignage du prince Musignano et de M. Risso.

---

1. Nous ne rapportons à notre muge doré que la figure n.° 2 de la planche de l'Iconographie de la Faune italienne; nous croyons que le n.° 3, donné comme une variété du *mugil auratus*, appartient à l'espèce suivante, à cause de l'échancrure de son sous-orbitaire. — 2. Ath., l. VII, p. 306.

Ce qui est certain, c'est que nous avons trouvé dans celui-ci la bouche pleine de mucus.

Le MUGE SAUTEUR.

(*Mugil saliens*, Risso.)

Le *muge sauteur*, comparé au muge céphale, offre les mêmes caractères distinctifs que le capiton et le doré,

en ce qui concerne les orifices de la narine et les appendices des nageoires; mais il diffère de tous les trois, parce que son sous-orbitaire a sur le bord antérieur une échancrure bien marquée, dans laquelle est reçu l'angle du maxillaire plié en chevron, et qui laisse voir, même dans l'état de repos, le bout de cet os derrière la commissure. L'extrémité en est tronquée et non pas oblique comme dans le doré. Sa langue est petite, arrondie, peu relevée en toit; une âpreté fine en garnit le bout et le pourtour : il y en a aussi au vomer, et le palais est garni de papilles. La tête est encore un peu plus étroite et plus courte que celle du muge doré. La ligne supérieure de son profil est un peu plus convexe, mais ses pectorales sont à peu près aussi longues et aussi pointues, et les lobes de la caudale le sont tout autant. Les écailles, plus longues que larges, ont à leur éventail de douze à quatorze lignes, faisant à leur bord radical autant de petites crénelures.

C'est l'espèce la plus grêle. Sa hauteur est six fois dans sa longueur, et sa tête y est cinq fois et demie.

D. 4 — 1/8; A. 3/9; C. 14; P. 17; V. 1/5.

M. Risso dit, que dans le frais les lignes des flancs ont azurées, et qu'il y a des taches oblongues dorées sur les opercules. Cette disposition dans les couleurs est constante, car elles sont reproduites exactement de même par l'auteur de la Faune italienne.

Nous trouvons également dans les caractères anatomiques de ce poisson la confirmation de cette espèce, car plusieurs différences sont fort sensibles.

L'estomac est encore plus petit que celui du céphale : ce n'est presque qu'un très-médiocre appendice de la branche charnue, qui est beaucoup plus alongée que celle des espèces précédentes. Elle est aussi plus régulièrement cylindrique, car elle est à peine renflée dans le milieu.

Il y a huit cœcums au pylore, mais ils sont ici disposés en deux groupes; cinq sont contournés sur la branche charnue, et presque cachés sous le bord du lobe gauche du foie : ils sont assez petits. Il y en a trois autres fort gros, du double plus longs que les précédens, et disposés longitudinalement vers l'arrière de l'abdomen.

Le canal intestinal est beaucoup plus court que celui des autres espèces. Il ne fait que quatre replis presque égaux entre eux.

La vessie aérienne a la même forme que celle du muge doré, mais elle est plus petite.

Les pêcheurs de Nice lui donnent le nom de *flûte* ou de *mougou flavetoun;* il reste toujours dans de petites dimensions, et ne pèse guère plus d'une demi-livre ou de trois quarterons.

M. Risso l'a nommé *muge sauteur,* apparemment parce qu'il montre encore plus de prestesse et de vélocité que les autres muges, à sauter hors des filets où l'on veut l'enfermer; car d'ailleurs c'est une habitude commune à toutes les espèces du genre.

M. le prince de Musignano nous apprend que le muge sauteur se pêche sur toutes les côtes de l'Italie, mais, ce qui est remarquable, seulement pendant le mois d'Octobre; sa chair est un peu meilleure que celle du capiton. Il reste dans des dimensions assez petites, car sa longueur ordinaire n'est que de cinq à six pouces, et rarement il en atteint neuf. En Toscane on le nomme *filzetta,* à Rome *cefalo musino,* et à Venise *verzellata.*

Nous soupçonnons que c'est ici le *cestreus* de Rondelet, que cet auteur décrit comme entièrement semblable au céphale, si ce n'est que sa tête est plus petite et plus aiguë, et que ses lignes latérales sont plus courtes.

Sa forme mince pourrait faire croire que c'est le *cestreus spheneus*, nommé ainsi par *Euthydème*, dans Athénée [1], à cause de cette forme. Son nom de flûte et de sauteur, qui se rapporte probablement à sa qualité de bon nageur, rappelle aussi celui de πλῶτες, qui était donné aux muges en Sicile, selon Polémon. [2]

Les quatre muges dont nous venons de parler, ont la lèvre supérieure assez mince. Il en est d'autres qui s'en distinguent par l'extrême épaisseur de cette lèvre, et en général parce que toutes les deux sont charnues, et que les dents en pénètrent toute l'épaisseur, comme de longues fibres soyeuses, qui en forment presque toute la solidité; caractère qui n'était que légèrement ébauché dans les espèces précédentes.

Le MUGE A GROSSES LÈVRES.

(*Mugil chelo*, nob.)

Tel est le muge dont Laroche a représenté la tête sous le nom de *lisa* [3], qu'il porte à Iviça; c'est le *buosega* des Vénitiens [4]; c'est aussi, à ce qu'il nous paraît, celui que M. Risso avait d'abord appelé *M. provencalis* [5] et *mugon carido*, et qu'il a ensuite nommé, d'après nous, *muge à grosses lèvres*, ou *labru* [6]. M. le prince de Musignano le

---

1. Ath., l. VII, p. 3o7. — 2. Ath., l. VII, p. 3o7. — 3. Annales du Musée, t. XIII, pl. 21, fig. 7. — 4. Del Nardo, Prodrome, Isis, XX, p. 487. — 5. Première édit., p. 346. — 6. Deuxième édit., p. 38g.

fait connaître aussi comme le *cefalo pietra* ou *cefalo di pietra* des Romains, le *sciorina* des Florentins, et le *ciautta* des habitans des bords de la Ligurie. Nous croyons devoir lui appliquer le nom de *chélon,* qui se trouve dans les anciens, et qui indique probablement l'épaisseur des lèvres de l'espèce qui le portait[1]. Hicésius, dans Athénée[2], rapporte que ces chélons se nommaient aussi *bacchi,* et passaient pour le moins bon des muges.

Nous en trouvons une fort bonne figure, sous le nom de *mugle,* dans ce Recueil de gravures espagnoles de poissons que nous avons déjà cité plusieurs fois. La tête y est représentée à part, vue par les deux faces supérieure et inférieure, et de grandeur naturelle, et on peut juger par ce dessin que sur ces côtes ce poisson surpasse au moins deux pieds; mais on lui donne cinq rayons à la première dorsale.

Ce muge à grosses lèvres a, par rapport au céphale, les mêmes différences que le doré, excepté que les appendices de sa première dorsale ne dépassent pas le quatrième rayon. Son crâne est plus large; son sous-orbitaire n'est pas échancré comme dans le sauteur, mais coupé obliquement, et néanmoins il paraît un bout du maxillaire au-dessous de la commissure; cet os est un peu tordu et coupé comme une *S.* Son crâne a en avant un arc rentrant. Sa lèvre supérieure est plus épaisse, plus charnue, plus verticale que dans tous les précédens, en sorte que son museau est plus court et paraît comme tronqué. Elle a des dents d'une extrême finesse. Ses écailles, plus larges que longues, ont huit ou neuf lignes plus écartées et qui, quoique parallèles, remplissent bien le triangle de l'éventail. Il a aussi le corps plus haut et plus comprimé que

____

1. χέιλων ou χέλων, de χεῖλος (lèvre).
2. L. VII, p. 3o6.

les autres. Sa hauteur sous la première dorsale n'est comprise que
quatre fois et demie dans sa longueur: celle des espèces précédentes
y est cinq fois, et même celle du sauteur y est six fois ou davantage.

Les nombres des rayons sont les suivans:

D. 4 — 1/8; A. 3/9; C. 14; P. 17; V. 1/5.

Il a la langue très-peu libre, pliée de manière à former une arête
très-aiguë, en sorte qu'elle paraît tout-à-fait trièdre; elle répond à
un enfoncement longitudinal du palais, particulier à cette espèce.
Son extrémité libre est obtuse : il y a une très-petite plaque d'aspérités
sur le bout antérieur de l'arête, et chaque bord en a quelques autres;
le vomer est droit et sans âpreté.

Dans le fond de la bouche, sur les palatins, il y a deux plaques
très-étroites, alongées, couvertes d'âpretés fines. Le palais a en avant,
près du vomer, des papilles assez fortes.

Il me paraît aussi que les couleurs sont plus brillantes; il a le
dos d'un beau bleu d'acier, et ses lignes, d'un brun doré, courent
sur un fond d'argent. Selon M. Risso, ses pectorales sont jaunâtres,
et ses ventrales rougeâtres.

Nous avons fait sur cette espèce les observations anatomiques suivantes :

Le foie n'est qu'un lobe très-peu épais : c'est une simple lame
qui recouvre l'estomac. Celui-ci est en cul-de-sac à parois minces,
et sa branche montante n'a elle-même que très-peu d'épaisseur, en
sorte que sa capacité est presque aussi grande que celle de l'estomac. Ses parois, comparées à ce que nous avons vu jusqu'ici, sont
peu charnues. La cavité est d'une forme irrégulière, étant un peu
aplatie du côté du pylore, tandis qu'elle a l'air d'être la continuation
de l'estomac du côté de ce viscère.

Il y a sept appendices cœcales : elles sont courtes, assez grosses,
à peu près égales entre elles.

L'intestin est le plus long de ceux que nous avons vus chez les
différens muges; il se contourne aussi un bien plus grand nombre
de fois.

La vessie natatoire se termine antérieurement par quatre cornes; elle est d'ailleurs argentée et enveloppée d'un péritoine très-noir, comme dans tous les autres muges.

Dans son squelette le crâne est bombé un peu en dos d'âne. Les os propres du nez sont très-écartés l'un de l'autre, pour faire place à la grosse lèvre. Les fosses temporales y sont plus étendues que dans le céphale et dans le capiton; les opercules ne sont pas recourbés du haut, ni échancrés vers leur articulation : il n'y a point, comme dans ceux du capiton, de branche temporale à son surscapulaire. Une structure remarquable est celle des lèvres; la plus grande partie de l'os intermaxillaire et le bord de celui de la mâchoire inférieure s'y divisent en une infinité de filets osseux et serrés, qui émanent du corps même de l'os et soutiennent la chair des lèvres. Leurs extrémités se subdivisent encore en filets plus menus, et il n'y a pas d'autres dents que ces derniers filets, qui se laissent un peu sentir au travers de la peau.

Il nous paraît que c'est ici le chelo de Rondelet, qui en a même donné une description très-bonne pour son temps.

« *Piscis est, cephalo similis,* dit-il, *capite paulo minore, oculis prominentioribus, sine pellicula illa molli, veluti pituita concreta, quam veluti palpebram habet capito* (*M. cephalus,* nob.) — *labra crassa, spissa prominentia.* »

Mais sa figure n'est pas si exacte que sa description, et donne au poisson une première dorsale trop grande et à rayons beaucoup trop nombreux.

Il ajoute qu'à Montpellier on appelle ce poisson *chaluc,* et que quelques-uns le nomment *vergadelle,* à cause des lignes ou verges noirâtres qui règnent depuis ses branchies jusqu'à sa queue; mais ce nom de *vergadelle* ou de *vergado* (*virgatus*) se donne aussi à d'autres poissons rayés, tels que la saupe.

Selon M. Risso, cette espèce du chélon parvient à un poids de huit livres, et l'on en voit beaucoup au printemps et en été dans le Var.

Nous en trouvons aussi une bonne figure dans l'Iconographie de la Faune italienne. Ce muge, très-commun dans la Méditerranée, est effectivement moins estimé que le céphale, qu'il égale à peu près en grandeur.

Le Muge labéon.

(*Mugil labeo*, nob.; *Muge sabounier*, Risso, 346.)

Le deuxième muge à grosses lèvres, que nous appellerons *labéon*, du mot que Gaza emploie pour traduire celui de χελών, nous paraît être le *sabounier* de M. Risso. C'est sous ce nom que l'auteur de l'Iconographie de la Faune d'Italie l'a fait représenter; il ne lui connaît pas d'autres noms vulgaires sur les côtes d'Italie, où il est très-rare, se tenant de préférence sur les fonds de sables; sa chair est peu estimée. Il est le plus facile à distinguer de tous, par

sa lèvre supérieure, qu'il a charnue et trois ou quatre fois plus épaisse que celle des premières espèces, en sorte que dans l'état de repos elle fait presque l'effet de celle des scares. Les bords en sont un peu frangés ou crénelés par des stries très-fines qui s'y impriment, ou plutôt par des papilles très-menues de la peau; mais je ne puis y découvrir aucunes dents, non plus qu'à la lèvre supérieure. Cette organisation rend le museau obtus, et encore plus tronqué qu'au muge chélon. Le sous-orbitaire est fortement échancré, mais pour recevoir la commissure des lèvres et non pour le maxillaire; celui-ci paraît cependant, mais au-dessous de la commissure, parce qu'il est plus long et que son extrémité descend plus bas que dans l'espèce précédente. Sa torsion et sa courbure sont encore plus fortes que dans le chélon. Le vomer n'a point d'enfoncement. La langue est plate, toute couverte d'âpreté; les plaques palatines sont petites, ovales et garnies d'âpretés assez fortes. Les écailles sont à peu près égales à celles du chélon.

C'est ce muge qui de tous ceux de la Méditerranée a la tête plus courte : elle est cinq fois et demie dans la longueur totale; mais sa largeur, proportionnellement à sa longueur, est aussi grande que dans le céphale; son corps est encore plus haut que celui du chélon, car sa hauteur n'est que quatre fois dans sa longueur. Il n'y a point d'écaille axillaire au-dessus des pectorales; ces nageoires sont longues et du cinquième environ de la longueur totale. L'appendice de sa première dorsale est en partie caché par des écailles et ne dépasse pas le quatrième rayon. Cette première dorsale elle-même est plus basse que dans tous les précédens : à grandeur égale ceux-ci ont toujours les premiers rayons d'un tiers plus élevés. Il y a onze rayons mous à son anale, ce qu'on ne voit dans aucun de ceux décrits jusqu'à présent. Les lobes de sa caudale sont peu aigus.

D. 4 — 1/9; A. 3/11, C. 14; P. 16; V. 1/5.

M. Risso dit que son dos est noirâtre, et que six lignes dorées règnent sur les flancs; il fait une mention expresse de son museau *coupé sur le devant*. Le foie de ce labéon est plus gros que dans les autres que nous avons déjà examinés; le canal intestinal est plus court : il ne fait que sept ou huit replis.

L'estomac est en cul-de-sac médiocre; la branche charnue est petite, arrondie; il y a sept appendices cœcales au pylore.

Cette espèce demeure toujours petite, car son poids ne passe pas sept ou huit onces, ce qui peut faire penser que c'était le *cestreus dactyleus* d'Euthydème, qui n'avait que deux doigts d'épaisseur.[1]

Voilà donc dans la seule Méditerranée, près des côtes de l'Europe, au moins cinq muges parfaitement distincts

---

1. Athénée, *loc. cit.*

du céphale. Si l'on s'en rapportait à Hasselquist, comme l'a fait Schneider[1], il y en aurait en Égypte une espèce très-différente des autres, celle que ce célèbre naturaliste et philologue a nommée *mugil Hasselquistii;* mais une lecture attentive de sa description fait promptement reconnaître que ce prétendu *mugil* n'est autre que la sphyrène.

Il suffit, pour s'en convaincre, de ce qui y est dit du bec, de ses sillons, des dents, de la ligne latérale, etc.[2]

Ce qui est surprenant, c'est que Linné, éditeur de Hasselquist, ne se soit pas aperçu de l'erreur de ce voyageur, et que dans les éditions X et XII du *Systema naturæ,* il ait toujours rangé ce poisson dans les synonymes de son *M. cephalus.* Nous nous étonnons moins de la docilité inerte avec laquelle son exemple a été suivi, car presque aucun des naturalistes récens n'a jugé nécessaire de prendre la peine de vérifier les synonymes de ses prédécesseurs, et ils se sont bornés à en accumuler le plus qu'ils ont pu, sans choix et sans critique.

Une chose plus fâcheuse, c'est que Linné, après avoir donné dans sa dixième édition le véritable nombre des rayons de la première nageoire des muges, qui est de quatre, l'ait changé dans la douzième, et en ait indiqué cinq, probablement parce que l'autorité de Hasselquist, qui les avait comptés sur une sphyrène et non sur un muge, lui parut confirmer celle de Willughby et d'Artedi, et qu'il ait fait même de ce faux nombre le caractère spécifique de son *mugil cephalus,* erreur reproduite par M. Risso lui-même (1.re édit., p. 343), qui était plus en état qu'aucun autre

---

1. Syst. ichthyol., Bloch, éd. de Sch., p. xxxii et 119.
2. Voyez Hasselquist, *Iter Palest.*, p. 385.

de la rectifier[1]; c'est ce qui nous force de répéter ici que notre *céphale,* qui est aussi celui de M. Risso, n'a pas plus que les autres ces cinq rayons. Sonnini fait expressément aussi la remarque que le muge d'Égypte n'en a que quatre.[2]

En effet, il y a de vrais muges dans le Nil, et de plusieurs espèces.

MM. Geoffroi et Olivier nous en avaient rapporté une, et il s'en est trouvé quatre dans les riches collections de M. Ehrenberg.

Parmi ceux-ci est d'abord notre céphale ordinaire, bien caractérisé : on le nomme dans le pays *Gherane.*

Un autre porte le nom d'*okr,* et nous ne pouvons le distinguer de notre capiton; mais il paraîtrait qu'on leur donne aussi le nom de *buri,* du moins nous l'avons reçu sous ce nom, dans une collection du Nil faite par M. Bové.

Un troisième s'y nomme aussi *bouri,* et ne nous a pas paru différer de notre *mugil saliens.*

Le Muge Dubahra.

(*Mugil Dubahra,* nob.)

Un quatrième, que M. Ehrenberg dit se nommer *dubahra,* nous paraît d'une espèce différente de celles de l'Europe.

Son opercule est plus long que haut, ce qui lui donne une tête plus alongée. La distance entre le commencement de sa première dorsale et celui de la seconde est moindre que dans les autres espèces, car dans celles-ci elle égale la distance entre le commencement de la seconde nageoire du dos et celui de la caudale, et dans le *dubahra* elle est d'un quart moindre. Du reste il a les caractères de notre

---

1. Il s'est corrigé dans sa nouvelle édition.
2. Voyage dans la haute et basse Égypte, I, p. 297.

capiton; sa tête est seulement plus étroite, moins bombée en avant, sa face supérieure plus entamée par les orbites, l'orifice postérieur de la narine plus grand, le bord antérieur du sous-orbitaire en arc un peu concave, et son angle coupé carrément. La carène saillante de cet os est aussi plus relevée; la langue, un peu moins en toit, arrondie à son extrémité, a des âpretés plus larges vers le fond. Le vomer est lisse, sans dents, et le palais lisse et sans papilles.

D. 4 — 1/8; A. 3/9; C. 14; P. 18; V. 1/5.

Je ne lui vois aucune tache à la pectorale.

Ce dubahra a sept appendices cœcales au pylore: elles sont courtes, égales et placées sous la branche montante, qui est pyriforme.

L'intestin est long, assez replié, mais moins que dans le céphale.

La vessie natatoire est grande et n'a que deux cornes à sa partie antérieure.

Son squelette ressemble presque en tout à celui du capiton.

Le MUGE A LÈVRES CACHÉES.

(*Mugil cryptocheilos*, nob.)

Il existe encore une autre espèce de muge dans le Nil, qui y a été prise par M. Lefebvre, et que je n'ai pas vue parmi les collections de M. Ehrenberg.

Son caractère le plus facile à saisir consiste dans l'avance de ses os du nez, qui recouvre alors complétement la lèvre supérieure quand la bouche se retire. Cette disposition rend l'extrémité du museau plus large que dans les autres muges, quoique le crâne ne le soit pas beaucoup plus entre les yeux, que celui du dubahra; le maxillaire est mince, peu courbé, et dépasse un peu le sous-orbitaire sous lequel il se trouve aussi caché. Ce sous-orbitaire n'a pas de carène ni d'échancrure; la longueur de la tête est du cinquième de celle du corps; le diamètre de l'œil est à peu près du tiers de la longueur de la tête; l'œil est nu, sans aucun voile adipeux; les narines sont rapprochées; je ne puis apercevoir, même avec une forte loupe, aucunes traces de dents; le tubercule de la mâchoire inférieure est assez élevé, la langue l'est peu; la pectorale est longue et pointue en faux, son écaille axillaire est courte; l'appendice écailleux de la base de la dorsale antérieure est long, car il dépasse le dernier rayon; l'écaille des ventrales est longue et aiguë; la seconde dorsale et l'anale sont un peu recouvertes de petites écailles; la caudale est profondément fourchue; le lobe supérieur un peu plus long que l'inférieur.

D. 4 — 1/8; A. 3/9; C. 17; P. 16; V. 1/5.

Les écailles sont assez petites, j'en compte près de quarante-cinq entre l'ouïe et la caudale; le bord radical est dentelé et a cinq rayons à l'éventail. Ce poisson est de couleur plombée ou argentée, avec une dizaine de rangées de petites élevures longitudinales, et de teinte un peu plus plombée; les opercules sont très-argentés et très-brillans.

Le poisson est long de huit pouces; je n'en ai vu qu'un seul individu.

Les anciens connaissaient bien ces muges du Nil : Athénée nomme ce genre parmi les poissons de ce fleuve.[1]

Strabon dit, d'après Aristobule, que le muge est, avec le dauphin et l'alose, le seul poisson qui remonte de la mer dans ce fleuve, et qu'il y est protégé contre les crocodiles par les *porcs* (c'est-à-dire, par les silures des sous-genres schals et synodontes), avec lesquels il se tient et que leurs grosses épines rendent dangereux pour ces cruels reptiles.

Ces muges montent au printemps lorsqu'ils sont pleins, et redescendent un peu après le coucher des pléiades,

---

1. Athénée, l. VII, p. 312.

époque à laquelle ils pondent. On en prend alors une grande quantité.[1]

Sonnini a étiqueté *bouri*, la figure qu'il donne d'un muge du Nil, mais l'on ne peut y distinguer les caractères de l'espèce[2]; il dit que ces muges remontent jusqu'au Caire, mais qu'on n'en voit pas de plus de dix pouces.

Il y a aussi des muges dans les eaux de la Barbarie. M. Mareschaux, consul de France à Tunis, nous en a envoyé deux qui se pêchent dans le lac de Biserte; l'un des deux est le capiton, et l'autre est en tout semblable à notre céphale, si ce n'est qu'il a la tête un peu plus large, et du noir sur la pectorale.

On y nomme ces derniers *bouria*, en sorte que ce nom paraît à peu près générique en arabe.

Les capiton y portent le nom de *bitoun*.

Nous voyons ces muges avancer dans l'Archipel, et se porter même jusqu'aux Dardanelles, d'où M. Virlet nous a procuré le céphale, le doré et le sauteur, que les Turcs paraissent confondre sous le nom de *kéfalbaloc* (*baloc* signifie poisson en général).

C'est après avoir ainsi fixé nos idées sur les muges de la Méditerranée, que nous nous sommes occupés de ceux de nos côtes de l'Océan.

Depuis long-temps les pêcheurs y avaient aussi remarqué des différences d'espèces.

Selon Duhamel, à l'embouchure de la Loire on en distingue deux, le *brun*, qui n'entre pas dans l'eau douce,

---

1. Strabon, Géogr., l. XVII, édition de Casaub., p. 814.
2. Sonnini, Voyage dans la haute et basse Egypte, II, 296, pl. XXIII, fig. 2.

et le *gris*, qui y entre et qu'on nomme aussi *sauteur*. Ses écailles sont couvertes de mucosité.

Le même auteur[1] assure qu'on en distingue en Poitou trois espèces : le *meuille blanc* (qu'il représente et décrit avec assez de détail); le *meuille noir*, qui a la tête plus courte et un peu plus grosse, mais dont les écailles du dos sont plus sombres, et le *lienne*, qui est moins grand, à museau plus pointu, dont les écailles sont blanches et chargées de mucosité, et qui a une tache jaune sur le milieu des ouïes. Il soupçonne que c'est le *sauteur* des pêcheurs de la Loire.

C'est très-probablement aussi le *muge doré* de la Méditerranée; quant aux deux premiers meuilles, le blanc et le noir, j'ai tout lieu de croire qu'ils sont le chélon et le capiton.

La figure du *meuille blanc* (sect. VI, pl. 11, fig. 3), me paraît surtout représenter assez exactement le capiton.

Quant à nous, il nous a été assez facile de nous procurer à Paris de grands individus du *mugil capito* et du *M. chelo;* on voit souvent ces espèces servies sur les tables, et il nous en est venu de Caen, d'Abbeville, de Saint-Mâlo, de Brest, de La Rochelle, de Lorient et de Bordeaux.

Nous avons vu beaucoup moins de muges dorés, et il ne nous en a encore été envoyé que d'Abbeville et de Dieppe; mais il y en a un dans la collection de Bloch, qui a été apporté de Lisbonne par le comte d'Hoffmansegg; malgré les recherches et les demandes les plus suivies, nous n'avons jamais reçu de l'Océan ni le céphale ni le labéon.

Il serait intéressant de savoir jusqu'où chacune de ces

---

1. Pêches, 2.ᵉ part., sect. 6, p. 147.

espèces de l'Océan se porte vers le Nord, mais c'est ce que la confusion qu'en ont faite jusqu'à présent les naturalistes, ne permet pas de déterminer.

Ainsi, Bloch n'ayant point distingué les espèces, il est difficile de dire précisément quel était son *M. cephalus;* sa figure paraît ressembler au *M. capito,* mais le sous-orbitaire et le maxillaire n'y sont pas marqués assez exactement, et il n'a pas été possible de retrouver son original.

Pennant n'en nomme qu'une espèce parmi les poissons anglais, et l'appelle toujours *M. cephalus:* d'après sa figure on pourrait croire que c'est le *M. chelo*[1]. Dans sa Zoologie arctique il se borne aussi à citer un *muge commun,* par opposition au *M. albula.*

Donovan[2] représente très-bien le chélon, mais il le regarde comme le *mugil cephalus* de Linné; il fait d'autres confusions dans le texte, car il croit le *mugil albula* de la même espèce que le *M. cephalus,* parce qu'il n'a pas vu de muge ayant cinq rayons à la dorsale, ce qui ne l'empêche pas de copier Linné et d'attribuer, pour caractère, cinq rayons à la dorsale de son muge, quoique le peintre n'en ait représenté que quatre.

La figure que Shaw[3] donne pour le *common mullet,* qu'il appelle *mugil cephalus,* Lin., est aussi, sans aucun doute, faite d'après le chélon.

MM. Turton[4] et Flemming[5] citent le *mugil cephalus* parmi leurs poissons des côtes d'Angleterre, et s'appuient, pour établir leur espèce, des citations de Pennant et de Donovan.

---

1. *Brit. Zool.,* III, p. 288, pl. 66, n.° 158. — 2. *Brit. fish,* pl. 15. — 3. Shaw, *Gen. zool.,* vol. V, p. 134, pl. 114. — 4. *Brit. faun.,* p. 106, n.° 108. — 5. *Hist. of brit. anim.,* p. 217, n.° 159.

M. Couch[1] ne caractérise même pas son *greymullet*, le regardant incontestablement comme le *mugil cephalus* de Linné. Il n'ajoute rien à son histoire, si ce n'est que cette mention donne la preuve de l'existence d'un muge sur les côtes de Cornouailles.

Dale nomme le muge parmi les poissons d'Harwich[2], mais Gronovius le dit déjà rare en Hollande[3]. Cependant, quoique Wulfen ni Bloch ne le citent parmi les poissons de Prusse, et que Linné n'en fasse pas mention dans le *Fauna suecica,* nous voyons ces poissons s'avancer vers le Nord et dépasser la mer d'Allemagne; car déjà Fischer[4] et Georgii[5] en placent sur les côtes de Livonie. M. Schagerström[6] a donné, sous le nom de *mugil cephalus,* une figure peu facile à reconnaître, mais que nous croyons être celle d'un chélon, pour représenter un muge pris sur les côtes de Norwége, au mois d'Août 1828. M. Nilson[7] considère cette figure comme étant celle d'un muge, qu'il croit être notre capiton; il y rapporte aussi celle de Pennant, ce qui nous confirmerait dans l'opinion que nous venons d'émettre, c'est-à-dire, que ces muges étaient de l'espèce du chélon; il les regarde comme rares dans la mer du Nord, et ne visitant les côtes de la presqu'île scandinave que par suite de migrations. Une bande de ces muges s'avança de l'Atlantique dans la mer Baltique et sur les côtes de Norwége, au mois d'Août 1828, et fournit à ces deux observateurs les individus dont il est ici question. Je vois aussi le *mugil cephalus* cité dans le catalogue manus-

---

1. *Trans. lin. soc.*, t. XIV, part. 1.re, p. 26. — 2. *Hist. of Harwich*, p. 430. — 3. Mus. ichthyol., I, 35. — 4. Fischer, Hist. nat. de Livonie, p. 255. — 5. Georgii, Descr. de la Russie, t. III, 7.e part., p. 1947. — 6. *Vet. acad. Handl.,* 1829, p. 90, tab. 3, fig. 1. — 7. *Prod. ichth. scand.*, p. 69.

crit que S. A. R. le prince de Danemarck avait envoyé à M. Cuvier.

Nos observations et nos lectures nous donnent donc lieu de croire que le chélon est le plus commun des muges de notre Océan septentrional; mais il était réservé à M. W. Yarell de fixer les idées des naturalistes sur les muges des côtes d'Angleterre et des mers du Nord. En effet, il donne (*Brit. fish,* p. 200) une charmante figure de notre capiton, laquelle est de la plus grande vérité. M. Yarell, reconnaissant les caractères de l'espèce, établit que l'œil de ce *grey-mullet* n'est pas recouvert de mucosités, et pour mieux faire sentir les différences des appendices écailleux des pectorales de ce muge et de ceux du *mugil cephalus,* il représente dans une petite vignette, pleine de justesse, la pectorale du vrai céphale, avec son écaille axillaire; suivant lui, notre capiton se trouve sur les côtes du comté de Kent, d'Essex, de Cornouailles et sur celle d'Irlande. Les détails dans lesquels l'auteur entre sur les mœurs de ce poisson, extraits en partie des manuscrits de M. Couch, sont d'une lecture fort agréable et rentrent dans ce que nous faisons connaître en général des habitudes du muge; seulement nous ferons observer que nos synonymies ne sont pas tout-à-fait d'accord.

Nous voyons à la page 207 du même ouvrage une figure non moins bonne du *mugil chelo :* celui-ci, vivant plus en troupes, s'avance plus dans les baies et dans les embouchures des rivières pendant l'hiver que les autres muges.

Après avoir décrit et figuré ces deux espèces, M. Yarell établit, page 210, une espèce nouvelle de muge de l'Océan, sous le nom de

MUGE RACCOURCI.

(*Mugil curtus*, Yarell.)

Il aurait le corps plus court, la hauteur n'étant comprise que quatre fois dans la longueur totale; celle de la tête égale la hauteur; cette partie est donc plus longue que la tête du capiton, qui est du sixième de la longueur totale; la courbe du dos et celle du ventre nous paraissent plus arquées.

Les nombres sont :

D. 4 — 1/8; A. 3/8; C. 17; P. 11; V. 1/5.

La longueur du poisson observé par M. Yarell n'était que de deux pouces, et il regarde cette espèce comme fort rare, car il n'en a vu qu'un seul exemplaire. Nous n'hésitons pas à rapporter à cette même espèce un muge qui a été pris dans la baie de la Somme, et que nous devons aux soins assidus de M. Baillon; il nous confirme aussi que ce muge doit être rare, car ce zélé naturaliste n'en a vu que ce seul individu, qu'il a bien voulu déposer au Cabinet du Jardin des plantes : il a près de huit pouces. M. Baillon le considérait de son côté comme d'une espèce distincte. Nous partageons tout-à-fait cette opinion, et nous avons le plaisir de la voir confirmée par M. Yarell, qui atteste de la présence de cette même espèce sur les côtes d'Angleterre.

Les habitudes des muges sont les mêmes dans l'Océan que dans la Méditerranée : on en prend peu en grande eau; c'est dans les parcs, les pêcheries, les étentes, qu'on en fait les plus grandes captures dans la saison du frai. A ce moment leur instinct les porte en foule vers le rivage et dans les embouchures des rivières. Les anciens ne l'ignoraient pas[1]: Pline a surtout célébré les grandes pêches que l'on en fait à l'embouchure des étangs de la côte du Languedoc, nommément à celle de l'étang de Late; pêches qui subsistent encore, mais dans lesquelles on n'emploie plus le concours des dauphins, comme il prétend qu'on le faisait de son temps. Les dauphins, dit-il, faisaient un cercle pour empêcher les muges de s'échapper; ils ne se contentaient pas de ceux qui leur tombaient en partage : le lendemain encore ils venaient demander pour récompense une seconde distribution.[2]

Ce conte peut toutefois avoir quelque fondement dans la nature : les dauphins nagent volontiers en troupe vers les embouchures des fleuves; leur rencontre fortuite aura un jour favorisé quelque grande pêche, et un événement isolé et accidentel aura été transformé en fait régulier et revenant périodiquement. Combien de traités d'histoire naturelle, qui passent aujourd'hui pour incontestables, ne reposent pas sur une base plus solide!

Ce qui est vrai, c'est qu'aujourd'hui, comme autrefois, les muges entrent et sortent en grandes troupes des étangs, et qu'à ces époques, surtout au mois de Décembre, on en prend une si grande quantité, que l'on en fait d'amples salaisons.[3]

D'autres lieux n'étaient pas moins célèbres que ces étangs de la Gaule narbonnaise, pour l'abondance des muges qui s'y rendaient. Élien cite particulièrement les environs de Leucate et d'Actium sur la mer Ionienne.[4]

---

1. Aristote, l. VI, c. 14, p. 871 C. — 2. Pline, l. IX, c. 8. — 3. Voyez l'Histoire naturelle du Languedoc par Astruc; 3.ᵉ part., ch. 11, et Willughby, p. 274. — 4. Ælian., *Hist. anim.*, l. XIII, c. 19.

Les bouches du Pô[1], les canaux fangeux de la Padusa et Chioggia dans les fonds de la mer Adriatique[2], en fourmillent dans la saison.

Ils remontent en foule le Var et la Roia, dans le comté de Nice[3]; mais c'est surtout dans la mer Noire qu'on en prend d'immenses quantités. Pallas[4] dit qu'ils y entrent vers le solstice d'hiver par le Bosphore de Thrace, et qu'ils arrivent en foule sur les côtes de la Crimée; les âges et les grandeurs, ajoute-t-il, ne se mêlent pas, mais vont par troupes séparées (ce qui, pour le dire en passant, peut faire croire que ce sont des espèces différentes, que ce grand naturaliste n'a pas non plus distinguées).

Il y en a d'un pied, d'un pied et demi et de deux pieds; ces derniers sont les plus grands, et portent chez les Tartares le nom de *baleik,* qui signifie simplement *poisson;* mais dans ces contrées ils ne remontent point les rivières, ils n'entrent pas même dans le Palus-Méotides.

Pallas croit que ce sont ces muges dont Strabon a fait l'histoire sous le nom de pélamydes, et dont ce géographe a décrit avec tant de soin la marche le long des côtes de l'Asie mineure, et la pêche telle qu'elle se faisait dans le port de Byzance, à leur sortie du Bosphore.[5]

Ils remontent dans la Garonne, dans la Loire, dans la Seine, comme dans le Rhône, le Tibre et le Pô. Ceux de la Loire vont jusqu'au pont de Cé.[6]

Il ne faut pas croire cependant avec Bélon, que le muge soit le *capito* de la Moselle, chanté par Ausone:[7]

---

1. Bélon, p. 210. — 2. Paul-Jove, c. 10. — 3. Risso, p. 347. — 4. *Zoogr. rosso-asiat.*, III, 222. — 5. Strabon, l. VII et XII, édit. de Casaub., p. 320, 545 et 549. — 6. Duhamel, *loc. cit.* — 7. Auson., *Mosell.*, v. 85 - 87.

Squameus herbosas capito interlucet arenas,
Viscere præ teneris fartim congestus aristis,
Nec duraturus post bina trihoria mensis.

L'abondance seule des arêtes exclut le muge et indique le *chevaine* ou le *meunier* (*cyprinus jeses,* Lin.). La promptitude de sa corruption ne conviendrait pas non plus au muge, qui supporte très-bien le voyage de Dieppe à Paris.

Je remarque cependant une différence entre l'époque où l'on prend le plus de muges dans l'Océan et dans la Méditerranée. A Martigues, en Grèce, en Crimée, comme on l'a vu, c'est au mois de Décembre que leur pêche est le plus abondante, ainsi qu'Aristote l'avait déjà très-bien remarqué[1]; en Poitou, c'est au mois de Mai, de Juin et de Juillet : on n'en prend sur ces côtes pendant l'hiver qu'accidentellement.

M. Baillon nous annonce aussi que le capiton entre au mois de Mai dans la rivière de la Somme avec la marée, qu'il se porte jusqu'à une lieue ou une lieue et demie en avant d'Abbeville, et quelquefois en si grande abondance que toute la rivière en est couverte, et que les pêcheurs qui les prennent avec la seine, sont fort embarrassés pour les tirer de l'eau : ils en remplissent leurs bateaux, mais cette grande abondance ne dure que deux ou trois jours; l'on n'en voit ensuite que de loin en loin, et ils ne remontent plus aussi haut.

Cet empressement à se porter vers les lieux où ils peuvent frayer avec avantage, était attribué à un vif penchant pour les plaisirs de l'amour. Selon plusieurs anciens, la seule vue d'un individu de l'autre sexe en faisait accourir

---

1. Athén., l. VII.

des quantités dans les filets[1], et Belisarius Aquiviva, cité par Gesner, prétend avoir été témoin du fait à Tarente.

Selon M. Risso, la lumière du feu produit un effet semblable. Quand le temps est orageux et la mer bourbeuse, des feux allumés sur la proue des navires, les attirent si fortement qu'ils se laissent percer avec le trident.[2]

La nature ne leur a guère donné qu'un moyen de se soustraire aux embûches qu'on leur tend, c'est la faculté de s'élancer verticalement hors de l'eau, comme le font nos ablettes et plusieurs autres de nos cyprins; ils l'emploient surtout quand ils sont de toute part entourés par les filets, et Oppien[3] a fait une description touchante de leurs efforts et de la résignation qu'ils montrent quand ils en reconnaissent l'inutilité; quelquefois même on les voit en sautant traverser par-dessus les bateaux[4]. Mais les pêcheurs ont imaginé, pour prévenir la perte que ces sauts leur occasionnent, un filet particulier, nommé la *sautade,* qui, pendant qu'il plonge verticalement au moyen de ses plombs, a son bord supérieur soutenu horizontalement par des roseaux placés d'espace en espace, et en même temps divisé en autant de poches que ces roseaux laissent d'intervalle entre eux. On entoure la troupe des muges avec le grand filet vertical, et lorsqu'ils veulent sauter hors de son enceinte, ils tombent dans les poches qui entourent son bord supérieur.

Du reste on ne croyait pas que ce poisson eût de grandes facultés intellectuelles. Comme l'autruche parmi les oiseaux, le muge, lorsqu'il a caché sa tête, croit, selon Pline, avoir

---

1. Arist., l. V, c. 5; Pline, l. IX, c. 17; Opp., *Hal.*, IV, v. 127. — 2. Risso, 1.re édition, p. 347. — 3. *Hal.*, III, v. 98. — 4. Plin., IX, c. 15.

caché tout son corps et être devenu invisible à ses ennemis[1]. Gronovius, ne voulant point admettre une telle stupi-
dité[2], suppose que c'est pour se fixer au fond par le moyen
des dentelures de ses sous-orbitaires; et Bloch, faute d'avoir
compris le latin de ce naturaliste hollandais, attribue cette
opinion à Pline lui-même, et l'en reprend avec une hauteur que je trouve assez plaisante[3]. Cette hypothèse a peu de
vraisemblance, car ces sous-orbitaires cachés sous la peau,
ne peuvent rien retenir; et d'ailleurs, avant de vouloir
expliquer cette habitude, il aurait peut-être été prudent
de la constater, car il a dû être assez difficile de s'assurer
de son existence. Leur bouche peu fendue et à peu près
sans dents, ne leur permet pas d'attaquer les autres poissons, et ne leur laisse même prendre pour nourriture que
des substances molles ou liquides, qui laissent peu de
résidu dans leurs intestins.

Les anciens, qui donnaient à tout une couleur poétique,
ont en conséquence fait du muge le plus innocent, le plus
juste des poissons[4]; tout au plus mangerait-il ceux qu'il
trouverait morts[5]. Comme il n'attaque pas la progéniture
des autres, ceux-ci respectent la sienne.[6]

Pour l'attirer, il fallait du pain, du fromage, de la menthe,
et non d'autres poissons[7]. Il ne se laissait même prendre
au hameçon qu'après avoir secoué l'appât avec sa queue,
pour s'assurer qu'il n'allait point dévorer un être vivant.[8]

D'autres auteurs, cependant, attribuaient cette habitude

---

1. Plin., l. IX, c. 17; Ath., VII, p. 3o8. — 2. *Zoophyl.*, 129, n.° 397, note *b*.
— 3. Hist. des poiss., part. 11, p. 133. — 4. Oppien, *Hal.* II, v. 642. —
5. Ælian., l. I, c. 3. — 6. Arist., *Hist. anim.*, l. VIII, c. 2; Athénée, l. VII,
p. 3o6; Oppien, *loc. cit.*, v. 652. — 7. *Id.*, *ibid.*, III, v. 482. — 8. *Id.*, *ibid.*,
v. 521.

à la prudence : c'était pour détacher l'appât de l'hameçon.[1]

Leur abstinence était surtout célèbre : elle leur avait valu le surnom de νῆστις (*jejunus*[2]), et avait donné naissance à une foule de proverbes fort usités dans les comédies et dont Athénée a conservé une longue liste. Mais une autre raison a encore rendu le muge célèbre chez les poètes comiques et satiriques, c'était l'usage cruel que l'on en faisait pour punir les débauchés pris en flagrant délit.

On connaît la menace de Catulle à Aurélius (ép. 15):

> Ah tum te miserum malique fati
> Quem attractis pedibus, patente porta,
> Percurrent raphanique mugilesque.

Et Juvénal (sat. X, v. 117):

> Quosdam mœchos et mugiles intrat.

De notre temps on ne le connaît que par la bonté de sa chair et par l'usage que l'on fait de ses œufs. Il est tendre, gras et d'un goût délicat. On dit cependant que d'en manger trop, donne des maux de tête et même la fièvre.

Il se conserve salé ou séché pendant plusieurs mois.

Ses œufs, comprimés, salés et séchés, donnent une espèce de caviar, que l'on nomme *botargue*.

Pour le préparer, on ouvre les mulets, on en retire les ovaires avec leurs œufs; on les couvre de sel et les y laisse quatre ou cinq heures, après quoi on les presse entre deux planches pour les priver de leur eau; on les lave avec une faible saumure, et on les étend au soleil sur des claies pendant une quinzaine de jours, en ayant soin de les retirer tous les soirs pour les mettre à couvert pendant les nuits.

---

1. Pline, l. XXXII, c. 2. — 2. Ath., l. VII, p. 308.

Pour faire usage de ce mets, on l'assaisonne avec de l'huile et du citron.[1]

Cette botargue est recherchée en Provence, en Corse et en Italie; on en fait surtout un grand débit chez les Turcs, qui lui supposent des vertus aphrodisiaques.[2]

Nous croyons devoir rappeler ici une observation d'Aristote, dont nous avons déjà dit quelque chose, et qui nous paraît ne pouvoir se rapporter qu'au muge céphale.

« Ces poissons, dit-il[3], sont sujets à s'aveugler, surtout pendant l'hiver leurs yeux blanchissent; ceux que l'on prend sont maigres, etc., Après de grands hivers on en a pris en quantité, soit auprès de Nauplia dans l'Argolide, soit auprès de Ténagos, soit ailleurs, qui étaient aveugles; la plupart avaient les yeux blancs. »

Il est probablement question dans ce passage d'un engorgement qui a lieu dans cette membrane adipeuse qui forme à l'œil du céphale deux paupières verticales.

On assure qu'un accident de cette nature arrive au maquereau pendant l'hiver, et comme son œil est garni de membranes semblables, on doit croire que son mal tient à la même cause.

DES MUGES ÉTRANGERS.

Nous avons suivi pour les muges étrangers la même méthode que pour ceux de France, c'est-à-dire, que nous les avons étudiés successivement, en les comparant chacun au type commun du céphale, ou à celui des autres muges dont il nous a paru se rapprocher davantage.

---

1. Duhamel, Pêches, 2.ᵉ part., 6.ᵉ sect., p. 145. — 2. Pallas, *Zoogr. ross.*, III, 223. — 3. L. VIII, c. 19.

Ceux d'Amérique sont ceux qui nous ont offert les résultats les plus précis.

Déjà Margrave en avait signalé deux au Brésil, qu'il nommait *curema,* et qui ne différaient que par la grandeur. Sloane et Brown (Jam., 45o), en ont aussi indiqué deux ou davantage à la Jamaïque, et le premier de ces auteurs a donné une mauvaise figure de l'un des deux. Catesby en a donné une plus élégante (Carol., t. 2, pl. 5), mais non moins défectueuse; c'est le muge de Bahama, qui, envoyé par Garden à Linné, est devenu dans les nomenclatures le *mugil albula.*

Plumier en a laissé une d'un muge de la Martinique, légèrement esquissée à la plume, qui est devenue presque monstrueuse dans la copie que Bloch en a fait graver, pl. 3o6.

M. Mitchill[1], enfin, a donné une description abrégée de l'espèce de New-York, qu'il regardait comme le *mugil albula.*

Mais toutes ces indications ne nous dispensaient point de nous procurer les poissons eux-mêmes, pour travailler sur des bases plus solides; c'est à quoi nos correspondans ont amplement satisfait.

M. Milbert nous a fait avoir les muges de New-York; M. Bosc, ceux de la Caroline; M. Plée, ceux de la Martinique; M. Ricord, ceux de Saint-Domingue; M. Levaillant et MM. Leschenault et Doumerc, ceux de Surinam; MM. Poiteau et Frère, ceux de Cayenne; M. Delalande, ceux du Brésil; M. d'Orbigny, ceux de la Plata et MM. Gay et Gaudichaud, ceux de la côte occidentale de l'Amérique du Sud.

---

1. Mémoires de New-York, t. I, p. 447.

De l'examen attentif que nous avons fait de ces poissons,
au nombre de près de 3o individus, il est résulté qu'ils
peuvent être ramenés à six espèces, toutes les six plus voisines de celle que nous avons spécialement appelée le *M.
cephalus,* que d'aucune des autres espèces européennes,
et en même temps toutes les six assez semblables entre
elles pour que l'on ait dû les confondre, si on ne les avait
pas vues à côté les unes des autres, en sorte que la synonymie des premiers descripteurs restera toujours fort pro-
blématique à leur égard. Elles ressemblent au céphale par
leur maxillaire entièrement caché sous le sous-orbitaire
dans l'état de repos; par l'écartement des orifices de leur
narine; par le voile d'une peau adipeuse, qui réduit l'ouverture au-devant de leur œil à une ellipse verticale; par
leurs lèvres minces; par le tubercule simple de l'inférieure;
par les grandes écailles triangulaires placées au-dessus de
leurs pectorales. Toutes les six diffèrent cependant du
céphale par une tête plus courte, plus haute à la nuque,
et par un museau moins bombé et moins obtus.

Entre elles, elles ne diffèrent guère non plus que par la
proportion de la tête avec le corps, par la position de l'œil
relativement au museau, et par de légères nuances dans la
courbure des pièces operculaires : toutes différences aussi
peu sensibles pour l'observateur superficiel que celles qui
distinguent quelques-uns de nos cyprins de la tribu des
meuniers, des vandoises et des ablettes, mais qui, paraissant constantes dans chaque espèce, n'en doivent pas moins
être notées par le naturaliste.

La difficulté c'est de les exprimer avec des paroles : on
le pourrait encore avec des termes comparatifs; mais le
faire de manière que chaque espèce puisse être reconnue

par celui qui la verra isolée, c'est ce qui me paraît presque impossible.

Le Muge liza.

(*Mugil liza*, nob.)

Le premier de ces muges américains, qui paraît aussi celui qui devient le plus grand, a le corps plus alongé; la tête cinq fois dans la longueur totale; et la hauteur au milieu y est près de six fois. La hauteur de la tête près de la nuque ne fait que les deux tiers de sa longueur. La courbe de son préopercule est moins arquée que dans les autres et descend plus verticalement. La peau adipeuse qui entoure son œil est épaisse et s'étend sur un grand espace. L'angle postérieur de son sous-orbitaire a une troncature oblique : sa langue et son palais sont comme dans notre céphale.

D. 4 — 1/8; A. 3/8; C. 14; P. 14; V. 1/5.

On compte trente-cinq écailles sur une ligne longitudinale. Dans la liqueur il paraît gris argenté, teint de doré. Les lignes longitudinales de reflet sont prononcées; dans le sec elles le sont beaucoup moins.

Ce *liza* ou *camot* a des viscères très-semblables à ceux de notre céphale : on ne lui voit que deux cœcums courts. Son estomac est un peu plus grand, et la branche charnue est alongée au lieu d'être aplatie. L'intestin fait à peu près le même nombre de replis.

D'après les descriptions que nous donnent MM. Plée et Poey, le poisson frais est bleuâtre sur le dos et blanchâtre sous le ventre. Ni l'un ni l'autre de ces observateurs ne parle de lignes.

M. Delalande a rapporté du Brésil des individus de cette espèce, longs d'un pied; mais nous en avons trouvé de beaucoup plus grands dans la collection de feu M. Plée : il y en a de près de deux pieds et demi. Les uns viennent de Porto-Rico, les autres de Maracaïbo, d'autres, enfin, de la Martinique. Les Espagnols nomment ce poisson *liza,* qui

est en Espagne, ou du moins à Iviça, le nom du muge à
grosses lèvres, et des muges en général en Sardaigne; les
Français, *carmot* ou plutôt *camot,* ce qui vient peut-être
de *camus,* ou n'est peut-être aussi qu'une corruption de
cabot, nom du céphale et du capiton sur plusieurs de nos
côtes de France.

Il nous en est aussi venu de Surinam, exactement de
même forme, mais plus petits et, quoique dans la liqueur,
sans lignes brunes. Il s'agira de savoir si cette différence
tient à l'âge, ou si elle indique encore une espèce.

M. Frère nous en a donné aussi de Cayenne, sous le nom
de mulet.

M. d'Orbigny l'a aussi rapporté de Buénos-Ayres, sous le
même nom espagnol de *liza.*

Elle remonte pendant tout l'hiver de la mer dans la Plata
jusqu'à Buénos-Ayres; elle vient en bandes, se prend à la
seine sur le sable. C'est un des meilleurs poissons : on en
voit d'un pied et demi à deux pieds.

M. Plée nous annonce que c'est un poisson qui remonte
les rivières de la Martinique, et qui, à Maracaïbo, est un
des plus communs dans la partie nord du lac, où il remonte
aussi de la mer. On l'estime dans ce canton comme l'un des
meilleurs poissons, et il en est de même à Porto-Rico.

Selon M. Poey on en prend dans les rivières de Cuba
de dix-huit pouces de longueur, et il y pèse jusqu'à douze
livres. Il y est très-commun, mais il mord difficilement à
l'hameçon, parce qu'il ne recherche pas de nourriture solide.

Quand les *liza* sont parvenus à leur plus grande taille,
ils changent de nom et sont appelés *lebranchos.*

Il y a quelque sujet de croire que Margrave a décrit ce
muge alongé, p. 166, sous le nom de *harder* (berger), qui

est celui que les muges portent en Hollande; en y joignant une mauvaise figure qui reparaît dans Pison, p. 71, sous celui de *parati,* Margrave parle aussi, p. 181, d'un *parati,* comme d'un muge, mais à cet endroit il n'en donne pas de figure.

Au reste, celle qu'on a ainsi reproduite deux fois, pourrait bien n'être pas la véritable.

On dirait qu'il n'y a point d'orifices des branchies, et cette erreur a passé dans la description; mais le dessin du *parati,* qui est dans le livre de Mentzel, p. 187, montre des ouïes comme à l'ordinaire, et ressemble à notre espèce autant qu'on peut l'attendre d'une peinture de ce recueil. Sur tout le reste, la description de Margrave s'accorde avec notre poisson; les couleurs données par Mentzel s'y rapportent assez bien aussi : il représente le dos d'un brun doré, place sur les flancs deux lignes rosées, interceptant une ligne verdâtre; l'abdomen y est blanc argenté; l'iris doré : on voit du bleu à la base de la pectorale, etc.

Ces *parati,* selon Pison, se prennent en grand nombre dans les étangs d'eau salée; on les mange frais ou préparés avec du sel : leur chair est sèche et agréable; pendant la saison pluvieuse ils deviennent si gras qu'ils n'ont pas besoin d'assaisonnement.

Margrave dit aussi qu'on en sèche et qu'on en sale beaucoup, et qu'on les prend dans des filets, dont ils cherchent à s'échapper en sautant comme nos muges d'Europe.

Le MUGE CUREMA.

(*Mugil curema*, nob.)

La deuxième espèce vient également du Brésil, et on
en trouve aussi à la Martinique, où elle se nomme *mulet,*
comme celle qui va suivre.

Elle est plus haute à proportion : sa longueur ne contient sa hauteur que cinq fois à peu près. Sa tête est un peu plus haute et un
peu plus étroite, et son opercule est surtout plus large d'avant en
arrière. Il occupe dans ce sens les deux cinquièmes de la longueur
de la tête, et dans l'espèce précédente il n'en occupe qu'un tiers.

Il se distingue surtout par sa seconde dorsale et son anale recouvertes d'écailles. Leur nombre, entre l'ouïe et la caudale, est le
même, de trente-cinq ou trente-six sur une ligne longitudinale. Son
sous-orbitaire est tronqué et dentelé à sa pointe; son vomer n'a pas
l'enfoncement qu'on voit dans le céphale; sa langue est pliée en
toit, à arête aiguë, toute couverte de fortes âpretés; on ne peut en
apercevoir sur le palais, mais les papilles y sont fortes, surtout en
avant.

D. 4 — 1/9 ; A. 3/9.

Dans son état actuel sa couleur paraît argentée, un peu teinte
de doré, et on ne lui voit pas de lignes brunes. Sa caudale est bordée de noirâtre.

Nous en avons du Brésil un individu long de neuf à dix pouces.

Mais il s'en est trouvé d'un pied et de quinze pouces
dans les collections de M. Plée.

C'est cette espèce que M. Desmarest a fait représenter
dans le Dictionnaire classique d'histoire naturelle sous le
nom de *mugil Gaimardianus,* mais l'enluminure en est
trop brune et trop uniforme.

M. Choris nous l'a envoyée de Cuba sous le nom de
mulet; nous l'avons également reçue de Bahia, et nous

n'hésitons pas à lui rapporter le *mugil brasiliensis* de Spix,
tab. LXXII, quoique le noirâtre de la dorsale soit peu
marqué.

C'est très-probablement ici le *curema* de Margrave,
p. 181, et de Pison, p. 70, qui est décrit comme semblable, pour la forme, au muge d'Europe (Pison en a même
emprunté la figure à Rondelet pour le représenter), mais
de couleur plombée sur le dos, argentée sur les côtés, et
sans raies; c'est pour cette raison que nous avons cru devoir
conserver à l'espèce le nom de *curema*.

Nous en avons trouvé une figure dans le livre de Mentzel,
p. 205, où le dos est enluminé de verdâtre, le ventre de blanc,
et les lèvres de rougeâtre : son iris est en partie argenté.

Ce curéma, dit Margrave, vit dans la mer; il est très-
gras et se mange bouilli ou grillé, sans huile ni beurre;
on en conserve beaucoup salés et séchés au soleil, ou dans
une forte saumure. Le ventre est ce qu'il y a de meilleur;
mais Pison fait observer que lorsqu'on le conserve trop
long-temps dans le sel, il rancit. On fait avec ses œufs, salés
et séchés, de la botargue, semblable à celle d'Europe.

Ses habitudes sont absolument les mêmes que celles de
nos muges, et les deux observateurs que nous venons de
citer, l'ont vu plusieurs fois échapper aux filets, en faisant
de grands sauts.

Le MUGE DES ROCHES.
(*Mugil petrosus.*)

Une troisième espèce de muge à paupières couvertes
par une mucosité épaisse et à maxillaires minces et recouverts par le sous-orbitaire a, comme celle qui précède, la
seconde dorsale et l'anale couvertes d'écailles,

mais elle en diffère parce qu'elle a les lèvres plus minces, parce qu'il n'y a pas de tache à l'angle de la pectorale et que le bord de la caudale est à peine noirâtre.

Nos individus viennent du Brésil, de Surinam, du golfe du Mexique, de Cuba, et nous en voyons l'espèce s'avancer vers le nord jusqu'à New-York. Leur taille varie de six à sept pouces.

Le Muge de Plumier.

(*Mugil Plumieri.*)

La quatrième espèce a le corps encore plus haut, et la tête l'est encore plus; la hauteur au ventre n'est pas tout-à-fait quatre fois et demie dans la longueur totale; la hauteur de sa tête à la nuque fait les trois quarts de sa longueur; qui est contenue près de cinq fois dans celle du corps. Cette espèce a, comme le *liza*, la deuxième dorsale et l'anale sans écailles; mais elle s'en distingue parce que sa tête est plus étroite près de la nuque et qu'elle est plus haute, et que les écailles du corps sont plus petites. On lui compte quarante-deux ou quarante-trois et jusqu'à quarante-cinq écailles sur une ligne entre l'ouïe et la caudale.

L'épaisseur de la peau sur l'œil est aussi grande : son sous-orbitaire est tronqué et finement dentelé près du bout. Sa langue est en coussin arrondi comme dans notre céphale; mais elle a sur les bords dans le fond deux petits groupes d'âpretés. Il y a aux palatins deux grandes plaques couvertes d'âpretés plus fortes que celles de notre céphale. Le vomer est en croissant, et aussi il y a le même enfoncement que nous avons remarqué dans le céphale. Cette espèce se distinguera toujours du *curema*, parce qu'elle a la lèvre mince, et de ce *curema* et du muge des roches, par ses nageoires sans écailles.

Elle nous est venue de la Martinique, où on la nomme *mulet,* comme la précédente.

M. Plée, à qui nous la devons, nous dit que

les bords de ses écailles sont jaune doré. Une tache bleue, noirâtre, assez foncée, colore la base de la pectorale, et il y a sur chaque écaille une tache de la même couleur. Les intestins ressemblent en général à ceux de notre céphale. Il n'y a aussi que deux cœcums au pylore, mais la branche charnue de son estomac est en toupie et ressemble un peu plus à celle du capiton.

M. Plée a donné à ses individus l'étiquette de *mulets de la mer*, et dit que la chair en est fade, excessivement courte et comme farineuse (ainsi que s'expriment les nègres). On ne l'estime pas du tout dans la colonie. Nous voyons cette espèce à la fois au Brésil, d'où nous l'avons reçue par M. Gay, et à New-York, d'où elle nous est venue par M. Milbert.

Cependant il paraît que ce poisson, comme tous ceux du genre, remonte aussi dans les rivières; car nous ne pouvons guère douter que ce ne soit le *muge* que Plumier avait observé dans l'île de Saint-Vincent, et dont il a laissé une esquisse qui a servi à Bloch, pl. 396, à établir son *mugil Plumieri.*

Plumier l'avait simplement nommé *cephalus americanus;* mais *Aubriet*, qui l'a aussi copié dans nos Vélins, l'y a nommé *cephalus fluviatilis auratus*, et il paraît avoir eu, en effet, une teinte dorée, comme l'espèce que nous décrivons dans cet article.

Bloch, dans son *Systema*, p. 110, ou son éditeur, pour lui, s'est avisé de faire de ce muge une *sphyrène*, mais sans la moindre apparence de raison. La figure, au reste, telle que Bloch l'a rendue, est assez incorrecte : les six rayons épineux qu'elle donne à la deuxième dorsale, et l'absence de carène saillante à la bouche, ne viennent que de l'incurie avec laquelle on a voulu transformer l'ébauche de Plumier en une gravure bien finie.

Notre poisson, comme à peu près tous les autres de son genre, a à sa deuxième dorsale un rayon épineux et huit branchus; ses nombres sont en général les mêmes que dans le céphale, et il a aussi une carène simple au dedans de la mâchoire inférieure.

Feuillée, qui a pillé les papiers de Plumier, sans jugement comme sans pudeur, donne une partie de ce que cet habile homme avait écrit sur ce poisson.[1]

« Il ne diffère, ni en grandeur, ni en grosseur, des mulets que nous avons en Europe. Sa tête n'est qu'un peu plus émoussée; mais ses couleurs sont entièrement différentes; ses écailles, depuis le dos jusqu'aux flancs, sont dorées, bordées d'une petite dorure jaune foncé et mêlée d'un peu de noir clair; les écailles du ventre sont toutes argentées et font un effet merveilleux. Les yeux sont jaunes : ils ont leur prunelle grande, bleue et entourée d'un petit cercle de pourpre. »

Ensuite, ce qui marque le plagiaire sans connaissance propre des choses, il ajoute un caractère évidemment pris d'un autre poisson :

« L'aileron ou nageoire qui est sur le dos, prend sa naissance à l'occiput et va se terminer à la naissance de la queue. »

Il place le tout au Chili. Il est possible qu'il ait vu le mugil liza confondu avec le dessin qu'il prenait à Plumier. C'est ainsi que, trop souvent, les résultats des efforts d'hommes de mérite sont tombés dans des mains indignes.

---

1. Feuillée, Journal d'observations, etc., t. III, p. 56.

Le MUGE BLANQUETTE.
(*Mugil albula*, Lin.)

Il nous est venu de New-York des muges absolument semblables au précédent pour les formes;

mais de plus petite taille, de couleur plus pâle, et dont la caudale avait un petit liséré noir.

La longueur de la tête est contenue quatre fois et quart dans celle du corps; la peau membraneuse de la paupière est moins épaisse. La langue est pliée en toit, sans âpretés; mais elle est couverte, ainsi que le palais auprès du vomer, de papilles si grosses qu'on les prendrait facilement pour des dents. Il n'y a aucune âpreté aux palatins; le vomer est aussi moins échancré que dans le précédent, de sorte que l'enfoncement qui est au-devant de l'œil, a l'air d'une simple rainure.

D. 4 — 1/8; A. 3/9; C. 14; P. 14; V. 1/8.

Ce sont probablement des muges semblables à ceux-là qui ont servi de sujets aux articles sur le *mugil albula,* soit de Catesby, soit de Garden et de Linné, soit surtout de M. Mitchill; mais dans le fait les caractères que Linné assigne à cet albula, conviendraient également bien et aux espèces dont nous venons de parler, et à la plupart de celles de l'Europe.

La figure de Catesby est même si fautive qu'elle doit avoir été faite de mémoire : elle n'a point de pectorales; ses ventrales sont sous sa première dorsale, etc.

La description de M. Mitchill est plus exacte, et elle suffit du moins pour distinguer son espèce d'une autre de New-York, que nous décrirons bientôt. Ce naturaliste dit que le plus grand individu dont il ait entendu parler, ne pesait que deux livres et demie.

Les muges de la Jamaïque cités par Sloane et par Brown, et dont il y a dans le premier de ces auteurs une mauvaise figure, paraissent devoir ressembler beaucoup aux deux espèces que nous venons de décrire, et sont peut-être identiques avec elles : mais ce n'est pas sur les indications que l'on en a, qu'il est possible d'asseoir un jugement certain; néanmoins ce que Sloane dit[1] de la forme renflée au milieu de son mulet d'eau douce, convient très-bien à l'*albula*.

On en trouve selon lui dans toutes les eaux de l'île, d'où ils descendent en grande quantité lors de la saison des pluies.

Brown en distingue trois, mais il convient que les deux premiers ne diffèrent que par un rayon de plus ou de moins à la première dorsale; son troisième, qu'il nomme mulet de montagne, doit être petit et avoir le museau plus avancé et plus arrondi, ce qui ne nous aide pas suffisamment à le reconnaître parmi les nôtres. Peut-être n'est-ce que l'espèce ordinaire qui, au rapport de Sloane, lorsque la sécheresse est venue, et que les différens ruisseaux ne communiquent plus entre eux, reste enfermée dans les mares et les petits lacs des hauteurs, où l'on va les pêcher avec de petites barques; peut-être aussi, d'après les observations du docteur Bancroft, faut-il le rapporter à un dajaos.

Au reste les deux écrivains s'accordent à représenter leurs muges comme un manger délicieux. Celui de montagne surtout passe pour excellent.

---

1. *Nat. hist. of Jamaica*, t. II, p. 288.

Le Muge rayé.
(*Mugil lineatus*, Mitchill.)

Mais New-York nous a encore envoyé une espèce sur laquelle il n'y a point d'embarras, et qui est plus facile à distinguer que toutes les autres. M. Mitchill, qui ne l'a connue que depuis la publication de son Mémoire, l'a nommée *mugil lineatus* (nom trop peu caractéristique dans un genre où toutes les espèces sont plus ou moins rayées).

La ligne de son dos est aussi convexe que celle de son ventre. Sa hauteur au milieu n'est que quatre fois et un quart dans sa longueur. Sa tête paraît petite et ne fait pas tout-à-fait le cinquième de sa longueur; son profil baisse plus rapidement qu'aux autres. Ce qui lui donne surtout un caractère particulier, c'est que sa mâchoire inférieure avance autant que la supérieure et même un peu davantage. Ses lignes brunes sont prononcées; il y a un léger liséré noirâtre à sa caudale.

La peau membraneuse de l'œil est plus épaisse que dans aucun autre; la langue est légèrement pliée en toit, couverte, ainsi que le devant du palais, de papilles très-grosses; les palatins ont en arrière deux plaques médiocres, hérissées d'âpretés assez fortes : il y a au-devant du vomer l'enfoncement que nous trouvons dans les céphales.

D. 4 — 1/8; A. 3/9; C. 17, etc.

Le muge rayé n'a, comme tous ceux qui portent les caractères extérieurs du céphale, que deux cœcums au pylore. Son estomac est petit; sa branche charnue est en toupie, plus courte, mais plus dilatée que celle de l'albula. Ses intestins, quoique très-longs, le sont un peu moins que ceux des autres muges, si voisins du céphale. Le foie est gros, et son lobe gauche est coupé carrément : il recouvre l'estomac.

Nous avons fait déjà remarquer qu'il ne faut pas mettre du nombre des muges d'Amérique, ni même en général dans la famille des mugiloïdes, le *mugil appendiculatus* de M. Bosc, que M. de Lacépède a nommé *mugilomore Anne-Caroline*.[1]

Ce n'est autre chose que l'*elops* de la côte des États-Unis. Sa dorsale unique, les trente-quatre rayons branchiaux, les appendices qu'il a à toutes les nageoires, les nombres de rayons de chacune d'elles le font connaître suffisamment, seulement il doit y avoir une faute dans l'énumération de ceux de la caudale, qui ne sont portés qu'à dix.

B. 34; D. 20; A. 15; C. 10; P. 18; V. 15.

Quand M. de Lacépède dit, p. 395, que sa mâchoire inférieure est carenée en dedans, c'est une chose qu'il a seulement conclue du nom de muge, donné à ce poisson par M. Bosc, et d'ailleurs il y a aussi quelque chose d'approchant dans l'*elops*; et quand il ajoute que chaque rayon de la dorsale a un appendice, il se fonde seulement sur une équivoque. M. Bosc avait dit : *mugil appendiculatus, pinna dorsali unica, viginti-radiata, omnibus appendiculatis;* mais il entendait *omnibus pinnis*, et non pas *omnibus radiis.*

Ces méprises, nées du désir de multiplier les espèces et de la facilité à en établir sur des indications incomplètes, sont innombrables en histoire naturelle, et sont une des causes les plus influentes de la confusion où sont tombées quelques parties de cette science.

Le redressement que nous proposons ici est d'autant

---

1. Lacép., t. V, p. 398.

plus certain, que M. Bosc lui-même a bien voulu nous communiquer la figure qu'il avait confiée à M. de Lacépède avec sa description.

On voit encore dans ce genre un autre exemple de cette malheureuse facilité : je veux parler du *mugil chilensis* de Molina. Voici les paroles de cet auteur:

« Cette rivière (le *Rio claro*) fournit en abondance des muges, appelés *athempe* ou *liza*, non moins délicats que les truites et qui ne diffèrent du céphale d'Europe que parce qu'ils n'ont qu'une seule nageoire dorsale.[1] »

Sur une phrase aussi vague, et de la part d'un écrivain si peu instruit, on est allé jusqu'à fabriquer une liste des nombres de rayons, ou plutôt à l'emprunter aux muges ordinaires.

B. 7; D. 1/8; A. 3/9; C. 16; P. 12; V. 1/5.

M. de Lacépède, érigeant ce poisson en genre sous le nom de *mugiloïde*[2], lui suppose, comme au *mugilomore*, une mâchoire inférieure carenée en dedans, et cela sur un fondement encore plus faible, savoir, que Molina avait cru devoir l'appeler *mugil*.

Il nous semble que l'histoire naturelle ne peut que gagner à négliger de pareils documens.

Il n'en est pas tout-à-fait de même pour les espèces dont on a de bonnes figures ou des descriptions suffisantes, et qui n'ont été mal classées que par l'inhabileté des nomenclateurs.

Tel est (toujours parmi les prétendus muges d'Amérique)

---

1. Molina, Essai sur l'hist. nat. du Chili; 1.re édit., p. 224; 2.e édit. ital., p. 195. Le traducteur français, p. 203, a un peu altéré ce passage. — 2. Lacép., t. V, p. 393.

11.

le *mugil cinereus* de Walbaum[1], ou le *shad* de la Caroline,
de Catesby, t. II, pl. 11, fig. 2, qui est de notre genre
gerres. On ne conçoit pas comment il a pu venir à l'idée
de quelqu'un d'en faire un *mugil*.

———

DES MUGES D'AFRIQUE.

Après cette revue des muges de l'Amérique orientale,
nous allons traverser l'Atlantique et examiner ceux de la
côte occidentale de l'Afrique.

Bloch en avait reçu un de Guinée, qu'Isert lui avait
envoyé; il lui donne le nom de *tang*, et croit le caractériser par ses opercules sans écailles; mais ce n'était là qu'un
accident qui arrive à tous les muges que l'on ne prépare
pas avec assez de soin, et l'on ne peut pas en tirer un caractère. Il lui associe comme variété un poisson que John lui
avait envoyé de Tranquebar, et dont il indique les différences beaucoup plus que suffisantes dans ce genre pour
distinguer une espèce; enfin, il ne dit pas clairement lequel
des deux est représenté sur la planche, en sorte que son
article n'éclaircit presque rien.

Les recherches faites dans son cabinet n'ont pas été
beaucoup plus heureuses. L'individu que probablement
il avait reçu d'Isert, et qui est encore étiqueté *mugil tang
de la mer d'Éthiopie*, est d'une espèce fort semblable à
notre céphale; mais il est presque impossible que ce soit
celui qu'il a fait dessiner, tant sa figure serait peu exacte.

———

1. *Artedi renov.*, 3.ᵉ partie, p. 228.

Nous avons donc été obligés de recourir à la nature; heureusement secondés par les envois que MM. les gouverneurs Roger et Jubelin nous ont faits du Sénégal, et par ceux de la même côte, que nous devons à MM. Rang et Heudelot, par les anciennes collections qu'Adanson en a rapportées, et par celles que M. Delalande a faites au Cap, nous sommes arrivés aux résultats suivans.

Le Sénégal et probablement les autres fleuves de cette côte, possèdent notre *céphale* d'Europe sans aucune différence appréciable; avec sa grande taille, son museau large et bombé, ses dents presque imperceptibles, ses narines écartées, ses maxillaires cachés, ses larges sous-opercules, les grandes écailles de la base de ses pectorales; en un mot, avec tous les caractères que nous lui avons reconnus, et sans aucune des modifications que ses formes éprouvent dans les espèces de la côte américaine.

Ainsi, on ne peut douter qu'il ne se rencontre sur toute la côte de Guinée, et cela nous porte à penser que c'est à lui qu'appartient la figure du *mugil tang* de Bloch. La convexité de la tête, la forme du sous-orbitaire et du maxillaire, les proportions des pièces operculaires, y sont bien conformes.

On y a négligé cependant l'écaille de la base de la pectorale et celle de la première dorsale; on y a rapproché les orifices des narines, et l'on y a placé aux mâchoires des dents assez fortes; mais ces incorrections n'étonnent point quiconque a appris ce que valent souvent dans les détails ces belles planches si satisfaisantes en apparence.

Adanson a aussi rapporté de l'embouchure du Sénégal un muge entièrement semblable au sauteur de la Méditerranée, et manifestement de la même espèce.

Mais il y a encore dans le Sénégal et aux environs au moins trois autres muges, étrangers à l'Europe.

Le Muge a grandes écailles.

(*Mugil grandisquamis*, nob.)

Le premier appartient au groupe de notre céphale,

par ses yeux couverts de peau adipeuse et par sa lèvre mince; mais il est remarquable par l'extrême grandeur de ses écailles, dont il n'a que vingt-six ou vingt-huit sur une ligne longitudinale (au lieu de quarante-cinq), et neuf ou dix sur une ligne transversale (au lieu de treize ou quatorze).

Sa hauteur est près de cinq fois dans sa longueur. Sa tête y est cinq fois et demie : elle est menue; sa hauteur à la nuque ne fait que les deux tiers de sa longueur.

Les orifices de sa narine sont rapprochés : il est impossible d'y sentir ni d'y voir aucunes dents. Son sous-orbitaire, tronqué en arrière, a son bord antérieur ou inférieur fortement échancré en arc rentrant, pour la commissure des lèvres, et un peu pour le bout du maxillaire qui se montre au-dessous. La pectorale n'a pas de grandes écailles sur sa base, et celle de la première dorsale n'est pas considérable. Sa hauteur avant la caudale est de plus de moitié de celle du corps au milieu.

B. 6; D. 4 — 1/8; A. 3/9; C. 14; P. 16; V. 1/5.

Sa langue ressemble à celle du chélon : elle est trièdre et a ses âpretés placées de même sur les arêtes. Le palais a aussi le même enfoncement en gouttière longitudinale. La portion antérieure de la membrane qui recouvre le vomer, est hérissée de papilles grandes et pointues, qu'un examen superficiel ferait prendre facilement pour des dents. Sur les palatins qui bordent de chaque côté la gouttière du palais, il y a des âpretés médiocres, disposées sur deux lignes longitudinales.

Il paraît avoir été de couleur d'argent glacée de brun.

Les viscères ressemblent assez à ceux du muge capiton; les plis des intestins ont presque la longueur de l'abdomen, mais les intestins ne font pas un grand nombre de replis; il y a sept appendices cœcales, courtes et peu grosses. La branche montante de l'estomac, qui lui-même est fort petit, est arrondie en un gros bulbe : elle n'a pas l'arête si forte que nous offre le capiton.

La vessie natatoire est très-grande : elle s'étend dans toute la longueur de l'abdomen; elle a en avant trois cornes courtes, celle du milieu est un peu bifide.

Nous en avons vu des individus parfaitement semblables, l'un a treize pouces et a été envoyé par M. Roger, l'autre, un peu plus petit, faisait partie de la belle collection donnée au Muséum par M. Rang. M. Heudelot l'a aussi trouvé à l'embouchure de la Gambie.

Le MUGE A ANALE EN FAUX.

(*Mugil falcipinnis,* nob.)

Le second de ces muges du Sénégal tient de près au muge doré d'Europe par les formes, ayant comme lui

le maxillaire caché, les orifices de la narine rapprochés, et manquant de grande écaille sur la pectorale; mais sa tête est plus petite à proportion de son corps, son œil plus grand, son sousorbitaire tronqué carrément et non obliquement, sa première dorsale moins élevée, sa nuque plus plate, sa pectorale placée plus haut, et son anale très-échancrée en faux. On ne peut lui sentir de dents. Ses nombres sont

D. 4 — 1/9 et A. 3/11.

Par ce dernier chiffre il diffère beaucoup du doré.

Sa langue ressemble à celle du précédent, mais elle est pliée de manière à former une arête moins aiguë, d'où il résulte que la gouttière du palais qui la reçoit, est moins profonde. Elle a des âpretés sur le pourtour, et une petite plaque sur l'arête moyenne, mais dans le fond de la bouche, au lieu d'être à sa pointe. Les âpretés palatines sont fines, sur deux bandes étroites.

Les couleurs observées sur les individus frais rapportés par M. Rang, prouvent qu'elles diffèrent peu de celles de notre muge doré.

Il est long de dix à onze pouces.

Nous avons retrouvé deux beaux individus de ce muge à anale en faux parmi les nombreuses espèces dont M. Jubelin, gouverneur du Sénégal, vient d'enrichir le Cabinet du Roi. Les nègres donnent à ce muge le nom de *subier*.

L'un de ces individus a quatorze pouces de long. Nous avons pu examiner quelques parties de ses viscères : l'estomac est court et gros; on compte dix-sept appendices cœcales autour du pylore; le péritoine est d'un noir très-foncé.

Le MUGE A TÊTE COURTE.

(*Mugil breviceps*, nob.)

Le troisième, qui a été rapporté de Gorée par Adanson, tient aussi d'assez près au muge doré,

ayant les mêmes dents, le même maxillaire et, autant qu'on peut en juger, les couleurs semblables; mais sa tête est plus courte à proportion, et comprise près de six fois dans la longueur; son opercule fait moitié de la longueur de la tête; sa lèvre supérieure est plus mince; son sous-orbitaire est un peu plus étroit, a le bord inférieur plus arrondi et manque presque entièrement de carène; sa caudale est moins profondément échancrée.

D. 4—1/8; A. 3/9; C. 14; P. 15 ;V. 1/5.

Les côtes du Cap nourrissent aussi des muges dont un appartient aussi au groupe du céphale, et s'en distingue même très-peu au premier examen; l'autre est voisin de notre muge sauteur.

Le Muge de Constance.

(*Mugil Constantiæ*, nob.)

Nous ne croyons pas que ce muge à écailles prolongées dans l'aisselle de la pectorale et à la base des ventrales, et dont la tête large a des yeux recouverts par une épaisse mucosité, soit de la même espèce que le céphale de la Méditerranée.

En effet, quoique bien voisine, cette espèce nous paraît différer par un corps plus court et plus haut, par une tête plus courte, et par un museau moins arrondi. La hauteur du corps ne fait que le quart de la distance du bout du museau à la fourche de la caudale. La longueur de la tête est près de six fois dans la longueur totale; les yeux sont moins recouverts que ceux de notre céphale. On compte quarante écailles entre l'ouïe et la caudale. Celles qui sont sur le bout du museau paraissent plus petites que dans notre *mugil cephalus*, et il y a trois ou quatre grands pores le long du sous-orbitaire, que je n'observe pas sur nos céphales.

D. 4 — 1/8; A. 3/9, etc.

La couleur est jaune doré ou argenté, sur un fond gris plombé au-dessus de la ligne latérale; on ne voit pas de raies longitudinales bien marquées. Les nombres sont ceux du céphale.

Nous en possédons deux beaux individus de près de dix-sept pouces, qui ont été rapportés par MM. Quoy et Gaimard. Ils viennent des eaux douces près de Constance. Leur chair délicate est très-recherchée par les habitans de la colonie.

Le Muge du Cap.

(*Mugil capensis*, nob.)

Outre ce muge, semblable à notre céphale, M. Delalande a rapporté du cap de Bonne-Espérance un muge qui a tous les caractères du *mugil saliens*,

mais avec une tête plus étroite à proportion, et un corps un peu plus haut et sans raies aussi apparentes. Le petit point noirâtre qu'on voit sur la base de la pectorale dans notre capiton, et dont il y a aussi quelques traces dans le *M. saliens*, est assez marqué dans cette espèce. Nous n'en avons que de petits individus de six ou huit pouces.

DES MUGES DES INDES.

La mer des Indes est plus féconde en muges qu'aucune autre, et sans parler des indications légères de Valentyn et de Renard, plusieurs voyageurs, vraiment naturalistes, en ont déjà recueilli les espèces les plus remarquables : Commerson en a décrit et dessiné une; Forskal en décrit quatre, qu'il prend mal à propos pour des variétés d'une seule; Russel en donne trois autres, beaucoup mieux caractérisées; il y en a cinq dans Buchanan, et nous avons trouvé les dessins de deux parmi ceux de Forster. Mais la similitude, on peut dire désespérante, de tous ces poissons, attache à leur synonymie et à l'expression de leurs caractères, des difficultés tout aussi insurmontables que pour les muges des deux rives de l'Atlantique, et nous-mêmes qui en avons en ce moment plus de vingt-cinq espèces sous les yeux, nous sommes dans le plus grand embarras pour transmettre à nos lecteurs des différences que l'inspection seule est capable de faire saisir.

Nous avons dû la plupart de ces muges des Indes à MM. Péron, Duvaucel, Leschenault, Quoy et Gaimard, Kuhl et van Hasselt, Lesson et Garnot, Belanger, Dussumier, qui, d'après nos instances, ne se sont point arrêtés à des ressemblances apparentes, et ont recueilli tout ce qui leur est tombé sous la main, pour en faire en lieu de repos l'examen comparatif. C'est une règle que les voyageurs ne peuvent trop s'imposer, s'ils veulent concourir à ce que la science fasse des progrès solides et ne soit pas sans cesse exposée à ces confusions rebutantes qu'y ont fait naître des recherches superficielles.

Plus récemment nous avons eu le bonheur de pouvoir examiner les muges de la mer Rouge que MM. Ehrenberg et Ruppel en ont rapportés, et de les comparer soit aux descriptions de Forskal, soit aux figures et aux notices des autres voyageurs.

Le Muge céphaloté.

(*Mugil cephalotus*, nob.)

Nous trouvons d'abord parmi ces muges des Indes, une espèce qui répond si bien à notre céphale par tout le détail de ses caractères, qu'il est fort difficile, je dois le dire, de l'en distinguer même par ses couleurs.

Ce poisson nous a été envoyé de Pondichéry par M. Leschenault. M. Dussumier en a eu aussi dans sa collection. On en pêche toute l'année dans cette rade, et il y parvient à deux pieds de longueur. Sa chair est très-délicate et fournit une nourriture abondante aux habitans. Les indigènes le nomment *kinté miné.*

Sa teinte générale est grise en dessus, blanche en dessous, avec des lignes noirâtres comme dans notre céphale d'Europe. Il a de même une bande noirâtre sur la base de la pectorale et du noirâtre sur la seconde moitié de cette nageoire.

Nous lui trouvons cependant la tête un peu plus étroite vers l'extrémité, et ce qui nous paraît le caractère le plus frappant, c'est que la mâchoire supérieure dépasse davantage l'inférieure.

Je présume fort que c'est cette espèce que Renard (I.ʳᵉ part., pl. 2, fig. 10) a représentée un peu grossièrement, à la vérité, sous le nom malais de *blanaque,* que Valentyn (p. 458, n.° 356) change en *balana.*

Les proportions en sont les mêmes et l'on y voit une bande bleue sur la base d'une pectorale jaune; le corps a des raies longitudinales, mais très-pâles. Valentyn regarde ce poisson comme analogue au Harder ou muge d'Europe.

J'en ai également reconnu la figure, et mieux faite que celle de Renard, dans un recueil de peintures chinoises, qui est dans la bibliothèque de Banks.

C'est, à ce que je soupçonne, le *mugil cephalus* de M. Buchanan, p. 219. Sa description cadre parfaitement avec nos individus, si ce n'est qu'il ne parle point de l'écaille triangulaire au-dessus de la pectorale, qui était peut-être tombée dans ceux qu'il a observés.

M. Buchanan dit que l'on trouve ce poisson en quantité dans les bouches du Gange, aux endroits où l'eau est encore salée : il remonte aussi plus haut. Sa taille est d'une coudée et de deux pieds. Malgré sa délicatesse, on en mange peu à Calcutta, parce qu'il n'est bon que près de la mer, et qu'il veut être mangé aussitôt qu'il est pris.

Les Bengalis le nomment *sole bkanggan* : *bkanggan* est le nom générique des muges.

M. Russel a aussi dans ses Poissons de *Vizagapatam* (II, p. 64, pl. 180) un *mugil* qu'il nomme *cephalus,* que les indigènes appellent, dit-il, *bontah,* et dont la figure, ressemble exactement au nôtre, pour l'ensemble et les proportions des parties, ainsi que pour les raies ; seulement on n'y voit pas l'écaille de dessus la pectorale, et l'anale semble n'avoir qu'une épine ; et l'auteur répète ces différences dans son texte, p. 65. Mais je me crois certain du moins qu'il y a erreur relativement au dernier point ; car aucun muge n'a moins de trois épines à son anale, et je ne m'étonnerais pas qu'il en fût de même relativement à l'écaille pectorale, car j'ai remarqué à plus d'un endroit que Russel a fait ses descriptions d'après les dessins et non d'après la nature, en sorte qu'on peut attribuer les fautes de cette espèce à son dessinateur.

Ce poisson atteint dix-huit pouces et devient même beaucoup plus grand. Bien que très-commun aux Indes, il y est très-estimé, et sa chair y est bien supérieure à celle du muge d'Angleterre.

C'est bien sûr aussi le *mugil öur* de Forskal, *Consp.,* p. xiv, n.° 109, var. γ. M. Ehrenberg l'a rapporté sous le même nom ou à peu près, *ohr;* et c'est d'ailleurs la seule espèce de cette mer à laquelle conviennent les caractères que Forskal assigne à son *öur,* d'yeux presque cachés sous de la graisse, et d'une tache noire oblongue et oblique sur la pectorale.

Le Muge de Bourbon.

(*Mugil borbonicus*, nob.)

M. Dussumier a rapporté de Bourbon un muge non moins voisin du céphale que celui-ci, par les caractères du voile adipeux de l'œil et des écailles de la pectorale et de la première dorsale;

mais il a le corps beaucoup plus haut à proportion, puisque sa hauteur n'est que quatre fois et demie dans la longueur totale, et qu'elle l'est près de six fois dans le muge céphalote de la côte malabare. Il a aussi le museau plus étroit, la tête moins large, les épines de la dorsale un peu plus grosses. On lui compte trente-cinq à quarante écailles entre l'ouïe et la caudale.

D. 4 — 1/8 A. 3/8, etc.

Il a le dos verdâtre, les flancs et le ventre argentés, le dessus du crâne verdâtre, les opercules brillans et argentés, toutes les nageoires verdâtres, la caudale bordée de noir.

Notre individu est long de sept pouces, mais M. Dussumier dit qu'on en voit de beaucoup plus grands, et qu'il est très-estimé à Bourbon.

Le Muge kunnesée.

(*Mugil Cunnesius*, nob.)

Russel a un autre muge plus petit, son *kunnesée* (pl. 181), que nous avons aussi reçu des Moluques, desséché, avec l'étiquette *blanak* ou *harder,* deux noms génériques des muges, l'un en malais et l'autre en hollandais.

Par l'écaille pointue de sa pectorale et par son maxillaire il se rapproche du céphale. Son sous-orbitaire ne paraît ni échancré, ni dentelé, ni tronqué. Le caractère particulier de sa physionomie consiste dans sa tête petite, bombée, et dans son museau court, lequel occupe le premier quart de la longueur de la tête, l'œil le second, la moitié reste en arrière de l'œil. Sa hauteur n'est qu'un peu plus de quatre fois dans sa longueur; sa tête y est cinq fois et demie. La hauteur de sa tête fait les trois quarts de sa longueur. Ses mâchoires sont presque égales; son dos est gris; ses flancs et son ventre blancs. Russel ne lui donne que cinq rayons à la membrane des ouïes; mais c'est très-probablement une erreur. Il dit qu'on le prendrait volontiers pour un jeune céphale.

L'individu de Russel était long de sept pouces et demi : le nôtre en a six.

D. 5 — 1/8; A. 3/9; C. 14; P. 16; V. 1/5.

M. Dussumier a vu cette espèce fort abondante à la côte malabare; elle est très-estimée sur les marchés de Bombay. On en voit des individus de quinze pouces de long, colorés en verdâtre sur le dos, argentés sous le ventre, et ayant la seconde dorsale et l'anale bordées de noir.

Le Muge verdatre.

(*Mugil subviridis*, nob.)

Un autre muge de la côte malabare ayant aussi les yeux recouverts par une peau adipeuse, mais peu épaisse,

se distingue en outre par le museau comprimé et en coin; par son front moins convexe; par sa pectorale plus courte, dont l'écaille axillaire est presque rudimentaire et fort obtuse. Nous ne pouvons voir aucunes dents aux mâchoires.

D. 4 — 1/8; A. 3/8, etc.

Suivant M. Dussumier, qui l'a vu frais, le dos est gris verdâtre, le dessous du corps est argenté, le bord de la caudale est noirâtre.

Ce zélé voyageur nous en a procuré aussi de nombreux individus pris à Pondichéry et même dans le Gange; ils ont de six à huit pouces de longueur; mais il y en a de quinze pouces.

Le Muge de La Peyrouse.

(*Mugil Perusii*, nob.)

Nous trouvons dans le grand Océan

un muge à corps large et trapu, car la hauteur n'est comprise que quatre fois et demie dans la longueur totale; dont les yeux sont recouverts par une mucosité aussi épaisse que ceux de notre céphale, mais qui a la tête moins large que lui, et qui, sous ce rapport, et par son front convexe, ressemble au *mugil Cunnesius*, mais sans en avoir le museau bombé. La tête est un peu plus longue que celle de ce dernier; attendu que dans le sujet décrit dans cet article, elle n'a pas tout-à-fait le cinquième de la longueur du corps. La lèvre supérieure est épaisse, sans dents ni cils, et paraît comme coupée obliquement sous le museau, ce qui donne à cette espèce un caractère très-particulier.

La pectorale est plus courte que la tête, et l'écaille de son aisselle est plus longue et plus aiguë qu'à aucun autre. La seconde dorsale et l'anale sont couvertes de petites écailles.

D. 4 — 1/8; A. 3/8.

La caudale est plutôt échancrée que fourchue. Les écailles du corps sont un peu plus grandes; elles sont d'ailleurs traversées par de petits traits relevés et longitudinaux. La couleur paraît avoir été uniforme et argentée à reflets dorés, mais sans lignes longitudinales brunes. La pectorale a une teinte noirâtre assez notable.

L'individu que nous décrivons est long de six pouces et demi, et a été rapporté de Vanikoro, où il habite avec d'autres espèces, par MM. Quoy et Gaimard; aussi lui avons-nous donné un nom qui rappellera à tous les savans les côtes où l'espèce dont nous parlons pourra être retrouvée.

Le MUGE DE BROUSSONNET.

(*Mugil Broussonnetii*, nob.)

La collection de poissons de la mer du Sud, donnée à Broussonnet par sir J. Banks, contient un muge à yeux voilés et à maxillaire caché comme notre céphale, mais qui est différent de tous ceux des Indes dont nous venons de parler.

La longueur de la tête est à peu près du cinquième de celle du corps. Sous la dorsale épineuse, la hauteur du tronc fait le quart de sa longueur, la caudale n'y étant pas comprise. La lèvre supérieure est épaisse, surtout au milieu, où elle devient comme un tubercule charnu qui remonte dans l'échancrure pratiquée entre les deux naseaux pour la recevoir. L'écaille axillaire n'a guère que le tiers de la pectorale, qui elle-même est comprise près de sept fois dans la longueur totale. L'appendice écailleux de la dorsale est très-pointu et dépasse de beaucoup la nageoire, dont les trois rayons antérieurs sont forts et poignans. La seconde dorsale et l'anale sont écailleuses : la caudale est peu fourchue.

D. 4 — 1/9; A. 3/9, etc.

Nous n'avons trouvé l'indication précise du lieu où ce poisson, long de neuf pouces, a été pris par Cook.

Nous avons lieu de croire que Solander avait vu cette espèce en la regardant comme le *mugil communis,* qui était gris sur le dos, plus argenté sur les côtés, et blanc d'argent sous le ventre.

Il y a dans les manuscrits de ce même naturaliste un *mugil lavaretoides* qu'il est difficile de caractériser par le peu de mots qu'il en dit; mais nous avons cependant quelques raisons de soupçonner que c'est de l'élops dont il s'agit ici. Quant au troisième muge, auquel il a donné l'épithète de *strigatus*, il est incontestable que c'est un mulle, et que probablement le mot de mugil a été écrit par un *lapsus calami* : le poisson était rouge, avec une bande jaune tirée des yeux à la caudale; d'ailleurs le mot *cirrhus albus* ne laisse aucun doute. C'est probablement du mulle rayé dont il est question.

Le MUGE CORSULA.

(*Mugil corsula*, nob.)

Le *mugil corsula*, que M. Buchanan a représenté avec exactitude dans ses Poissons du Gange (pl. 9, fig. 97), appartient encore au groupe des céphales

par son maxillaire caché, par ses narines écartées, et en partie par le voile membraneux qui couvre son œil, au moins en arrière; mais je ne lui vois pas d'écailles sur la pectorale. Son museau est encore plus court, plus obtus, plus déprimé qu'au *kunnesée*, et son œil plus petit; la partie postérieure de sa tête est bien plus alongée, ce qui fait que l'œil est tout en avant, et que le museau est excessivement court. L'orbite est relevé et entame le front, en sorte que sa tête rappelle la forme de celle de plusieurs serpens ou, à quelques égards, celle d'un poisson d'une tout autre famille, l'anableps de Surinam. L'orifice postérieur de sa narine est beaucoup plus près de l'orbite que de l'orifice antérieur. Le sous-orbitaire est bas et alongé : on ne lui voit de dentelure qu'à sa pointe postérieure. La mâchoire supérieure est sensiblement plus avancée que l'autre. L'opercule se termine un peu en pointe obtuse. Sa langue est épaisse, un peu relevée en toit, tout-à-fait lisse, sans aucunes âpretés : celles des palatins sont très-faibles.

Cette espèce est alongée; sa hauteur est près de six fois dans sa longueur; sa tête y est quatre fois et deux tiers; la longueur de sa tête ne fait pas moitié de sa longueur. La seconde dorsale ne commence que sur le milieu de son anale, ce qui n'est pas assez marqué dans la figure de M. Buchanan.

D. 4 — 1/8; A. 3/9; C. 14; P. 16; V. 1/5.

Ses écailles sont assez petites, il en a cinquante et quelques sur une ligne longitudinale.

Un de nos individus, long de six pouces et paraissant argenté, est teint de brunâtre avec des lignes longitudinales étroites; un autre, un peu plus long, est presque entièrement brun verdâtre.

M. Buchanan[1] nous dit que dans l'état frais il est teint de verdâtre en dessus, argenté en dessous; que ses lignes sont formées par des suites de taches, et que ses nageoires sont transparentes; ses yeux sont petits, mais très-saillans, et leur pupille est plus haute que large. Il arrive à un pied de longueur.

Le foie de ce muge est très-petit; l'œsophage est court, l'estomac grand, conique et alo.. il atteint presqu'à l'anus. La branche montante est très-courte et arrondie comme un petit pois. Il y a deux appendices cœcales, dont l'antérieur est replié sur lui-même et presque caché sous le foie; le bord libre de l'autre est, au contraire, attaché le long de l'intestin. Le canal intestinal est long : il fait un assez grand nombre de replis avant de se rendre à l'anus.

La vessie natatoire est fourchue en avant; elle occupe un peu plus de la moitié de la longueur de la cavité abdominale. Le péritoine est noirâtre.

Nous avons reçu ce poisson des bouches du Gange par les soins de M. Dussumier.

Khorsula est le nom que lui donnent les indigènes. On le pêche dans le Gange et dans la plupart des rivières qui s'y jettent, et on en a introduit dans quelques étangs de la partie méridionale du Bengale. Il nage ordinairement le museau et les yeux hors de l'eau, ce qui fait croire qu'il cherche les mouches et autres petits insectes qui se

---

1. *Gangetic fishes*, p. 221.

tiennent à la surface. Sa chair est très-bonne, et les Européens la recherchent beaucoup pour leur table. M. Dussumier dit qu'on prendrait sa tête pour celle d'une grenouille. Il en a vu des individus de dix-huit à vingt pouces. M. Raynaud en a rapporté du Gange sous le nom de *collo*.

Le MUGE A TÊTE PLATE.

(*Mugil planiceps*, nob.)

M. Duvaucel a envoyé du Bengale une espèce de muge distincte de toutes les autres

par l'aplatissement extrême de sa tête. Elle n'a pas en hauteur à la nuque moitié de sa longueur: en avant elle est encore bien plus plate, sa hauteur surpasse sa longueur d'un tiers. L'œil est petit, placé au quart antérieur; la distance entre les orifices de la narine et celle qui est entre le postérieur et l'orbite, sont à peu près égales. Le sous-orbitaire est dentelé, échancré en angle obtus; son extrémité est tronquée carrément et presque sans dentelure. La lèvre supérieure est assez mince, mais ses dents, quoique très-petites, se voient aisément. Les écailles sont assez grandes. Je crois qu'il y en a une courte sur la pectorale; mais l'individu est si mal conservé que je ne puis en juger que par le repli resté à la peau. La première dorsale n'a que les deux cinquièmes de la hauteur du corps, mais ses rayons sont assez forts. La hauteur du corps au milieu égale la longueur de la tête, et est cinq fois dans la longueur totale.

B. 6; D. 4 — 1/8; A. 3/9; C. 14; P. 17; V. 1/5.

M. Belanger nous en a rapporté qui ont treize ou quatorze pouces de longueur. M. Dussumier en a eu de plus petits, pris dans les étangs salés des environs de Calcutta; ils ont la couleur générale des muges, verdâtres sur le dos et argentés sous le ventre.

Après ces espèces, qui se rapprochent du céphale d'Europe par le voile adipeux dont leur œil est entouré, nous pouvons en citer qui tiennent de près au chélon et surtout au labéon, par leur lèvre supérieure haute et charnue; mais qui s'en distinguent promptement parce qu'à l'état de repos leur maxillaire est caché par le sous-orbitaire et les replis des mâchoires.

Le Muge crénilabre.

(*Mugil crenilabis,* Forsk.)

La mer Rouge en produit deux, que M. Ehrenberg a rapportés, et qui pourraient presque également bien correspondre au *mugil crenilabis* de Forskal. Celui auquel nous affectons plus particulièrement ce nom, parce qu'il répond mieux à la description du naturaliste danois,

a tout-à-fait la forme générale de notre labéon; sa lèvre supérieure est aussi épaisse, aussi haute; mais les angles latéraux en sont plus aigus; il a également la carène de la lèvre inférieure échancrée, et des crénelures fines et charnues aux lèvres; mais elles sont ici beaucoup plus fortes. Son œil est plus petit; les écailles du dessus de sa tête, plus grandes. Il n'a pas le sous-orbitaire échancré; on peut dire qu'il a tout au plus un léger feston au-dessus de la commissure. Dans l'état de repos on n'aperçoit rien de son maxillaire; l'anale commence directement sous la deuxième dorsale, ne porte que neuf rayons mous, tandis que dans le labéon elle en a onze et commence un peu plus avant que la deuxième dorsale à grandeur égale; ces deux nageoires sont, dans le crénilabre, couvertes d'écailles. Sa tête est un peu plus longue et plus large, et sa caudale un peu plus courte, qu'au labéon; mais l'échancrure en prend de même moitié de la longueur. La tête est contenue cinq fois dans sa longueur totale, celle de sa caudale près de six fois, et sa hauteur quatre fois et un tiers. Tout son corps est argenté et légèrement teint de verdâtre vers le dos; on n'y voit pas les cinq lignes brunes qui règnent sur les flancs du labéon. Une petite tache noire ou bleuâtre se remarque à l'angle supérieur de la base de la pectorale et se prolonge en une bande noirâtre sur cette base du côté de l'aisselle, bande qui ne se voit point à la face externe. Ses écailles, demi-elliptiques, aussi larges que longues, ont une légère strie sur le milieu de leur partie extérieure et cinq ou six rayons à leur éventail.

D. 4 — 1/8; A. 3/9, etc.

Ce poisson, qui ressemble au chélon par la position de l'anale et le nombre de ses rayons, en diffère par une lèvre beaucoup plus épaisse, par l'occultation absolue de son maxillaire, par un sous-orbitaire tronqué moins oblique-ment et par l'absence de raies sur les côtes.

Le Muge rubanné.

(Mugil fasciatus, nob.)

Le second de ces labéons de la mer Rouge n'est peut-être qu'une variété du précédent, et M. Ehrenberg ne l'en a pas distingué.

Ses formes, les nombres de ses rayons, sont les mêmes; mais il a la lèvre encore plus épaisse, couverte de papilles plus fortes; le sous-orbitaire est plus entaillé, et il y a en outre quelques dif-férences dans les couleurs, car on aperçoit encore sur le corps cinq ou six bandes verticales, nuageuses et irrégulières, d'une teinte grisâtre. On lui voit aussi la tache à l'aisselle de la pectorale.

Notre individu est long de huit pouces.

Ces poissons se trouvent dans toute la mer Rouge, et ils y portent encore le nom d'arabi, qu'on leur donnait au rapport de Forskal.

Le Muge lippu.

(*Mugil labiosus*, nob.)

La mer Rouge nourrit encore une troisième espèce, fort voisine du crénilabre, en même temps qu'elle tient encore plus que celui-ci de l'espèce suivante.

Ce muge a la lèvre supérieure non moins épaisse au milieu, mais plus encore près de l'angle; aussi le sous-orbitaire est-il profondément échancré, beaucoup plus que ne l'est celui du labéon de la Méditerranée. Cette lèvre, sans papille ni dentelures charnues, a un sillon transversal assez creux, formé par un repli profond de son bord. L'inférieure est mince, molle, charnue, taillée en biseau, échancrée dans le milieu; son tubercule est très-mince. La branche de la mâchoire inférieure est élargie; mais elle ne cache pas l'extrémité courbée du maxillaire qui dépasse le sous-orbitaire. Le front est aplati. La tète fait le cinquième de la longueur totale; elle est un peu plus courte que la hauteur du tronc sous la première dorsale.

La pectorale est aussi longue que la tète: elle est assez pointue. La seconde dorsale est étroite et petite; elle est couverte d'écailles, ainsi que l'anale. La caudale est échancrée, plutôt que fourchue.

D. 4 — 1/7; A. 3/9; C. 17; P. 16; V. 1/5.

Le dos est brun verdâtre, avec quatre ou cinq traits noirâtres longitudinaux. Une tache bleue se voit à l'aisselle de la pectorale. Le ventre est argenté.

Nous en avons reçu plusieurs individus longs de six pouces, qui faisaient partie des collections de M. Polydore Roux, dont les sciences ont à déplorer la perte récente à Bombay.

Le Muge cirrhostome.

(*Mugil cirrhostomus*, Forster.)

Schneider compare à ce *mugil crenilabis* le *mugil cirrhostomus* de Forster. C'est, en effet, une espèce très-voisine, mais bien distincte, que nous pouvons facilement caractériser, aujourd'hui que nous en avons sous les yeux un fort bel individu, rapporté de la Nouvelle-Irlande par les naturalistes de l'expédition de M. d'Urville.

Il est en tout semblable au dessin que nous en avons trouvé dans la bibliothèque de Banks.

C'est un muge sans dents, à lèvres charnues, épaisses et dont les papilles sont disposées sur le bord de la lèvre supérieure en quinconce sur neuf ou dix rangées, et à l'inférieure sur deux petits plis élevés de la peau, qui forment une fraise fort singulière; chaque papille est portée sur un pédicule bien distinct, un peu renflé à son insertion. La hauteur du corps est coutenue quatre fois et trois quarts dans la longueur totale; mais il est de tous les muges celui qui a la tête la plus courte et la plus ronde, car sa longueur est près de six fois dans celle du corps. Le sous-orbitaire est sans échancrure, et coupé carrément; il n'a presque pas de dentelures. L'œil est encore plus près du bout du museau; les lobes de sa queue sont très-pointus; la pectorale est aussi longue que la tête et taillée en faux; son écaille axillaire est large, et du tiers de la nageoire; les appendices de la première dorsale sont plus longs qu'elle, la seconde nageoire du dos et l'anale sont couvertes d'écailles très-serrées; elles soñt taillées en faux.

B. 6; D. 4 — 1/8; A. 3/10; C. 17; P. 16; V. 1/5.

Les écailles du corps sont fortes, au nombre de trente ou trente-cinq entre l'ouïe et la caudale; le bord de chacune est finement cilié.

Forster lui attribue une couleur plombée sur le dos, une tache noire sur la base des pectorales, et une autre sur la nuque, des lignes brunâtres sur les flancs, formées par des reflets; mais il lui donne les nombres suivans:

B. 5; D. 4 — 9; A. 9 (sans distinguer les épineux des mous); C. 17; P. 16; V. 5.

Malgré ces différences, nous ne pouvons douter de l'identité de l'espèce.

L'individu de Forster était long de dix-neuf pouces et avait été pris dans l'océan Pacifique[1]; le nôtre n'a que dix pouces.

Le MUGE A TACHE BLEUE.

(*Mugil cœruleo-maculatus*, Lacép.)

M. Cuvier n'a pas cru que M. de Lacépède ait conjecturé aussi juste que Schneider : trouvant dans Commerson une description assez vague du voyageur, et une figure qui ne laisse au contraire rien à désirer, d'un muge de la mer des Indes, dont la pectorale a aussi une tache noire (ou bleu foncé) à sa base, M. de Lacépède a établi sur la description, son *muge tache-bleue*[2], et en même temps il a rapporté au *mugil crenilabis* la figure 1, pl. 13, dont l'original est évidemment du même poisson, mais à laquelle son graveur a supprimé la tache.

Cette figure ne marque aucune crénelure aux lèvres, et Commerson, dans sa description, n'en fait aucune mention; il trouve même une ressemblance exacte, pour cette partie, entre son poisson et la description d'Artedi, qui est du céphale ou du capiton. Sa figure ne donne d'ailleurs à ces lèvres rien qui approche de l'épaisseur qu'elles ont dans le *crenilabis*. La justesse des doutes de M. Cuvier vient d'être confirmée par l'examen que nous avons pu

---

1. Bloch, Schneider, p. 121. — 2. Lacép., t. V, 1.ʳᵉ part., p. 385 et 389.

faire du poisson lui-même, rapporté de l'Isle-de-France par M. Dussumier.

La longueur de la tête est du cinquième de la longueur totale, qui contient elle-même cinq fois la hauteur du tronc. Le dessus du crâne est très-bombé, et comme le dessous de la mâchoire inférieure est bien renflé, le museau de cette espèce est plus gros que dans aucune autre; c'est ce qui est bien rendu dans la figure de Commerson. La lèvre supérieure est très-épaisse, l'inférieure mince et taillée en biseau; elles n'ont aucunes papilles ni ne paraissent avoir de dents. Le sous-orbitaire n'est point échancré ni dentelé, son angle inférieur est arrondi; entre lui et l'œil il y a un peu de peau adipeuse, mais on n'en voit aucune trace à l'angle postérieur. La pectorale est taillée en faux et plus longue que la tête; son écaille axillaire n'atteint pas tout-à-fait à la moitié de la nageoire; l'appendice écailleux de la première dorsale est aussi long que la base de cette nageoire; la seconde dorsale et l'anale sont taillées en faux et couvertes d'écailles; les lobes de la caudale sont assez pointus. Les nombres sont :

B. 6; D. 4 — 1/8; A. 3/9 , etc.

Ils diffèrent peu de ceux de Commerson, car les nombres qu'il indique sont les suivans:

B. 5; D. 4 — 9; A. 10; P. 16;

et relativement à ceux de la membrane branchiale, quoiqu'il assure les avoir examinés avec soin, nous avons trop bien vérifié le nôtre, lequel est conforme à celui de tous les muges, pour n'être pas persuadé qu'il n'ait pas négligé le sixième.

Il donne au dos une couleur bleue tirant au brun, aux flancs un blanc brunâtre, et au ventre un blanc argenté; les nageoires supérieures et la caudale sont brunâtres; les inférieures blanchâtres; il ne parle point de raies, si ce n'est qu'il dit que les écailles sont striées longitudinalement (ce qui doit produire des raies par reflet); sa figure n'en marque point.

La longueur du dessin est de dix-huit pouces, mais notre individu n'en a que neuf.

M. Dussumier confirme les observations de Commerson, en lui donnant une taille double de celle de l'individu qu'il a rapporté. C'est, dit-il, un poisson abondant à l'Isle-de-France; il y est fort estimé; on le prend pendant une saison à l'hameçon, mais dans une autre il ne mord plus et on se sert d'autres moyens pour le pêcher.

Le Muge axillaire.

(*Mugil axillaris*, nob.)

Les mers de l'Inde nourrissent un autre muge à tache bleue dans l'aisselle de la pectorale, comme celui qui précède, et qui, malgré la grande ressemblance avec lui, en diffère

par la forme du sous-orbitaire qui a une petite échancrure au bas de son bord antérieur, de sorte que l'angle inférieur est aigu et se reporte en avant sous l'angle de la commissure; le bord postérieur est coupé carrément, finement dentelé. Outre ce caractère assez saillant, nous trouvons à cette espèce l'œil un peu plus ouvert, placé dans un orbite dont le bord échancre davantage la ligne de profil. Le bout du museau est moins convexe, la mâchoire inférieure est plate et oblique; la lèvre supérieure est large, mais coupée obliquement sous le bout du museau, ce qui donne un aspect tout différent à ce muge.

La pectorale est longue et pointue, mais son appendice écailleux est bien plus court et n'atteint pas au tiers de la longueur; la seconde dorsale est plus étroite; elle a, comme l'anale, la surface couverte d'écailles.

D. 4 — 1/8; A. 3/9; C. 17, etc.

Les couleurs ressemblent tout-à-fait à celles du précédent.

11.   13

Nous en avons un individu de neuf pouces qui a été rapporté de la Nouvelle-Guinée par MM. Quoy et Gaimard, et un autre plus petit n'ayant que six pouces, qui a été envoyé de l'Isle-de-France par M. Desjardins.

Le Muge cylindrique.

(*Mugil cylindricus*, nob.)

Nous avons reçu du Musée royal de Leyde un muge qui faisait partie des collections faites à Java par MM. Kuhl et Van-Hasselt, et

qui a le corps plus cylindrique qu'aucun autre; sa hauteur est comprise quatre fois et un quart dans sa longueur totale. La tête est courte, du cinquième de la longueur du corps; le museau est encore plus raccourci et plus rond que celui du muge à tache bleue. Le sous-orbitaire est coupé plus carrément, mais sans échancrure; l'écaille axillaire est plus courte; la deuxième dorsale et l'anale sont écailleuses et courtes.

D. 4 — 1/8; A. 8/9, etc.

La couleur est uniforme et argentée sur le corps, jaunâtre sur la tête, les nageoires paraissent avoir été verdâtres. Il n'y a point de taches dans l'aisselle de la pectorale.

Malgré les grandes affinités de ce muge avec celui de Commerson, nous le regardons bien comme d'une espèce distincte.

L'individu est long de quatre pouces.

Le Muge bouveron.

(*Mugil amarulus*, nob.)

Nous trouvons encore dans les collections faites à Java par MM. Kuhl et Van-Hasselt et dans celle de M. Dussumier de la côte de Coromandel, un petit muge à corps comprimé, à tête beaucoup plus courte que la hauteur du corps, à front légèrement convexe, à sous-orbitaire coupé carrément, non échancré, rétréci en arrière et cachant la pointe du maxillaire. Une écaille maxillaire, mais courte, est au-dessus de la pectorale; les nageoires dorsale et anale sont couvertes d'écailles; la caudale est peu échancrée; les couleurs sont argentées et uniformément brillantes. On ne voit aucune raie sur les côtés, ni de tache près de la pectorale.

D. 4—2/8; A. 3/9, etc.

On pourrait prendre ces petits poissons de forme bien distincte pour un cyprin, et ils ressemblent assez à celui que nous nommons la Bouvière (*cyprinus amarus*, Lin.). C'est pour rappeler cette ressemblance que j'ai imaginé le nom sous lequel je les fais connaître. Nos individus ont deux ou trois pouces.

Nous rapportons encore à cette espèce de petits muges parfaitement semblables, que M. Leschenault a pris à Pondichéry, et auxquels les pêcheurs donnaient le nom de *paranda-sala*. Ils ne passent pas quatre pouces, et on en prend beaucoup dans la rivière d'Arian-Coupan pendant les mois de Novembre et de Décembre.

Les espèces qui nous restent à décrire sont, comme le *M. cœruleomaculatus*, de celles où le maxillaire se recourbe et se montre derrière la commissure des lèvres; mais ces organes n'ont point d'épaisseur. Quelques-unes ont encore des caractères particuliers et suffisamment distinctifs.

Le MUGE MACROLÉPIDOTE.

(*Mugil macrolepidotus,* Rupp.)

L'une d'elles, par exemple, est couverte de grandes écailles, comme notre *grandisquamis* du Sénégal;

mais elle a le corps moins alongé à proportion, la tête plus large et plus courte, l'œil plus près de la ligne du profil; le sous-orbitaire, coupé obliquement et presque pas échancré, remonte jusqu'au-devant du nasal et touche presque à celui du côté opposé, ce qui donne au museau une tout autre forme. Le maxillaire ne paraît que très-peu; la hauteur et la longueur de sa tête sont chacune cinq fois dans sa longueur totale. Sa lèvre supérieure est mince, et ses dents très-courtes et excessivement fines. On compte vingt-cinq ou vingt-six écailles sur une ligne longitudinale, et neuf ou dix sur une transversale. Sa dorsale postérieure et son anale sont assez pointues, mais sa caudale n'est presque pas échancrée. Les deux premières sont couvertes d'écailles très-serrées.

D. 4 — 1/8; A. 3/9; C. 14; P. 15; V. 1/5.

Il paraît tout entier d'un jaunâtre métallique de laiton. Les écailles sont plus brunes aux bords. Ses nageoires sont grises, et les pectorales plus foncées que les autres, ou même noires dans une grande partie de leur surface. Chacune de ses écailles a une ligne étroite sur son axe.

Il y a un enfoncement très-grand au-devant du vomer; les âpretés palatines sont fines et disposées sur deux plaques étroites très-écartées l'une de l'autre. La langue est légèrement pliée en toit, et ses deux bords latéraux sont échancrés vers le bout, à peu près comme dans le muge doré. Il y a des âpretés sur son pourtour et sur l'arrière de l'arête du milieu.

Ce muge a l'estomac conique, alongé, à parois minces et transparentes; la branche montante est épaisse et presque cylindrique; le pylore est entouré de dix appendices cœcales courtes, dont quelques-unes sont bifides.

Le canal intestinal est large, et ne fait que quatre à cinq replis avant d'arriver à l'anus.

La vessie natatoire a ses parois très-minces, et donne deux petites cornes de sa partie antérieure.

Un de nos individus, long de neuf pouces, paraît entièrement d'un jaune verdâtre un peu bronzé; il a été recueilli

près des îles de Waigiou et de Rawack, par MM. Quoy et
Gaimard, qui l'ont décrit, dans la relation du voyage de
M. Freycinet, sous le nom de muge *Christian;* mais l'équivoque qu'il produit en latin, nous empêche de le conserver.

MM. Lesson et Garnot l'ont aussi trouvé près de l'île
de Borabora, l'une de celles de la Société, et MM. Quoy
et Gaimard l'ont rapporté pendant leur second voyage des
îles de Vanikoro.

M. Ehrenberg l'a pris aussi dans la mer Rouge, où
il l'a décrit d'après le frais.

> Ses pectorales étaient toutes noires, ses dorsales noirâtres, et
> il y avait du noir à la pointe de son anale, ce qui avait déterminé
> ce voyageur à le nommer *melanopterus.*

> Un échantillon qu'il a bien voulu nous donner est long de
> onze pouces.

Il ne paraît pas que cette espèce ait été connue de
Forskal.

M. Ruppel l'a également observé, et en a donné une
très-bonne figure (pl. 35, fig. 2) sous le nom que nous lui
conservons. Cette espèce est également abondante à la côte
malabare, car M. Dussumier nous en a rapporté beaucoup
d'individus. Il ajoute encore quelques notions aux couleurs
prises sur le frais : selon lui, le dos est verdâtre sous un
réseau noirâtre formé par les bords vert foncé de chaque
écaille. Les nageoires dorsale et anale sont verdâtres et les
pectorales noirâtres ; les flancs argentés portent trois ou
quatre rayures longitudinales et noirâtres.

Le Muge pedaraki.

(*Mugil pedaraki*, nob.)

Le *peddaraki-sowere* de Russel, pl. 182, approche un peu des précédens et surtout du *grandisquamis*,

par les écailles et la forme pointue de la dorsale et de l'anale. Ses écailles, cependant, sont plus nombreuses, sa caudale plus fourchue, sa tête plus petite et moins bombée, et bien que la figure n'exprime pas la forme de son sous-orbitaire, elle nous semble marquer suffisamment que c'est une autre espèce.

D. 4 — 9; A. 12 probablement 3/9; C. 18; P. 19; V. 1/5.

L'individu de Russel était long de deux pieds.

Shaw a imaginé que c'était le même que le muge de Malabar, cité par Bloch comme une variété du *tang*, et les réunit sous le nom de *mugil malabaricus*. Non-seulement cette identité n'est pas prouvée, mais il y a preuve du contraire. Bloch dit de son muge malabare qu'il n'a que dix rayons à l'anale.

Nous arrivons enfin à des espèces qui n'ont plus d'autres caractères que quelques différences dans leurs proportions. Toutes ont, comme le *muge sauteur* d'Europe, le maxillaire paraissant un peu derrière la commissure, la lèvre supérieure mince, les dents visibles, quoique très-fines, et la pectorale dépourvue d'écailles particulières.

Le Muge de Péron.

(*Mugil Peronii*, nob.)

Péron en a rapporté deux de la Nouvelle-Hollande.

La première a le profil supérieur rectiligne, la hauteur de la tête à la nuque égale aux deux tiers de sa longueur, sa largeur égale aux trois quarts de sa hauteur, la distance de l'œil au museau plus grande que le diamètre de l'œil et que la moitié de sa distance à l'ouïe, la longueur de la tête quatre fois et demie dans la longueur totale. La ligne de son dos et celle de son ventre saillent presque également. Sa hauteur au milieu fait le quart de sa longueur. Ses écailles ont dix ou douze rayons à leur éventail, et il y en a de petits entre eux vers leur origine.

D. 4—1/9; A. 3/10; C. 14; P. 16; V. 1/5.

Sa couleur paraît fort argentée : s'il y a des raies, elles sont peu apparentes.

Notre individu est long de sept pouces.

Sa langue ressemble beaucoup à celle du muge doré : mais l'arête du milieu est ici beaucoup plus élevée et plus tranchante, sans aucune âpreté; il y en a sur les deux bords, qui sont échancrées. Les âpretés palatines sont peu nombreuses, sur deux plaques distantes l'une de l'autre; le vomer est droit.

Le foie du *mugil Peronii* est petit, réduit à un seul lobe fort court, presque carré, situé à gauche de l'œsophage. L'estomac est grand, conique, alongé: il descend presque aux quatre cinquièmes de la longueur de l'abdomen. La branche montante est petite, alongée, cylindrique; il n'y a que deux cœcums au pylore : ils sont assez gros, mais courts et écartés l'un de l'autre.

Le canal intestinal fait plusieurs replis et sinuosités avant de se rendre à l'anus; il est moins long que celui de la plupart des autres muges. La vessie natatoire est grande, simple, sans aucune division des cornes : elle est très-mince. Le péritoine est d'un noir très-profond.

Les naturalistes de l'expédition commandée par M. le capitaine d'Urville, nous ont fait connaître le lieu où ce poisson se trouve. Ils ont rapporté au Cabinet du Jardin des plantes un individu long de dix pouces et pris sur la côte nord-ouest de la Nouvelle-Hollande dans le port Western.

Le MUGE POINTU.
(*Mugil acutus*, nob.)

Une autre espèce des mêmes parages, également rapportée par Péron, est plus alongée et a surtout la tête plus
longue et plus pointue que celle de tous les autres muges.

Sa langue est plate, relevée dans son milieu par une arête vive;
les bords n'en sont point échancrés, les âpretés sont très-fines sur
le bout.

La hauteur de sa tête n'est guère plus de moitié de sa longueur;
sa largeur est des quatre cinquièmes de sa hauteur. L'œil occupe
exactement le deuxième quart de cette longueur; le profil supérieur
et l'inférieur sont rectilignes. La tête est quatre fois et demie dans
la longueur totale, et la hauteur du corps y est plus de cinq fois.
Les écailles, plus larges que longues, ont douze rayons à leur
éventail.

·D. 4 — 1/8; A. 3/9; C. 14; P. 16; V. 1/5.

Sa couleur paraît plus dorée qu'au précédent : son dos surtout est d'un brun verdâtre plus foncé.

Notre individu n'a que quatre pouces, mais il paraît jeune.

Le foie du *mugil acutus* est triangulaire, et a son bord gauche
festonné. L'estomac est assez grand; sa branche montante est alongée,
épaisse, mais n'a pas la figure pyriforme des autres muges. Il n'y
a que deux appendices cœcales, grêles, écartées l'une de l'autre.

Les intestins sont courts, ils ne font que quatre replis avant de
se rendre à l'anus. La vessie natatoire a des parois si minces que
nous n'avons pu voir sa forme : elle est médiocrement grande.

Le MUGE DE FORSTER.
(*Mugil Forsteri*, nob.)

Forster a observé un muge qui remonte en foule au mois
d'Avril dans les rivières de la Nouvelle-Zélande, et l'a cru
le *mugil albula* de Linné. L'espèce paraît sous ce nom

dans le Bloch de Schneider, p. 120, avec une description peu caractéristique ; mais la figure que nous avons retrouvée dans la bibliothèque de Banks, présente un museau aigu et un profil droit, qui la font ressembler beaucoup au précédent ;

seulement cette tête est bien plus courte à proportion du corps, étant comprise près de cinq fois et demie dans la longueur totale ; la hauteur du corps est exactement la même que la longueur de la tête.

Forster donne quelques nombres et comme il suit :

B. 5 ; D. 4 — 1/9 ; C. 16 ; P. 14 ; V. 1/5 ;

mais nous n'ajoutons aucune foi à celui des rayons branchiaux, et nous pensons qu'il a compté ceux de la caudale et des pectorales autrement que nous ne le faisons.

Ses individus étaient longs d'environ huit pouces. Leur dos était d'un brun bleuâtre, leur ventre argenté. Une tache brune marquait la pointe de leur seconde dorsale et de leur anale. Les pectorales sont brunes, la caudale d'un brun jaunâtre, les autres nageoires transparentes ; couleurs qui ressemblent beaucoup à celles que nous décrirons bientôt dans notre *mugil melanochir.*

Le MUGE FERRAND.

(*Mugil Ferrandi*, Quoy et Gaim., Expéd. Freycinet, Zool., pl. 59, fig. 3.)

Le petit muge que MM. Quoy et Gaimard ont rapporté du port Jackson et nommé *M. Ferrand,* a le corps moins alongé que les deux précédens, la tête plus-courte et le profil plus bombé dans la partie du crâne.

La tête est quatre fois et demie dans la longueur totale, et la hauteur de son corps quatre fois ; ses proportions sont à peu près

11. 14

les mêmes que dans le muge de Péron, sauf la légère convexité de
son crâne. Ses écailles, plus larges que longues, ont de douze à
quatorze rayons.

D. 4 — 1/8; A. 3/10; C. 14; P. 16; V. 1/5.

Sa couleur est argentée et légèrement teinte de gris roussâtre. Une
bande un peu bleuâtre règne le long de chaque flanc. Sa langue
est plate et relevée par une arête comme celle de notre *M. acutus*,
mais ses bords sont échancrés. La base de la pectorale du côté de
l'aisselle a une bande noire, qui ne se voit que lorsqu'on relève
la nageoire. Sa caudale, dont les angles ne sont pas assez pointus
dans la figure, a un léger liséré noir.

Les individus ne dépassent pas quatre pouces.

Le Muge a pectorales noires.

(*Mugil melanochir.*)

Un petit muge de Java, que nous devons à MM. Kuhl
et van Hasselt, et que ces jeunes naturalistes ont nommé
mugil melanochir,

est remarquable par la largeur de sa tête, non moins que par la
noirceur de ses pectorales.

La largeur de sa tête égale sa hauteur, et elle n'est pas déprimée
plus qu'à l'ordinaire; sa hauteur fait les deux tiers de sa longueur.
Son museau se trouve ainsi coupé à peu près carrément. La tête
et la hauteur du corps s'égalent à peu près, et ne sont guère plus
de quatre fois dans la longueur totale. Ses écailles, aussi longues
que larges, ont de six à huit rayons à leur éventail.

Sa langue a sur son milieu une arête couverte d'âpretés très-
fortes; celles des bords sont plus fines: aux palatins il y en a d'assez
fortes.

D. 4 — 1/7; A. 3/8; C. 14; P. 16; V. 1/5.

Il est argenté, sans raies, un peu gris sur le dos. Sa pectorale
est noire, sauf le quart inférieur, qui est transparent; les autres

nageoires sont finement pointillées de noirâtre, surtout vers le bord de la première dorsale et vers la pointe de la seconde.

Cette espèce ne paraît pas devenir très-grande, car le grand nombre d'individus qu'ils ont envoyés, n'a que trois pouces et quelques lignes.

Ce petit muge s'étend assez loin dans la mer des Indes, car MM. Quoy et Gaimard en ont rapporté de Guam un autre individu de la même taille.

Le Muge Parsia.

(*Mugil Parsia,* Hamilton, Buchanan, *Gangetic fishes,*
p. 215, pl. 17, fig. 21.)

Le *muge parsia* des eaux douces du Bengale, décrit et représenté par M. Buchanan,

paraît avoir presque exactement les proportions de ce *M. melanochir.* L'auteur lui donne un rayon de plus à la seconde dorsale, et dit qu'il est argenté, teint de verdâtre sur le dos, pointillé et sans raies. Il ne parle d'aucunes taches noires sur les nageoires.

B. 6; D. 4—1/8; A. 3/8; C. 14; P. 14; V. 1/5.

Ce poisson ne passe pas un empan, et n'en atteint le plus souvent que la moitié.

Nous croyons le retrouver dans un poisson rapporté des bouches du Gange par M. Dussumier, et qui paraît répondre aux proportions de ce *parsia.*

Sa hauteur est quatre fois et deux tiers dans la longueur totale; la longueur de sa tête égale la hauteur du corps; la distance du bout du museau à l'œil ne fait que le quart de la tête. La ligne du profil est légèrement convexe, sa mâchoire supérieure est un peu proéminente; son sous-orbitaire échancré, presque en angle droit, est très-finement dentelé; la partie visible de son maxillaire est très-petite : il paraît tout entier de couleur olive bronzée. Ses dents sont d'une finesse excessive, à peine visibles à la loupe.

D. 4 — 1/8; A. 3/9, etc.

Notre individu est long de six pouces.

Nous en avons reçu de semblables de la côte de Malabar par M. Belanger.

Le MUGE CASCASIA.

(*Mugil cascasia*, Buch.)

Ce *mugil cascasia*, décrit aussi par M. Buchanan, et trouvé dans les rivières du nord du Bengale, ressemble beaucoup (dit l'auteur) au *mugil parsia*,

mais il est plus alongé; sa couleur est argentée avec une teinte verdâtre sur le dos, sans raies, et il y a une tache jaune pâle de chaque côté près des pectorales et de la caudale. Chaque écaille a un trait longitudinal sur son milieu. Les nombres sont indiqués comme il suit :

B. environ 3; D. 4 — 1/7; A. 27/8; V. 1/5.

mais, à coup sûr, ceux des branchies et probablement aussi ceux des épines de l'anale, ont été mal comptés.

Ce poisson n'a d'ordinaire que trois à quatre pouces. On en fait peu de cas pour la table.

Nous ne l'avons pas vu, mais d'après ce qu'on dit des rapports de sa forme avec le *M. parsia*, ce ne peut être une des espèces qui précèdent.

Nous ne pouvons rien affirmer sur son maxillaire, ni sur l'écaille de sa pectorale, dont M. Buchanan ne parle pas.

Le MUGE A NAGEOIRES JAUNES.

(*Mugil melinopterus*, nob.)

Les naturalistes de l'expédition envoyée à la recherche de La Peyrouse, ont rapporté de Vanikoro un autre muge, qui diffère de ceux de cette île dont nous avons parlé, parce que

le bout du maxillaire se voit dans l'angle de la bouche, derrière le sous-orbitaire, et que l'œil n'a pas de voile adipeux. Le sous-orbitaire est carené et échancré comme dans le *mugil saliens;* la tête est aplatie; la lèvre supérieure épaisse et avancée dans l'échancrure laissée entre les os du nez; les dents sont d'une finesse excessive; les deux narines sont rapprochées : il n'y a pas d'écailles axillaires. La seconde dorsale et l'anale sont courtes et écailleuses; la caudale peu fourchue.

D. 4 — 1/8; A. 3/9, etc.

MM. Quoy et Gaimard, qui l'ont vu frais, disent que le corps était blanc bleuâtre, légèrement brun en dessus; la pectorale et la première dorsale brunes; les autres nageoires étaient remarquables par leur couleur jaune-citron, et plus vive sur la caudale.

L'individu est long de huit pouces.

Les habitans leur ont donné ce poisson sous le nom de *padagoconqué.* Il y est très-commun. Ces naturalistes ont confirmé la fixeté des couleurs de cette espèce sur un grand nombre d'individus.

Ils ont ajouté dans la note qu'ils ont bien voulu nous communiquer, que ce poisson était mêlé avec d'autres muges de deux pieds de long, et qu'ils ont regardés comme le *mugil cephalus* d'Europe. Nous avons tout lieu de croire qu'ils ont voulu parler du *mugil Perusii,* décrit plus haut.

Le MUGE DE DUSSUMIER.

(Mugil Dussumieri, nob.)

Un autre muge de l'Inde, pris depuis Bombay jusque sur la côte de Coromandel, nous a été rapporté par M. Dussumier, et nous nous sommes fait un devoir de lui dédier cette nouvelle espèce.

Le museau est comprimé en coin; les lèvres sont peu épaisses; le sous-orbitaire est carené, plié sur lui-même, un peu échancré; le maxillaire paraît au-dessous de lui. Les deux narines sont rapprochées; entre elles et le sous-orbitaire, et au-devant de l'œil, on voit une peau épaisse adipeuse, qui ne s'avance pas assez sur cet organe pour lui servir de voile: il y a aussi un peu d'adiposité près de l'autre angle. Cette disposition me paraît caractéristique dans cette espèce. La première dorsale a les épines fortes, la seconde dorsale et l'anale sont pointues et écailleuses, la caudale est peu fourchue.

D. 4 — 1/8; A. 3/9, etc.

Le corps est verdâtre, et il y a trois lignes brunes ou noirâtres, étroites et parallèles le long du milieu des flancs.

Nos individus sont longs de huit à neuf pouces.

Le Muge carené.

(*Mugil carinatus*, Ehrenb.)

M. Ehrenberg a rapporté au Musée de Berlin et nous a communiqué un petit muge de la mer Rouge,

qui a le museau très-déprimé, les sous-orbitaires échancrés et faisant une forte saillie anguleuse en carène de chaque côté de la bouche. On voit les maxillaires sous l'angle de la mâchoire; le dos est assez tranchant; les nageoires sont petites et écailleuses; la caudale est peu échancrée.

D. 4 — 1/8; A. 3/9, etc.

Les écailles ont de petites élevures qui forment trois ou quatre lignes relevées en carène de chaque côté du corps. La couleur est verdâtre sur le dos, argentée sur le reste du corps.

M. Dussumier a retrouvé la même espèce sur la côte malabare, et il l'a reprise ensuite aux Séchelles.

Nos individus n'ont que trois pouces ou trois et demi de long.

MM. Quoy et Gaimard nous la font connaître de l'île Guam.

M. Reynaud en a rapporté d'autres individus et d'aussi petite taille, pris à Pondichéry. Il paraîtrait que l'espèce reste dans de petites dimensions.

Le MUGE A DENTS RECOURBÉES.

(*Mugil curvidens*, nob.)

MM. Quoy et Gaimard ont pris au milieu de l'Atlantique, sur les bords de l'île de l'Ascension, un petit muge qui se fait remarquer par le caractère de ses dents.

Elles sont fortes, égales et proclives sur le bord des deux mâchoires. L'inférieure a la lèvre pliée en dessous, de manière que les dents de cette rangée viennent se placer parallèlement et en arrière de celle de la mâchoire supérieure, mais de façon que les pointes des dents soient dirigées en bas. Cette mâchoire inférieure a une sorte de fossette triangulaire, bordée par ces lèvres ainsi redressées, et un tubercule en dessus, mais plus caché que dans les autres muges.

Le maxillaire est recouvert par le sous-orbitaire, qui est large en avant, pointu en arrière, sans échancrure en carène. L'œil n'a aucun voile particulier; il n'y a point d'appendice écailleux aux nageoires : celles-ci sont sans écailles.

D. 4 — 1/8; A. 3/9 , etc.

Le corps est bleuâtre sur le dos, argenté sans aucune ligne ou bande le long des flancs; une tache bleue occupe toute la base de la pectorale.

Nos individus n'ont que trois pouces de long.

Le Cabinet du muséum d'histoire naturelle possède d'autres petits muges de Bahia, qui nous paraissent être de cette même espèce. Ils ont les mêmes dents; nous leur trouvons le corps plus comprimé et plus haut; mais cela peut dépendre du ramollissement que ces individus auraient subi dans la liqueur.

Le Muge ciliilabre.

(*Mugil ciliilabis*, nob.)

Il existe à Callao de Lima un petit muge fort voisin de celui qui précède.

Il a les dents plus petites et plus fines, moins recourbées vers le bas, mais saillantes et formant une rangée de cils autrement disposés que dans les autres muges. Celui-ci a d'ailleurs le dos plus droit, le corps plus arrondi, la tête plus courte, les écailles plus petites que le *M. curvidens.*

D. 4 — 1/8; A. 3/9.

Les nombreux individus que nous avons examinés, viennent des collections faites par M. Gaudichaud.

On pourrait presque séparer des autres muges ces deux petites espèces de poissons. On prendrait, au premier aspect, ceux de la dernière pour de très-jeunes scombres.

Ainsi nous avons déjà cinquante espèces dans un genre où Linnæus encore n'en comptait que deux et les distinguait mal, et dont M. Cuvier n'avait connu que trente-trois ou trente-quatre. Cette énumération, faite généralement, comme nous l'avons dit, sur l'examen d'un ou plusieurs individus de chaque espèce, s'est accrue à ce point contre notre attente, malgré l'attention extrême que je mets dans toutes ces recherches à ne point les multiplier d'après de légers accidens individuels, et en suivant, autant que me le permettent mes faibles talens, les préceptes de mon illustre maître. Mais la force de l'évidence ne me paraît pas permettre d'en supprimer une seule; bien plus, j'en trouve encore dans les auteurs que je ne puis rapporter à celles que j'ai observées sur la nature.

Forskal a encore trois autres muges, qu'il range comme des variétés sous son *M. crenilabis,* mais qui en diffèrent par des traits qui me paraissent manifestement spécifiques.

Le Muge scheli.

(*Mugil scheli,* Forsk.)

Le *scheli* a les épines dorsales plus raides; ses lèvres n'offrent ni crénelures ni cils (par cils il entend sans doute les dents). La carène de sa lèvre inférieure est divisée par un sillon; les lignes de ses flancs sont très-peu marquées; ses pectorales sont jaunâtres; toute la base en dedans est noirâtre; ses ventrales sont blanchâtres; les autres nageoires sont glauques.

C. 14; P. 16.

Il n'est long que de six pouces. Le noir de l'aisselle semble le rapprocher de notre *mugil Peronii.*

Les Arabes le nomment *scheli :* à Lohaia on lui donne le nom particulier de *hari.* Il fraie en hiver, au coucher des pléiades.[1]

M. Ehrenberg a cru retrouver le *scheli* dans un muge de la mer Rouge qui, d'après son dessin, me paraît aussi assez voisin de notre *mugil Peronii,*

et qui a une bande noire sur la base de sa dorsale. Sa mâchoire inférieure est à peine carénée. Le lobe supérieur de sa queue est un peu plus long que l'inférieur. Son sous-orbitaire est tronqué et

______

1. Forskal, *l. c.,* p. 73, n.° 109 b.

finement dentelé au bout. Sa hauteur est contenue quatre fois et un quart dans sa longueur totale; la longueur de sa tête égale, à peu de chose près, la hauteur du corps.

Le Muge tade.

(*Mugil tâde*, Forsk.[1])

Le *tâde* ou l'*Ædda* n'a aussi qu'une carène simple à la lèvre inférieure; ses épines sont raides; la seconde nageoire du dos est plus longue que la première; sa lèvre supérieure est très-finement dentelée; il n'a point de taches à la pectorale; ses ventrales, son anale et sa dorsale ont leurs bases roussâtres; les lobes de sa queue sont obtus. Il n'est rien dit de sa taille ni de ses rayons.

Ces indications peuvent convenir à beaucoup de nos espèces.

M. Ehrenberg a cru devoir l'appliquer à un muge de la mer Rouge, qui réunit à ces divers caractères

des formés qui paraissent peu différentes du *mugil cascasia*. Le front est un peu rétréci entre les yeux; ce muge a le sous-orbitaire tronqué et finement dentelé au bout, l'œil fort rapproché de la commissure, et la hauteur quatre fois et trois quarts dans sa longueur.

Mais n'ayant pu comparer ces deux espèces avec les nôtres que d'après les dessins qui nous ont été communiqués par ce savant voyageur, nous n'oserions affirmer qu'elles ne rentrent pas dans quelques-unes de celles que nous avons décrites.

Pour achever d'éclaircir l'histoire des muges, nous croyons devoir répéter qu'il faut retrancher de ce genre deux espèces que Forster et Forskal y ont placées mal à propos. Le *mugil salmoneus* de Forster, ainsi que nous nous en sommes assurés par l'examen de son dessin con-

---

1. Forskal, *l. c.*, p. 74, n.° 109 d.

servé dans la Bibliothèque de Banks, est l'*élops* d'Orient, comme nous avons reconnu plus haut que le *mugil appendiculatus* de Bosc est l'*élops d'Amérique*.

La description du compagnon de Cook doit avoir été fort incorrectement copiée dans le Bloch de Schneider, p. 121, ou Forster doit avoir mal observé sa membrane branchiale, car on ne lui donne que quatre rayons; mais les seules ventrales à dix rayons, et la queue à vingt-huit, et la ligne latérale, auraient dû avertir qu'il ne s'agissait pas d'un muge.[1]

M. Schneider a soupçonné que le *mugil chanos* de Forskal[2] (*Chanos arabique* de M. de Lacépède[3]) est aussi un élops, et il est certain que ses nombres se rapportent de bien près à ceux de Forster[4]; mais nous l'avons reconnu depuis dans un cyprinoïde que M. Ehrenberg a rapporté en abondance de la mer Rouge, et nous en reparlerons dans un autre chapitre.

---

1. B. 4; D. 15; A. 8; C. 28; P. 16; V. 10. — 2. *Descr. anim. arab.*, p. 74, n.° 110. — 3. Lacép., t. V, p. 395 et 396. — 4. B. 4; D. 14; A. 9; C. 20; P. 16; V. 11.

CHAPITRE II.

Des Cestres, des Dajaus et des Nestis.

Nous plaçons à la suite des muges, des poissons qui y tiennent par l'ensemble de leur physionomie générale; mais qui en diffèrent génériquement par les caractères que nous avons déjà énoncés au commencement de ce livre.

Les cestres, dont nous parlons d'abord, ont une grande ressemblance avec les muges; mais la fente de leur bouche les fait aisément reconnaître. Nous leur voyons des dents, même sur une bande étroite, à la mâchoire supérieure seulement; l'inférieure en est toujours privée. La première dorsale n'a que quatre rayons, et le dernier rayon est alongé et rapproché des précédens, ce qui change la forme de cette nageoire, comparée à celle des poissons du genre dont nous distrayons ceux-ci.

Nous n'en connaissons que deux espèces, qui viennent d'être découvertes pendant la grande expédition scientifique que le Gouvernement avait mise sous les ordres de M. le capitaine d'Urville. Nous n'en avons trouvé aucun indice dans les ouvrages que nous avons pu consulter.

Le CESTRE A LÈVRES PLISSÉES.

(*Cestræus plicatilis,* nob.)

La première a

le corps un peu plus comprimé latéralement que celui de nos muges ordinaires : le dos est cependant encore fort arrondi. La hauteur, qui est du double de l'épaisseur, est contenue quatre fois et un peu plus dans la longueur totale.

La tête est courte, à vertex étroit mais très-bombé, à museau pointu et à bouche fendue longitudinalement et non en travers comme celle de nos muges. La longueur est comprise cinq fois et quelque chose dans celle du corps. L'orbite est beaucoup au-dessous de la ligne du profil, et ne l'entame nullement. Son diamètre fait un peu plus du quart de la longueur de la tête; il est éloigné du bout du museau d'une fois et demie ce diamètre. L'œil n'est d'ailleurs recouvert par aucune membrane adipeuse. Le sous-orbitaire ne cache que la partie antérieure du maxillaire; il est étroit, petit, arrondi en arrière, couvert de quelques écailles, et son bord est tout-à-fait lisse et sans dentelures. On ne lui voit ni carène près du bord orbitaire, ni échancrure sur le bord antérieur.

Les trois pièces de l'opercule sont cachées sous les grandes écailles qui les recouvrent. On n'aperçoit du préopercule que le bord horizontal et un peu de son angle fort obtus, qui se porte beaucoup au-delà de l'œil. Il n'y a aucune pointe à l'opercule; son bord membraneux est très-étroit; dans la direction de l'œil il fait un arc rentrant, qui devient, au contraire, convexe sous la pectorale et le long de la fente des ouïes : elle est grande.

La membrane branchiostège, peu large, a six rayons. D'ailleurs l'isthme est si étroit, que les deux interopercules se touchent presque sous la gorge. La lèvre supérieure est fort épaisse, et fait à l'extrémité du museau une masse charnue, couverte de papilles excessivement fines et nombreuses, qui donnent à cet organe une apparence veloutée; elle recouvre un intermaxillaire long, grêle en arrière, assez large dans sa partie moyenne, d'où s'élève la branche montante. Celle-ci est forte et longue, ce qui rend la bouche protractile; mais elle ne fait que l'abaisser dans la protraction, parce que le maxillaire a lui-même peu de liberté. La partie antérieure de cet os grêle et droit se retire, quand la bouche est fermée, sous le bord inférieur du sous-orbitaire; le reste de l'os le dépasse ensuite, du côté postérieur, de près de moitié de sa longueur. Le bord de la mâchoire a, le long d'une lèvre épaisse, une rangée de fines dents.

Le voile membraneux du palais est peu large, assez libre, et

un peu creux derrière l'angle formé par la réunion des deux os
intermaxillaires. La mâchoire inférieure est un peu plus courte que
la supérieure. Un léger tubercule charnu existe sur la symphyse.
Les branches sont hautes près de leur articulation, et leur portion
supérieure laisse même une impression sur le palais du poisson.
Il n'y a aucunes dents à cette mâchoire. La lèvre qui la borde
est très-épaisse et s'étend sous la branche horizontale de manière
à faire deux petites palettes charnues, obtuses à leur extrémité
libre, et qui se touchent par leur bord interne, tant les branches
sont rapprochées sous l'isthme. Les côtés de la lèvre sont garnis
d'un nombre considérable de petites lames verticales serrées, et
constituent une frange fort remarquable, dont je n'ai pas vu d'autres exemples dans la classe des poissons; car je ne pourrais comparer à ces lames si fines, si serrées, et placées à l'extérieur, que
celles qui existent sous le repli de la lèvre des bars, des perches
et d'autres acanthoptérygiens; mais dans ces espèces elles me paraissent cependant de nature différente. Le palais n'a point de dents,
soit aux palatins, soit au vomer; mais les deux angles de son
chevron font une forte saillie sous la voûte palatine. Les deux ouvertures de la narine sont l'une près de l'autre et rapprochées de l'œil :
la postérieure est grande et ovalaire, l'antérieure est un petit trou
rond.

La longueur de la pectorale est du sixième de celle du corps.
Son premier rayon est courbe et assez large : il est suivi de vingt-
deux autres rayons. Dans son aisselle il y a une écaille un peu
oblongue. On en voit une semblable, mais encore plus alongée,
à la base de la première dorsale, dont le premier rayon est inséré
au milieu de la longueur du corps, la caudale n'y étant pas comprise. On compte en tout quatre épines.

La seconde dorsale s'élève sur le milieu du tronçon de la queue,
entre la première nageoire du dos et la caudale; elle a un premier
rayon simple, grêle et collé sur le suivant. Les rayons articulés
sont au nombre de huit. L'anale n'a que trois épines très-faibles
et très-serrées contre les autres rayons, qui sont tous articulés et
au nombre de neuf. Les premiers ont plus de deux fois la lon-

gueur des derniers, qui dépassent un peu ceux du milieu, ce qui donne à la nageoire la forme d'une faux. La première épine est si petite, qu'il faut y regarder de très-près pour la trouver.

Il n'y a que quelques écailles sur la base de la membrane entre les rayons mous, soit de la deuxième dorsale, soit de l'anale. La caudale, fourchue, a des lobes larges, arrondis et couverts d'écailles à leur base. Les ventrales sont longues et larges, à cause du développement de l'éventail de chaque rayon. L'épine est grêle et presque cachée le long du premier rayon, tant elle y est fortement réunie. Une membrane unit au corps le cinquième rayon branchu. Il y a dans l'aisselle de ces ventrales une écaille courte, forte et triangulaire, sans être très-pointue. Une palette écailleuse et triangulaire existe entre la base des deux nageoires qui sont attachées sous le premier tiers du tronc.

B. 6; D. 4 — 1/8; A. 3/9; C. 17; P. 22; V. 1/5.

Les écailles sont grandes, solides; leur bord est finement cilié, et toute la partie visible est couverte de granulations très-fines et très-régulièrement disposées en quinconce. La portion recouverte est quadrilatère, le bord radical est lisse, l'éventail a onze rayons, et les parties latérales n'ont que de très-fines stries longitudinales et parallèles. On en compte environ quarante rangées entre l'ouïe et la caudale, et environ dix à douze dans la hauteur : celles qui recouvrent la tête sont plus âpres : les lèvres et la mâchoire sont les seules parties qui en soient dépourvues.

On voit sur les écailles des stries longitudinales, qui n'offrent pas de régularité dans leur disposition. Je n'ai pu apercevoir de ligne latérale. La couleur paraît avoir été verdâtre sur le dos, avec quelques vestiges de raies brunes longitudinales, fort effacées. Le ventre est argenté, sans qu'il reste aucune trace de lignes ou de taches. Les nageoires sont verdâtres.

Son anatomie nous a fourni les observations suivantes :

Ce poisson n'a pas à l'estomac de branche montante pyriforme, à parois aussi épaisses que celles de nos muges proprement dits.

Ce viscère forme un grand sac à membranes fortes, à la suite d'un œsophage dont la tunique charnue est à peine plus épaisse que celle de la branche montante. Cette partie est courte et naît assez près du diaphragme : ce qui donne de l'ampleur au fond du sac stomacal. Il y a deux appendices cœcales au pylore. Nous ne pouvons rien dire de la longueur du canal intestinal ni de ses replis. Il n'était pas assez bien conservé; mais il nous a paru long. Le foie est assez gros, et presque réduit au seul lobe gauche. La vésicule du fiel est grande et presque arrondie; il y a une vessie natatoire simple et très-mince.

MM. Quoy et Gaimard nous apprennent que ce poisson vit dans les eaux douces des Célèbes. Son estomac était rempli de limon, dans lequel nous avons vu épars quelques brins de plantes.

L'individu a près d'un pied de long.

Le Cestre oxyrhynque.

(*Cestræus oxyrhyncus*, nob.)

Ces infatigables naturalistes ont rapporté des mêmes îles une espèce fort voisine, mais

qui a le corps plus alongé, car la hauteur est comprise cinq fois et demie dans la longueur totale. La tête est aussi un peu plus courte. La lèvre supérieure est moins épaisse; l'angle de l'inférieure est beaucoup plus aigu, ce qui rend le museau plus pointu. Les dents de la mâchoire supérieure sont plus fortes, plus découvertes, et sont disposées en carde sur plusieurs rangées. Les plis de la mâchoire inférieure sont à peine visibles. Le sous-orbitaire est coupé plus carrément. La pectorale a le premier rayon plus faible et moins arqué; son écaille axillaire est encore plus rudimentaire; celles du corps sont plus lisses : on en trouve plus de quarante-cinq entre l'ouïe et la caudale. Les nageoires ventrales sont plus échancrées et plus larges. Je trouve que les trois rayons épineux de l'anale sont plus distincts.

D. 4 — 1/8; A. 3/9; C. 17; P. 17; V. 1/5.

La couleur verte du dos est plus foncée, les lignes brunâtres plus marquées, le ventre est de même argenté; le bord de la pectorale paraît avoir été verdâtre ou noirâtre.

Cette espèce offre des différences anatomiques assez sensibles.

L'estomac est plus étroit, et le sac moins profond, parce que la branche montante naît plus près du fond. Les parois de ce sac sont un peu plus musculeuses, mais sans avoir plus d'épaisseur. Il n'y a de même que deux appendices pyloriques. L'intestin est fort long; il fait quatre replis et plusieurs ondulations avant de se rendre à l'anus. Le foie est plus mince, plus alongé; la vésicule du fiel plus petite la vessie aérienne a de même des parois très-minces et transparentes.

L'estomac contenait aussi de la vase avec des débris de substances végétales.

L'individu qui est déposé dans le Muséum d'histoire naturelle a près de onze pouces, et l'espèce vit avec la précédente dans les eaux douces.

DES DAJAOS,

et en particulier du Dajao des montagnes.

(*Dajaus monticola*, nob.; *Mugil monticola*, Griff.)

Les Antilles nourrissent dans leurs eaux douces un mugiloïde assez différent des autres pour devenir le type d'un genre caractérisé par la fente longitudinale de la bouche, la présence de dents en velours aux palatins et au vomer. Nous ne connaissons encore qu'une seule espèce dans ce genre, qui a été d'abord recueillie à Porto-Rico par M. Plée.

Sa tête est comprimée; ses opercules ne sont pas bombés, ce qui lui donne plutôt la tournure d'un poisson de la famille de nos cyprins que de celle des muges. Sa lèvre inférieure n'a point de carène. Ses deux mâchoires sont garnies de dents en velours: l'inférieure ne s'élargit pas en avant comme dans les muges, et chacune de ses branches est marquée en dessous de trois pores assez larges; il y a une bande de dents en velours au chevron du vomer, laquelle se continue avec une bande semblable longitudinale, qu'on voit sur chaque palatin. Sa langue est plate, assez libre, un peu pointue et sans âpretés. Du reste, ses caractères sont un mélange de ceux des céphales et des autres muges. Son maxillaire se cache entièrement sous un sous-orbitaire tronqué; mais il n'y a pas d'appendice sur sa pectorale.

Son corps est un peu comprimé. Sa hauteur est quatre fois et un tiers dans sa longueur; son épaisseur fait moitié de sa hauteur. La longueur de sa tête égale la hauteur de son corps, et sa hauteur à la nuque en fait les deux tiers. On compte environ quarante écailles sur une ligne longitudinale.

Ses nombres sont, comme dans les muges,

B. 6; D. 4 — 1/8; A. 3/9; C. 17; P. 14; V. 1/5.

Dans la liqueur, son dos est brun noirâtre; ses flancs et son ventre dorés; les écailles des flancs sont bordées de brun. On ne voit pas de lignes brunes. M. Ricord nous apprend que le poisson frais est gris verdâtre un peu doré et argenté sous le ventre.

Ce poisson n'a que deux cœcums; la partie charnue de son estomac est beaucoup moins robuste à proportion que celle des muges, et presque réduite à un tube un peu plus épais que le cul-de-sac. Le canal intestinal fait cinq replis, et est presque partout d'une égale dimension.

Nous en avons des individus de Porto-Rico, depuis quatre jusqu'à huit pouces de longueur.

M. Ricord nous en a apporté de la rivière d'Artibonite à Saint-Domingue, longs de dix pouces, et nous assure qu'on en trouve d'une taille double.

On nomme ce poisson à Porto-Rico *el dajao,* et il passe pour le meilleur de tous ceux que l'on mange dans l'île. M. Ricord nous rapporte la même chose de celui de Saint-Domingue, où d'ailleurs on le confond avec les muges sous le nom commun de mulet.

Cette espèce habite aussi la Jamaïque : elle y a été observée par le docteur Bancroft, à qui l'ichthyologie est déjà redevable de nombreuses observations intéressantes. On en trouve une figure fort exacte, et d'une très-jolie exécution, dans la traduction anglaise du Règne animal, publiée par M. Griffith.[1]

Le docteur Bancroft avait eu l'idée de nommer ce poisson *mugil monticola,* ce qui nous indique que ce poisson

---

1. *An. Kingd. fish.*, 2.ᵉ part., suppl., p. 367, pl. 36. Nous ne citons pas la planche 51 de ce même ouvrage, parce qu'elle est copiée de l'Iconographie du règne animal de M. Guérin, cette planche de l'Iconographie étant fort mauvaise et au-dessous de toute critique.

se rencontre assez haut dans les eaux douces, si même il les quitte pour se rendre à la mer. Nous en avons aussi de la Guadeloupe et de la Vera-Crux.

DES NESTIS.

Les côtes de l'Isle-de-France et de Bourbon produisent des espèces qu'au premier coup d'œil chacun serait tenté de prendre pour des muges; mais qui en diffèrent encore bien plus que les dajaos, et qui portent des caractères assez marqués pour devoir être distinguées comme un genre de la grande famille des mugiloïdes. La tête est plus comprimée, les opercules plus plats, moins bombés; le sous-orbitaire ne recouvre plus tout le maxillaire, qui ne se recourbe pas pour se montrer au-dessous de la mâchoire inférieure.

Outre les dents qui bordent les mâchoires, il y en a en avant du vomer et aux os pharyngiens, mais point aux palatins. La lèvre supérieure est très-épaisse; l'inférieure est très-grosse, repliée, et de plus calleuse et tranchante.

A l'intérieur ces Nestis diffèrent encore plus des muges qu'à l'extérieur, par leur estomac membraneux et nullement charnu.

Nous en connaissons deux espèces, assez semblables par leurs formes à des cyprins.

Le NESTIS CYPRINOÏDE.
(*Nestis cyprinoides*, nob.)

Ce poisson a tout-à-fait la forme d'un gardon (*cyprinus Idus*); ses deux dorsales et sa lèvre épaisse l'en éloignent cependant beaucoup.

La hauteur du corps est cinq fois ou à peu près dans sa longueur; son épaisseur un peu moins de deux fois dans sa hauteur.
La tête est petite, comprise près de six fois dans la longueur totale.
L'œil, de grandeur médiocre, a un diamètre qui fait plus du sixième
de la longueur de la tête. Le sous-orbitaire est petit, convexe en
avant, tronqué et dentelé en arrière : le bord, mince, est quelquefois concave.

Les opercules ne sont pas bombés; ils sont couverts d'écailles;
celles de l'opercule, du sous-opercule et de l'interopercule tombent
plus facilement. L'angle de l'opercule se termine en pointe mousse
et aplatie. L'intervalle qui sépare les yeux et la portion postérieure
de la tête, est très-convexe. Les deux ouvertures de la narine sont
rapprochées et à peu près égales. La bouche est petite, peu fendue,
mais longitudinalement; l'intermaxillaire est grêle et court; la lèvre
qui le cache est épaisse et remonte prendre place dans l'intervalle
qui sépare les deux maxillaires. Ceux-ci sont alongés et se re-
joignent presque sur le devant du museau entre les sous-orbitaires
et en avant des os du nez, qui sont alors rejetés en arrière, et
qui deviennent petits et alongés; ce qui est le contraire de ce que
nous avons observé dans les espèces du genre des muges, et ce qui
rend la partie supérieure du museau de ces nestis étroite, tandis que
celle des muges est toujours élargie. Le maxillaire dépasse de l'autre
extrémité le sous-orbitaire et n'a aucune torsion ni courbure.

Le bord de la lèvre inférieure est comme endurci ou calleux,
épais, taillé en biseau; il n'y a point de tubercule sur cette lèvre,
ni d'échancrure à la supérieure. Les deux maxillaires portent une
bande étroite de dents en fines cardes : il y en a aussi sur le vomer;
mais les palatins sont lisses et sans aucune âpreté. Les pharyngiens
supérieurs sont très-petits, légèrement bombés et armés de dents
en cardes; l'inférieur ou le cricéal est aussi très-étroit, comme le
supérieur. Ces os ne rétrécissent pas l'ouverture du pharynx, qui
ressemble à celle des autres poissons. La membrane branchiostège
a six rayons, qu'il faut examiner avec autant de soin que ceux des
muges, pour les bien compter. La dorsale antérieure est avancée
sur la première moitié du corps : elle a quatre épines assez fortes;

la dernière est un peu plus courte que les premières. La seconde
dorsale et l'anale n'ont que peu d'écailles sur la membrane qui unit
les premiers rayons osseux ou articulés. Je ne trouve que deux
rayons épineux à cette nageoire de l'anus. La caudale est à peine
fourchue; la pectorale est médiocre et sans écailles axillaires : celle
des ventrales est très-petite.

B. 6; D. 4 — 1/8; A. 2/9; C. 17; P. 17; V. 1/5.

Les écailles du corps sont de grandeur moyenne, minces, à bord
lisse sans granulations, et ayant neuf rayons à l'éventail, qui n'en-
tament pas le bord radical, lequel est lisse et sans crénelure.

Je compte quarante-cinq écailles entre l'ouïe et la caudale. La
ligne latérale est visible dans les poissons de ce genre, et elle est
tracée droite de l'angle supérieur de l'opercule au milieu de la nageoire
de la queue.

Les couleurs du poisson conservé dans l'alcool sont d'un vert
noirâtre foncé sur le dos, devenant une sorte de réseau, jeté sur
les flancs du poisson, dont le fond est argenté : une bande de cette
couleur paraît au-dessus de la ligne latérale; le ventre et le dessous
de la gorge est argenté mat. Les nageoires sont verdâtres; l'anale
est bordée de blanchâtre; les ventrales n'ont que très-peu de noirâtre.

M. Dussumier, qui a observé les couleurs fraîches, les dit verdâtres et sombres sur le dos, et vertes sur le bord des écailles des
flancs.

La branche montante de l'estomac est assez grosse, courte, et sort
à l'entrée de l'œsophage. Les parois sont minces et comme transparentes. Les cœcums sont au nombre de deux; l'intestin est très-
long, faisant six replis avant de se rendre à l'anus; le rectum est
droit et long; tout le mésentère était rempli d'une graisse abondante et fluide, surnageant sur l'eau comme une huile verdâtre. Le
foie est excessivement petit; la vésicule du fiel est de la grosseur
d'un des cœcums, et suspendue à un canal cholédoque assez court.
Il y a une vessie aérienne simple, à parois minces et argentées et
de grandeur moyenne. Les reins sont réunis sur leur plus grande
étendue. Le péritoine est épais et rougeâtre, pointillé de noirâtre.

Ce poisson est, suivant M. Dussumier, un des meilleurs de l'Isle-de-France; on le nomme mulet de rivière ou *chite*. Il se tient toujours dans les eaux douces, et ne se rend jamais à la mer. M. Dussumier le dit rare dans cette colonie. Nous en devons deux autres à MM. Quoy et Gaimard et à M. Desjardins.

Nos individus sont longs de sept à huit pouces, et suivant M. Dussumier on n'en trouve pas qui pèsent plus de deux livres et demie.

M. Leschenault nous a rapporté des eaux douces de Bourbon un petit poisson que nous croyons de la même espèce.

Le Nestis dobuloïde.

(*Nestis dobuloides;* nob.)

Nous avons reçu des eaux douces de l'Isle-de-France un second nestis, qui diffère du précédent par plusieurs particularités fort notables.

Il a les lèvres plus épaisses et surtout l'inférieure, laquelle fait des replis assez gros. Les dents de la mâchoire supérieure sont à peine visibles : je n'en vois aucune à la mâchoire inférieure; celles du chevron du vomer, quoique petites, sont très-faciles à distinguer. La tête me semble aussi plus large, plus arrondie, les opercules plus renflés, la caudale plus ronde.

D. 4 — 1/8; A. 2/9; C. 17; P. 14; V. 1/5.

Le vert sombre du dos paraît s'étendre non-seulement sur les flancs, mais descendre aussi sur le ventre.

La longueur du seul individu déposé dans le cabinet du Jardin des plantes, est long de seize pouces : il a été donné par M. Lamarre-Piquot.

CHAPITRE III.

Des Tétragonures,

et en particulier du Tétragonure de Cuvier.

(*Tetragonurus Cuvieri*, Risso.)

Si les muges sont difficiles à placer dans le grand groupe des acanthoptérygiens, le poisson nommé à Nice *courpata*, et dont on a fait le genre tétragonure, l'est encore plus qu'eux ; car les muges font entre eux une famille distincte, qui a peu de points de contact avec les autres osseux, tandis que le poisson qui va faire le sujet de cet article, tient de plusieurs familles.

La forme alongée de son corps en fuseau, les crêtes saillantes que nous observons de chaque côté de sa queue, la disposition des épines de la dorsale, et même la forme et la position des dents des palatins et leur alongement en lancette, sont une combinaison de caractères analogue à celle que nous offrent plusieurs de nos scombéroïdes ; mais les ventrales sont en arrière des pectorales, comme celles des muges, ce qui en fait un véritable abdominal. L'examen des viscères nous fait voir que la branche montante de l'estomac est un peu charnue près du pylore, sans être cependant renflée en bulbe épais et semblable à un gésier ; nous trouvons dans l'œsophage de longues papilles pointues, mais tout-à-fait molles, et qui ne sont pas dures comme M. Cuvier l'avance dans le Règne animal, d'après je ne sais quel renseignement.

La position des ventrales n'est pas le seul caractère qui ait déterminé M. Cuvier à rapprocher des muges ce sin-

gulier poisson. Le maxillaire mince et caché sous le bord
antérieur du sous-orbitaire, l'épaisseur de la lèvre supérieure, faisant une saillie sur le dessus du museau, donnent
à ce poisson un air de famille avec les muges que plusieurs anciens observateurs avaient déjà senti.

En effet, M. Cuvier a reconnu que Rondelet[1] en avait
donné une figure assez médiocre, prise, comme il le dit
lui-même, sur un individu qui lui fut communiqué à Pise
par Portius ou Porzio, homme qui, d'après Rondelet,
était remarquable par l'étendue de ses connaissances et
son esprit éclairé.

Il est à regretter que l'ichthyologiste de Montpellier
ne soit pas entré dans plus de détails sur ce poisson. Il
nous paraît probable que l'individu était mal conservé,
et c'est ce qui explique comment Rondelet n'a vu que
sept ou huit épines sur le dos. D'ailleurs nos individus
secs ont bien les rayures longitudinales qui furent observées
sur le poisson de Pise. Il est assez curieux de voir que le
sentiment de Rondelet, si bon juge en ichthyologie, lui
fit rapprocher ce poisson des muges, puisqu'il le nomme
mugil niger.

Salviani, contemporain de Rondelet, n'en parle pas dans
son ouvrage sur les poissons de Rome; mais un peu plus
tard nous en trouvons une figure dans Aldrovande, sous
le nom de *corvus niloticus.* Il lui fut envoyé sous ce nom;
mais il ne donne aucun autre détail qui justifie l'assertion
que ce poisson venait des côtes d'Égypte. Il a eu, comme
Rondelet, l'idée de le comparer au *mugil.* Sa figure,
longue de onze pouces, et par conséquent de grandeur

---

1. *De piscibus,* l. XV, c. 6, p. 423.

naturelle ou approchant, est beaucoup plus reconnaissable que celle de Rondelet. Si l'œil était plus grand, et que le nombre des épines de la dorsale y fût marqué exactement, elle laisserait très-peu de choses à désirer.

Gesner a reproduit, selon sa coutume, l'article de Rondelet sans y rien changer; et, ce qui est fort étonnant et ce qui prouve combien ce poisson doit être rare, c'est qu'il n'en est plus fait mention que dans l'Ichthyologie de Nice. M. Risso l'a décrit dans la première édition de cet ouvrage publié en 1810; il donne une notice malheureusement trop courte pour faire connaître un poisson si curieux, et sa figure est encore moins bonne que sa description.

Il en a fait un genre sous le nom *tetragonurus*, expression qui rappelle en effet un des caractères les plus saillans de ce poisson. Dans la seconde édition l'infatigable ichthyologiste de Nice établit une famille pour ce genre unique sous le nom de tétragonurides. C'est le seul changement qu'il ait apporté à sa première édition, et il faut dire qu'il est de peu d'importance. Il eût été plus conforme aux principes de la méthode naturelle, de laisser ce genre avec les muges, que de réunir sous le nom de mugiloïdes dans une même famille, les muges, les apogons et les pomatomes. La science doit cependant beaucoup à M. Risso, car il a fait connaître le séjour et quelques-unes des habitudes de ce courpata.

Le Muséum doit à Péron le premier individu qu'il ait possédé; ce poisson, conservé dans l'eau-de-vie, est long de treize pouces, et depuis M. Viviani en a envoyé un de Gênes, et MM. Risso et Laurillard en ont procuré deux autres, pris sur les côtes de Nice, et M. Banon l'a pris à Toulon.

Une autre preuve que ce poisson est rare dans la Méditerranée, c'est que je ne le trouve mentionné ni dans les ouvrages de M. Rafinesque, ni figuré dans la Faune d'Italie du prince de Musignano, et qu'il ne faisait pas partie des collections de M. Savigny.

Je vois par le dessin que M. Cuvier a fait de l'individu rapporté par Péron, que M. Risso avait eu d'abord l'idée de nommer ce poisson *CHANOS ALDROVANDI*.

Le tétragonure a le corps alongé, arrondi sur le dos, légèrement comprimé sur les côtés, épais et cylindrique près de la queue en arrière de la seconde dorsale. La hauteur aux pectorales est sept fois dans la longueur totale, et l'épaisseur, prise à cet endroit, est moitié de la hauteur; à la naissance du tronçon de la queue, au-delà de la dorsale et de l'anale, l'épaisseur égale la hauteur et se trouve contenue quinze fois et demie dans la longueur totale.

La tête est cinq fois et un tiers dans cette même longueur; le museau est comprimé, mais arrondi et obtus, à cause de son épaisseur dans les autres dimensions. Quand la bouche est fermée, la mâchoire inférieure est un peu plus courte que la supérieure. L'œil est de grandeur moyenne, parfaitement rond; le cercle de l'orbite est au-dessous de la ligne du profil et loin de l'entamer; son diamètre est du cinquième de la longueur de la tête; il n'est pas éloigné de l'autre d'une fois et demie la longueur de ce diamètre. Le demi-cercle postérieur est bordé de pores enfoncés, dont les arêtes de séparation, de nature cornée, forment une fraise ciselée sur le demi-pourtour de cet organe. La portion antérieure du cercle est bordée d'une peau étroite et couverte de très-fines granulations, en avant de laquelle on aperçoit aussi quelques pores, mais moins apparens et moins bordés que ceux que nous venons de signaler. Entre l'œil, le bout du museau et le bord de la mâchoire supérieure, est un large espace triangulaire, au bas duquel est un sous-orbitaire caché sous une peau épaisse et couverte de granulations âpres, qui, vues à la loupe, sont disposées en petites rivulations anastomosées entre elles et très-nombreuses. Ces âpretés remontent sur le bout du museau et s'étendent sur le crâne un peu au-delà des yeux. Il y en a aussi sur la portion visible et horizontale de la mâchoire inférieure. Le sous-orbitaire est grand, mince, et cache, quand la bouche est fermée, le maxillaire et la plus grande partie de l'intermaxillaire. Il n'y a aucune dentelure, aucune sinuosité au bord du sous-orbitaire : le reste de l'os se sent sous la peau, mais il n'a aucune mobilité. Les deux ouvertures de la narine sont placées si haut sur le profil, qu'on les aperçoit quand on regarde le vertex, et la ligne tracée de l'une à l'autre est oblique au profil du museau. Elles sont toutes deux rondes, assez grandes, enfoncées : l'antérieure est un peu plus grande que la postérieure.

Il n'y a, à proprement parler, de lèvre qu'à la mâchoire supérieure; elle est haute, et fait un bourrelet charnu, qui remonte un peu sur le dessus du museau entre les deux sous-orbitaires, mais qui manque d'épaisseur et de mobilité; elle cache presque entièrement les dents de cette mâchoire. J'en compte vingt-quatre ou vingt-cinq de chaque côté: elles sont simples, coniques, un peu courbées vers l'arrière; la pointe paraît plus dure et de couleur roussâtre; elles sont peu adhérentes à l'os, étant enveloppées, sur presque toute leur longueur, dans le bourrelet charnu, formé par le bord interne de la lèvre, à travers laquelle elles sortent. Ce qui ne laisse pas, malgré leur grosseur, d'offrir quelque ressemblance avec ce que nous observons dans les muges.

La mâchoire inférieure présente une conformation unique dans les poissons. Chaque branche est très-mince, mais tellement haute, que vers le milieu la hauteur égale la moitié de la longueur de la mâchoire; le bord dentaire est courbé en arc, dont la convexité regarde le palais, et comme les deux branches se rapprochent par une des extrémités de cet arc convexe, il en résulte que la hauteur de la symphyse n'a pas le tiers de celle du milieu de la branche. L'extrémité articulaire est plus haute, à peu près du double de l'antérieure, ce qui fait les deux tiers de la plus grande hauteur. Le bord inférieur est horizontal; quand la bouche se ferme, cette portion se cache entièrement dans l'intérieur des côtés de

la bouche, de sorte qu'on ne voit que la seconde portion horizontale et plane de la branche de la mâchoire, qui donne alors à cet
organe une apparence extérieure tout-à-fait semblable à celle de la
plupart des autres poissons. Les dents sont sur une seule rangée,
sur le bord arqué de la mâchoire, au nombre environ de cinquante de chaque côté; elles sont un peu plus fortes, plus comprimées, plus pointues, plus courbées en arrière et implantées de
la même manière, mais un peu plus solidement, que les dents supérieures.

Nous observons aussi une rangée longitudinale de dents sur
le vomer, et quelques-unes plus longues et pointues sur le chevron
de cet os; les palatins en ont également une rangée longitudinale.
Le voile membraneux du palais et de la mâchoire inférieure est
court et bien séparé.

La langue est grande, très-libre, pliée en gouttière, à bord
haut: elle est charnue et ne porte aucune trace de dents. Les pharyngiens sont plats et garnis d'une plaque ovale de dents en carde.
Les râtelures des branchies sont tuberculeuses, mais sans aucune
âpreté. Les pièces operculaires sont cachées presque entièrement
sous les écailles fortes et semblables à celles du corps qui le recouvrent; on aperçoit cependant le bord du préopercule, dont le vertical est petit, et dont l'horizontal se porte un peu obliquement et
en bas vers l'angulaire de la mâchoire.

Les écailles qui dépassent ce bord lui donnent l'apparence d'être
finement dentelé, quoique l'os lui-même soit lisse. Le limbe en
est assez large, marqué par l'inclinaison de son plan sur la joue.
L'opercule et le sous-opercule ne paraissent former qu'une seule
pièce écailleuse dont le bord membraneux est très-petit. Les ouïes
sont très-largement fendues; l'isthme en est si étroit que les deux
interopercules se touchent et même se recouvrent un peu par leur
bord. La membrane branchiostège est peu large et soutenue par
cinq rayons, dont les deux derniers sont très-serrés et très-rap-
prochés de l'opercule.

La dorsale est composée d'une série de petites épines qui peuvent,
quand elles sont abaissées, se cacher entièrement dans une rainure

du dos, et qui, lorsqu'elles sont relevées, ont chacune une petite membrane qui les unit au dos. Cette disposition est semblable à ce qu'on observe dans plusieurs de nos scombéroïdes à dorsales épineuses de la famille des liches, ou mieux encore, tout-à-fait conforme à ce qu'on observe dans les rhynchobdelles et les mastacembles. Il y a quinze de ces épines, dont la première est très-courte; la seconde devient plus longue, mais n'a guère que le septième de la hauteur du corps sous elle; les dernières s'abaissent de nouveau et finissent par n'être guère plus hautes que la première. Une seizième épine, un peu plus haute que la précédente, est fortement unie à la dorsale molle, dont le premier rayon mou égale en hauteur la longueur de cette seconde dorsale, et a presque le quart de la hauteur du corps sous lui. Je ne compte que treize rayons mous, et le dernier n'a que la moitié de la hauteur du premier.

L'anale est un tant soit peu plus reculée que la dorsale à rayons mous, à laquelle elle ressemble par sa forme. Je ne lui trouve que douze rayons, dont les trois premiers seuls me paraissent simples, quoique très-faibles.

La caudale est peu profondément fourchue, composée de deux lobes à peu près égaux et peu longs; car ils n'ont guère que le septième de la longueur totale. Ces lobes se relèvent en courbes qui les distinguent nettement du tronçon de la queue, et rendent la base de la nageoire assez large : c'est sur cette base et entre les deux lobes que l'on voit de chaque côté de la queue les deux carènes fortes, élevées, recouvertes d'écailles dentelées, qui ont mérité au poisson le nom générique que lui a imposé M. Risso.

Tout le corps du poisson est cuirassé par des écailles dures, nombreuses et fort remarquables; elles sont implantées par verticilles obliques sur la peau, comme nous en observerons dans le polyptère, les lépisostées et autres poissons à corps fortement écailleux. Depuis la nuque jusqu'à la caudale il est facile d'en compter cent vingt rangées transversales, et sur le milieu du corps il y en a jusqu'à trente. L'opercule en a sept rangées et le préopercule dix; les trois du limbe sont, comme celles de l'opercule, égales et semblables à celles du corps, qui ont toutes à peu près la même grandeur, mais les sept rangées de la joue sont formées d'écailles beaucoup plus petites. Une écaille examinée séparément offre une portion radicale très-petite, lisse et disposée de manière à paraître comme divisée en deux : une sur le bord supérieur de l'écaille, et l'autre sur le postérieur ; la portion nue, qui est la plus grande, est sillonnée par des stries profondes et obliques, qui découpent le bord et rendent la surface du poisson âpre au toucher.

La disposition du bord radical supérieur fait que les écailles s'embriquent de fait du haut en bas, comme d'avant en arrière ; et le premier mode de superposition fait paraître une suite de petites crêtes longitudinales, qui tendent encore à augmenter, même à l'œil, la rugosité du poisson.

La ligne latérale est marquée par une suite de pores, et forme une ligne courbe qui s'infléchit un peu et passe par le milieu du tronçon de la queue. Au-dessus de la pectorale la ligne latérale est au tiers supérieur du côté.

La couleur du poisson desséché est une teinte noirâtre, de terre d'ombre assez foncée, avec de nombreuses lignes longitudinales et parallèles plus noires : on les aperçoit seulement par reflet.

Le poisson frais, tel que M. Laurillard l'a dessiné, est d'une couleur lie de vin foncée sur le dos, et verdâtre à reflets argentés et dorés au-dessous de la ligne latérale. La seconde dorsale et l'anale sont bordées de noirâtre, et leur base est dorée ; la caudale est verdâtre, bordée de noir ; l'iris de l'œil est doré, entouré d'un cercle noir.

Nous avons fait sur ce poisson les observations anatomiques suivantes :

A l'ouverture de l'abdomen, qui a en longueur près de la moitié de celle du tronc, nous avons vu les viscères, enveloppés dans un repli mince et transparent du péritoine, se détacher sur le fond brun-noirâtre de cette membrane, qui tapisse les parois musculaires du ventre. Le foie, d'un beau jaune, occupe le haut de l'abdomen et se divise en deux lobes à peu près égaux, situés de chaque côté de l'œsophage et de l'estomac, recevant, dans une gouttière creusée sur sa face inférieure, la pointe de la branche montante de l'estomac.

L'œsophage est assez long et renflé à son origine ; ses parois sont même assez épaisses; sa couleur est noirâtre; il est suivi d'un très-long sac conique fort aigu et dont la pointe atteint à l'extrémité de la cavité du ventre. A peu près au milieu de la longueur du cône formé par l'œsophage et l'estomac, on voit naître en dessous la branche montante de ce viscère, dont l'extrémité antérieure est rétrécie; vers cette pointe est le pylore, et les parois de cette portion de l'intestin sont plus charnues que dans toutes les autres régions du tube digestif. Sur les côtés de la branche montante, autour de la pointe et même sur le duodénum, sont rangées symétriquement les nombreuses appendices cœcales, dont les plus longues sont insérées sur l'origine de l'intestin, et les plus petites près de la pointe où est le pylore. Le duodénum naît sur la portion supérieure de la branche, et l'intestin descend le long de l'estomac jusque près de la pointe; il remonte jusqu'auprès du pylore, se plie de nouveau et descend jusqu'à la moitié de la longueur de la première anse; il se replie et remonte vers le diaphragme sans atteindre la crosse du second pli; puis il se contourne de nouveau et se rend droit à l'anus en se dilatant un peu à l'endroit où est la valvule du rectum, laquelle est placée hors de l'ouverture de l'anus. La veloutée de l'œsophage a des papilles nombreuses, longues et molles. Je ne vois rien qui justifie l'assertion de M. Cuvier, qui parle dans le Règne animal de papilles pointues et dures. Celles de l'estomac et de l'intestin sont très-fines.

Dans l'individu que j'ai disséqué, je n'ai pu rien observer sur les organes de la génération; ils n'étaient pas développés. Les reins forment à leur origine sur l'œsophage et derrière le diaphragme deux rubans grêles, qui se réunissent en un seul lobe à peu près au milieu de la longueur de l'abdomen; ils donnent presque directement dans une vessie urinaire étroite, fort longue et récurrente: il n'y a pas de vessie aérienne.

Outre ce que l'on voit à l'extérieur de son squelette, il y a trente-six vertèbres abdominales, et vingt-deux caudales; les côtes sont des stylets très-fins et très-grêles.

M. Risso assure que le tétragonure a des mouvemens

lents, qu'il vit seul et dans les grandes profondeurs. C'est à cela qu'il faut sans doute attribuer sa rareté. M. Laurillard, qui a observé le poisson vivant, m'a cependant parlé de la vivacité de ses mouvemens. Il fraie au mois d'Août, et à cette époque il se rapproche du rivage. Celui que nous avons désigné, a été pris au mois de Février, c'est ce qui explique pourquoi nous n'avons pu rien voir dans les organes de la génération.

Suivant les observations de l'ichthyologiste de Nice que nous venons de citer, la chair de ce poisson, quoique blanche et tendre, est vénéneuse; il l'a éprouvé sur lui-même, et plusieurs fois il a ressenti, après en avoir mangé, des douleurs aiguës dans les entrailles, principalement vers la région épigastrique et autour de l'ombilic; le ventre s'est météorisé, une chaleur pénible a échauffé la gorge et l'œsophage; ces accidens furent accompagnés de nausées fréquentes, suivies de vomissemens d'une humeur glaireuse et nauséabonde : des ténesmes et de la lassitude dans les membres pendant deux jours, terminèrent ces différens symptômes. M. Risso attribue ces effets pernicieux à la nourriture de ce poisson, et qu'il croit consister en méduses, particulièrement de celles dont Péron a fait le genre Stéphanomie et qui ont une âcreté et une causticité extrêmes.

J'ai en effet trouvé son estomac rempli de débris de ces sortes d'acalaphes; mais je ne puis assigner au juste à quel genre je dois rapporter ces débris. Cet animal peut mettre la veloutée de son tube digestif en contact avec des corps vivans d'une causticité bien reconnue, sans en souffrir. Ces êtres, digérés et assimilés par la nutrition, donnent à la chair du tétragonure les propriétés nuisibles qui lui sont propres. C'est là un des phénomènes les plus curieux de l'organisation.

Ce genre de nourriture rappelle l'observation de Pallas sur le hérisson : ce mammifère dévore avec avidité les cantharides, en remplit son estomac sans en souffrir; tandis qu'un seul de ces insectes fait périr très-promptement un chien de forte taille.

LIVRE QUATORZIÈME.

DE LA FAMILLE DES GOBIOÏDES.

Sous le nom de *gobioïdes,* emprunté de *Gobius,* que Linné avait affecté à un genre de poissons formant plutôt, dans son Système, un grand groupe naturel qu'un seul genre, M. Cuvier a réuni tous les acanthoptérygiens qui, si l'on peut s'exprimer ainsi, mériteraient le moins de recevoir le nom caractéristique de cette grande division des osseux, si les genres des clinus et des gonelles (murénoïdes, Lac.) n'y appartenaient pas. Presque tous ces poissons ont les épines de leur dorsale grêles et flexibles, et même dans le genre des zoarcès elles sont tellement molles, que plusieurs ichthyologistes hésitent encore à rapprocher ce genre de celui des blennies, quoique nous espérions bien justifier ce rapprochement par les nombreux détails dans lesquels nous entrerons en écrivant l'histoire de ce genre anomal. Nous trouvons tous ces rayons osseux et poignans dans les gonelles.

Tous nos gobioïdes se ressemblent beaucoup entre eux par la simplicité de leur canal intestinal, sans cœcums, n'offrant que de petites dilatations, formant ainsi un petit tube continu, plus ou moins alongé, manquant de cette branche montante ou récurrente, qui prend naissance sur la paroi du sac composé par la réunion de l'œsophage et de l'estomac. On ne leur trouve pas de vessie natatoire. Ces poissons restent en général dans de petites dimensions;

et comme ils vivent sur les plages rocheuses, qu'ils se retirent sous les pierres à l'heure de la basse mer, que d'ailleurs ils sont très-vifs, on ne les prend que difficilement; ils ne sont le but d'aucun genre d'exploitation de pêche, quoique leur chair soit généralement blanche et de bon goût.

Mais ces petits êtres offrent aux naturalistes un sujet fécond de méditations et de recherches fort curieuses. Une particularité commune à un grand nombre d'entre eux, celle d'être vivipares, a toujours excité la curiosité des physiologistes, parce qu'on ne connaît pas encore comment la fécondation a lieu chez ces animaux. Les naturalistes disent que la femelle est fécondée à l'intérieur par suite d'un accouplement; M. Cuvier lui-même le répète, mais avec circonspection.

Quand on a bien examiné les organes extérieurs des deux sexes, il est bien difficile de concevoir comment l'acte de copulation pourrait s'exécuter. On observe généralement que les mâles de ces blennies ou de ces gobies ont quelques dispositions particulières auprès des orifices des organes de la génération; mais on les voit exister dans les espèces qui ne sont pas vivipares, et souvent même plus compliquées que sur celles qui font leurs petits vivans.

On a considéré ces parties comme analogues aux appendices mâles des raies et des squales, et qui servent au rapprochement des sexes pour la fécondation de la femelle à l'intérieur. Mais ces organes existent, je le répète, dans les espèces non vivipares aussi bien que dans celles qui le sont, et ne se trouvent le plus généralement formés que de houppes, de petites papilles ou de lames très-plissées, disposées auprès de l'orifice par où sort la laitance, et de celui qui sert à l'excrétion de l'urine. Souvent l'organe est un simple tubercule ou, pour être plus exact, une longue papille, placée à côté de l'issue du canal communiquant avec le testicule. En supposant que ces organes puissent prendre, par le spasme vénérien, un état d'érection capable de produire un accouplement, il est difficile de voir comment la disposition des organes de la femelle peut se prêter à cet acte. L'ouverture extérieure de l'ovaire n'a jamais d'appendices ou de houppes. Elle est si petite qu'on ne la voit qu'après de minutieuses recherches. C'est un simple pore ouvert derrière l'anus, et en avant d'un trou souvent plus petit encore, destiné à la vessie urinaire.

Le mâle a cet orifice entouré de papilles tout-à-fait semblables à celles qui existent à l'ouverture de la laitance; mais je n'ai jamais vu ces papilles remarquables autour de l'anus. Il faut observer en outre que la condition de faire des petits vivans, n'exige pas cette disposition d'avoir un tubercule ou une sorte d'organe d'accouplement. Les pœcilies, dans la famille des cyprins, certains silures, sont vivipares, et les mâles n'ont rien qui ressemble à ce prétendu organe d'accouplement des gobioïdes.

Je crois donc devoir mettre sur la voie de faire des expériences sur ce sujet; car, quoique tous les auteurs l'aient répété, je pense que rien n'est moins probable que cet accouplement, et, s'il existe, rien de plus difficile à expliquer d'après la disposition des parties externes.

Mais comment alors s'opère la fécondation de l'ovaire de la femelle? On pourrait croire qu'il y a une sorte de juxta-position des deux cloaques, et que les papilles servent à ce rapprochement; mais il n'est pas encore facile de se faire une idée de la manière dont cette juxta-position s'effectue.

Les blennies et les gobies de Linné forment deux sous-divisions dans la famille que nous composons avec les genres que l'on a séparés de ceux de Linné; on ne peut cependant fixer entre elles deux la ligne de démarcation.

L'établissement de cette famille appartient tout entier à M. Cuvier, car ses prédécesseurs avaient peu changé les genres de Linné. Les espèces que le naturaliste suédois réunissait dans les *Blennius* de la 12.ᵉ édition, sont déjà les types de plusieurs de nos genres; on y voit en effet de nos blennies, tels que nous les entendons, des Clinus, des Cirrhibarbes, des Zoarcès et des Gonelles; et même, à cause du caractère tiré de la composition des ventrales, il y ajoutait un vrai gade, le phycis.

Gmelin, sans rien changer à ce genre, y ajouta des espèces que nous reportons dans nos Salarias, et M. de Lacépède y a de même placé plusieurs autres, prises de Commerson, et qui deviennent aussi des salarias, et un poisson que M. Bosc avait observé à la Caroline et dont nous faisons un genre distinct sous le nom de Chasmodes.

Bloch ne débrouilla rien de tout ce chaos, qui n'a commencé à être éclairé que dans la première édition du Règne animal, par l'établissement des genres *salarias* et *clinus*, aux dépens des blennies de Linné, et dans la seconde, par d'autres divisions extraites en partie du présent travail et auxquelles nous ajouterons quelques autres. M. Cuvier forme d'abord deux groupes : celui des Blennoïdes, qui ont six rayons à la membrane branchiostège, et qui avoisine les blennies, et un second, celui des Gobioïdes, qui n'en ont que cinq.

Nous allons faire connaître les divisions établies dans chacun d'eux, en parlant d'abord des Blennoïdes.

Un caractère commun à un grand nombre d'entre eux, consiste dans la composition des nageoires paires inférieures, lesquelles n'ont que deux rayons flexibles et sont ordinairement insérées sous la gorge, en avant des nageoires pectorales.

M. Cuvier a réservé le nom de *blennies* à ceux d'entre eux qui unissent à ces caractères, d'avoir des dents longues, égales, fixes et serrées à chaque mâchoire, et le plus souvent une longue canine à l'extrémité de cette rangée. Leur tête est courte, obtuse; leur front est orné d'un tentacule ou de franges diversement placées et conformées; et leurs ouïes sont bien fendues jusque sous la gorge. Il a donné le nom de *pholis* à ceux de ces poissons qui n'ont pas de tentacule sur la tête. Cette division est certainement d'une petite valeur. Il avait fait ensuite un petit groupe, sous le nom de *blennechis,* des espèces qui ont la même dentition que les blennies, mais dont l'ouverture branchiale ne descend pas sous la gorge, et qui est réduite à une simple fente, située à la hauteur et en avant de la pectorale; et, sous le nom de *chasmodes,* un autre groupe, qui avec les ouïes organisées comme les précédens, a le système dentaire différent, consistant en une seule rangée de dents fixes et régulières, placées sur le devant d'une bouche plus fendue.

M. Cuvier avait séparé depuis long-temps les *salarias,* dont les dents fines et serrées ont cela de particulier qu'elles sont mobiles sur la gencive, et indépendamment les unes des autres; ce qui les a fait comparer avec tant de justesse aux touches d'un clavecin.

Tous ces genres ont le corps nu et couvert d'une mucosité abondante. Il avait observé d'autres poissons qui ont les ouïes semblables à nos blennies, les dents disposées sur un seul rang à chaque mâchoire, le palais lisse; mais leur corps, comprimé et couvert d'écailles, les rend très-faciles à reconnaître : ce sont les *Myxodes*. Ils ont comme les clinus de nombreux rayons épineux à la dorsale, et très-peu de mous.

Les *clinus* ont une forme assez différente, à cause de leur museau pointu, de leur tête plus comprimée et couverte d'écailles bien apparentes. Leurs dents les rendent très-faciles à caractériser : elles sont de forme et de grandeur inégales, étant crochues, écartées sur le devant de la mâchoire, et en velours par derrière; il y en a aussi sur le palais. Ce genre peut facilement se subdiviser en plusieurs petits groupes. M. Cuvier a pu en séparer assez nettement les cirrhibarbes, qui n'ont que des dents en velours, et auxquels leurs nombreux tentacules donnent un aspect tout particulier.

On peut distinguer des clinus, sous le nom de *triptérigiens*, des petits poissons de la Méditerranée, qui ont la dorsale divisée en trois nageoires, et les *cristiceps*, qui ont un lobe de la dorsale séparé et avancé jusque sur l'occiput. Il faut placer, à côté des clinus, les murénoïdes de Lacépède (*blennius gunellus* Lin.), dont les ventrales jugulaires sont réduites à un filet d'une brièveté extrême. Leur longue dorsale règne sur tout le dos, et présente un caractère unique, celui d'avoir tous les rayons sans aucune articulation. Les *zoarcès* ont au contraire les rayons mous et articulés; leurs dents sont assez analogues à celles des murénoïdes, et les ventrales sont presque autant rudimentaires.

Les genres dont nous venons d'exposer les caractères,

ont tous les ventrales jugulaires comme les blennies. Nous avons un poisson des mers de l'Inde qui les a sous les pectorales; c'est le genre établi depuis long-temps par M. Cuvier sous le nom d'*opistognathe*. Il diffère encore des blennies, dont il a les formes générales, parce que le maxillaire est prolongé en une longue lame étroite et mince, au-delà de l'angle de la commissure. Les dents sont fines et serrées en velours. Ce poisson a trois rayons aux ventrales.

Un autre, fort abondant dans les mers du Nord, l'anarrhique, est un vrai blennie sous tous les rapports; mais il est tout-à-fait apode. D'ailleurs les dents palatines en pavé le distinguent de tous les autres blennoïdes.

Ce n'est pas le premier exemple que nous offrons dans cet ouvrage du peu de valeur du caractère tiré de l'organisation et de la position des nageoires ventrales; c'est pour cela que nous n'hésitons pas à rapprocher des blennies les *labrax* de Pallas, malgré leur cinq rayons à la ventrale. Tous leurs autres caractères en font des animaux de cette tribu.

Nous venons dans cet exposé de présenter d'une manière rapide et comparative les caractères des différens genres qui composent le premier groupe de la grande famille des gobioïdes. Quand nous aurons développé ces caractères dans l'exposition des nombreuses espèces que nous avons à faire connaître maintenant, le lecteur appréciera mieux les raisons qui nous ont empêchés de séparer la tribu des gobies comme une famille distincte. Nous nous réservons à présenter alors, dans un des chapitres suivans, un tableau semblable des genres qui se grouperont auprès de celui des gobies.

CHAPITRE PREMIER.

Des Blennies et des Pholis.

Le nom de *blennius,* que l'on trouve dans Pline, selon la leçon de Dalechamps[1], a été employé par Artedi[2], qui l'a rendu générique en même temps qu'il a fixé les caractères du genre auquel il l'étendait.

Βλέννα signifie mucosité, et βλέννος muqueux, et, par extension, lâche et paresseux. Comme on trouve dans les anciens diverses mentions d'un poisson nommé tantôt βέλεννος ou βλέννος, tantôt βλῖνος, dont on ne dit rien autre chose, sinon qu'il était petit et semblable au chabot[3], et qu'il vivait parmi les herbes des rivages[4], on a cru pouvoir conclure de ce nom que c'était aussi un poisson enduit de mucosité, et Bélon[5] et Salviani[6] l'ont identifié avec les *baveuses* des Provençaux ou les *blennies* des naturalistes d'aujourd'hui. En effet, elles réunissent encore les deux ou trois autres particularités attribuées aux blennies par les Grecs.

C'est particulièrement au *Blennius ocellaris,* Lin., que le nom de βλέννος a été affecté. Cependant Rondelet a cru devoir l'appliquer, mais sans plus de certitude, à un callyonime (*callyonimus Sudorii,* Cuv. Val.), nommant *scorpioides* le blennie ocellé.

Ne donnant plus autant d'extension aux caractères des blennies, nous les faisons consister en un corps alongé, revêtu d'une peau molle et sans écailles; en une membrane

---

1. Plin., l. XXXII — 2. Artedi, *Gen. pisc.,* p. 22, et *Syn.,* p. 44. — 3. Ath., l. VII, p. m. 288. — 4. Opp., *Hal.,* l. I, v. 109. — 5. Bélon, *Aq.,* p. 221. — 6. Salv., *Pisc.,* p. 217, S. 84.

branchiostège à six rayons et bien ouverte, et en ventrales attachées sous la gorge et composées en apparence de deux rayons, l'interne étant souvent divisé en deux sous la peau. Ceux qui sont analogues aux épines des autres poissons acanthoptérygiens, diffèrent peu par leur consistance des rayons articulés; ceux-ci et ceux des autres nageoires, à l'exception d'une partie de la caudale, sont simples et sans ramifications. La dorsale est unique et règne tout le long du dos. Les yeux, quelquefois les narines ou la nuque, portent des filamens tentaculaires de formes variées. La bouche est petite, fendue à l'extrémité du museau; les mâchoires forment un demi-cercle; les dents sont fortes, simples, serrées sur un seul rang : chaque rangée est le plus souvent terminée par une longue canine. Leur canal intestinal est simple et sans cœcums. Ils n'ont pas de vessie natatoire. Les mâles sont toujours faciles à reconnaître à l'extérieur par les houppes de papilles qui existent auprès de l'ouverture extérieure des laitances et de la vessie urinaire, et souvent aussi par des crêtes plus ou moins élevées. Les laitances de tous ceux que j'ai disséqués étaient petites et communiquaient à l'extérieur par un long canal déférent. Les femelles, dont j'ai observé un grand nombre d'individus de différentes espèces, n'offrent à l'extérieur rien de semblable. L'ouverture de l'ovaire est un petit trou simple en arrière de l'anus et en avant de l'ouverture de la vessie. Il n'y a aucune sorte de papilles.

Les œufs m'ont toujours paru petits; rien ne me fait présumer que les blennies soient vivipares; je ne l'ai pas non plus vu avancer par aucun auteur. M. Risso dit même spécialement que les femelles de certaines espèces ont les ovaires pleins de plus d'un millier d'œufs diversement

colorés et pointillés; qu'elles pondent vers la fin du printemps ou dans le courant de l'été. La chair de ces blennies
est tendre, blanche et de bon goût. On les voit vivre par
petites troupes sur les plages rocailleuses. On en fait la
pêche avec divers filets, et quelquefois on les enivre avec
le tithymale en arbre (*Euphorbia dendroides,* Lin.), afin
de les prendre plus facilement.

Ils restent dans de petites dimensions de quatre à cinq
pouces; il est très-rare d'en voir des individus de huit
pouces.

Les espèces de ce genre sont abondantes dans la Méditerranée, et les individus de chacune y sont fort nombreux.
Il y en a peu d'entre elles qui se rencontrent à la fois sur
les côtes de l'Océan, et on n'en a jamais trouvé qu'un
petit nombre d'individus; c'est principalement sur les plages
de l'Angleterre qu'ils ont été observés. Nous en avons reçu
quelques espèces des deux bords de l'Atlantique et des
îles qui s'élèvent au milieu de lui : une seule nous vient
des îles Sandwich.

Le Blennie gattorugine.

(*Blennius gattorugine,* Willughby.)

Nous commençons par décrire l'espèce que nous avons
vue atteindre à de plus grandes dimensions, et qui est
à la fois répandue dans les deux mers. M. Biberon nous a
rapporté de Messine un de ces gattorugines long de huit
pouces. Quoiqu'elle ait été méconnue par Linné et par ses
successeurs, c'est bien certainement l'espèce la plus ancien-
nement et la plus complétement décrite par Willughby.

Son corps est alongé, comprimé, plus épais et plus élevé de

l'avant, et diminuant dans les deux sens en arrière. Sa hauteur, à
l'aplomb de la base des pectorales, est quatre fois et demie dans sa
longueur, et son épaisseur deux fois dans sa hauteur. La longueur
de sa tête, du bout du museau à celui de l'opercule, est aussi quatre
fois et demie dans sa longueur, et elle est d'un septième environ
moins haute que longue. A la base de la caudale la hauteur n'est
plus que du tiers de ce qu'elle était aux pectorales, et l'épaisseur
n'est que du cinquième de cette hauteur. Sur le sourcil est un
tentacule membraneux de longueur variable selon les individus,
mais au plus de la hauteur de la tête; large par en bas, effilé sur
le reste de son étendue, et dont les deux bords ont des franges
fines, assez longues, et inégales.

Son profil, depuis la nuque jusqu'à la bouche, forme à peu près
un quart de cercle; mais avec une échancrure produite par un
enfoncement du crâne derrière les orbites. La courbe de la gorge
est aussi en arc de cercle, mais moins convexe. L'œil est près du
profil au milieu de son étendue; son diamètre est du quart de
la longueur de la tête. Chaque narine a un orifice postérieur,
voisin de l'orbite, petit, rond, sans rebord, et un antérieur placé
plus bas, au tiers de la distance du précédent à la bouche, et dont
le rebord supérieur est garni d'un très-petit tentacule frangé à
trois ou quatre brins. La bouche, placée un peu au-dessous du
milieu de la hauteur de la tête, est fendue horizontalement jusque
sous le bord antérieur de l'œil, ce qui fait le cinquième de la longueur de la tête. Son contour horizontal est à peu près demi-
circulaire, et sur ce demi-cercle chaque mâchoire a de trente-six
à quarante dents grêles, longues, serrées les unes contre les autres,
diminuant régulièrement de longueur en arrière, de manière que
toutes leurs extrémités, qui sont en pointe obtuse, soient sur la
même ligne droite. Il n'y a pour tout vestige de canine qu'une
petite dent un peu arquée, pointue et implantée à l'arrière de la
mâchoire inférieure. Il n'y a aucune dent au palais, et l'on n'y voit
que le voile membraneux ordinaire derrière les dents. Les pharyngiennes, par une singularité remarquable, sont disposées, en haut
et en bas, en deux peignes, chacun de huit ou dix dents longues,

pointues et mobiles, aussi régulièrement rangées que celles des mâchoires. La langue, courte, obtuse et adhérente, paraît à peine et n'a aucune armure.

La joue est bombée; le contour du préopercule en quart de cercle; l'opercule, qui n'a d'arrière en avant que le quart de la longueur de la tête, a une forte échancrure demi-circulaire qui y produit deux pointes. La gorge est convexe; la membrane branchiostège, toute découverte et soutenue par six rayons, s'unit à sa semblable sous l'isthme, qu'elles embrassent librement. Ses rayons sont assez forts; le supérieur est large et aplati. La fente de l'ouïe n'est pas très-grande; chaque branchie a son arceau armé d'un double rang de dentelures coniques, et ses barbes profondément fourchues.

La dorsale commence immédiatement sur la nuque et même un peu plus avant que l'extrémité de l'opercule; elle règne jusqu'à la caudale, s'attachant au dos de la queue par sa membrane postérieure, jusqu'à la naissance de la caudale. Ses rayons épineux, au nombre de treize, forment une série d'une hauteur à peu près égale, et d'un peu moins de moitié de celle du corps; ils sont tous assez grêles et flexibles; les mous, dont on compte dix-huit ou dix-neuf, et même jusqu'à vingt, forment une série plus élevée d'environ un cinquième, et qui s'arrondit en arrière par le raccourcissement des derniers : aussi simples et aussi flexibles que les épineux, ils ne s'en distinguent que parce qu'ils sont articulés sur une partie de leur longueur. Les deux séries, égales en longueur, occupent chacune à peu près le tiers de celle du poisson.

La caudale est d'un peu plus du sixième de la longueur totale; quand on l'étale, elle est un peu arrondie. Elle a treize rayons, dont les neuf intermédiaires sont fourchus et les autres simples. L'anale naît vis-à-vis du premier rayon mou de la dorsale et n'atteint pas tout-à-fait la caudale; elle a vingt-un rayons, tous simples et qui me paraissent tous articulés : leur hauteur est des trois quarts environ de celle des rayons dorsaux qui leur correspondent. Cette nageoire ne s'attache point à la queue par son bord postérieur, et laisse un intervalle entre elle et la caudale.

La pectorale est attachée au-dessous du milieu, arrondie, et a
le cinquième à peu près de la longueur totale, et un peu plus en
hauteur quand elle est étalée. Tous ses rayons sont simples et
articulés : le dixième et le onzième sont les plus longs, et du
dixième au treizième ils sont un peu plus gros que les autres. Les
ventrales sont attachées plus en avant que les pectorales, libres,
étroites, soutenues en apparence par deux rayons simples articulés,
dont l'interne est du sixième de la longueur du corps et l'externe
d'un quart plus court : celui-ci se compose en réalité de deux, mais
tellement unis, que la dissection seule peut les faire connaître. Ils
sont séparés sur près de moitié de la longueur du premier.

B. 6; D. 13/19; A. 21; C. 13; P. 14; V. 1/2.

La peau de ce poisson est molle et sans écailles. Une suite de
pores étroits forme la ligne latérale, qui d'abord, au cinquième
supérieur de la hauteur du poisson, suit une courbe convexe dans
le haut, qui descend au milieu vis-à-vis le premier rayon mou de
la dorsale, et règne ensuite en ligne droite jusqu'à la caudale.

La couleur varie beaucoup : dans ceux où elle se prononce le
mieux, il y a sur un fond gris-brunâtre des bandes verticales d'un
brun noirâtre, nuageuses, dentelées, irrégulières, plus foncées sur
le dos, plus claires, et quelquefois jetées plus en arrière, sur le
ventre, de sorte que la bande brune du ventre répond en partie
à l'intervalle gris du dos. Sur le gris il y a même le plus souvent
des taches ou des points d'un brun pâle. Les bandes brunes s'étendent plus ou moins nettement sur la dorsale; souvent, au lieu d'être
pleines, elles sont comme formées d'amas de petites taches brunes
serrées; elles sont quelquefois entourées d'un fin liséré blanc. On
voit une de ces bandes étroites sur le museau, une sous l'œil, une
sur la joue, qui est plutôt une large tache, et six ou sept sur le
corps; la caudale en a quelquefois encore une ou deux étroites,
qui d'autres fois se réduisent à quelques points bruns. Sous la
gorge sont trois bandes obliques formant chevrons, alternativement brunes et blanchâtres. A l'avant de la dorsale, sur son troisième
et son quatrième rayon, est d'ordinaire une tache d'un noir ou d'un
noirâtre non mêlé de brun, mais qui s'affaiblit souvent beaucoup.

L'anale a le long de son bord une teinte noirâtre, et ses pointes saillantes derrière chaque rayon sont blanches. Les pectorales et les ventrales sont grises, souvent avec des points ou des taches brunes; dans quelques individus leurs rayons sont teints de jaune ou d'orangé. Les tentacules des sourcils sont noirs, et leurs franges sont blanches ou tachetées de blanc. Ces couleurs s'affaiblissent dans certains individus : il y en a où le pointillé brun s'égalise tellement que les bandes se distinguent moins bien du fond; en d'autres tout semble lavé d'un brun presque uniforme, et quelquefois assez foncé, où l'on distingue cependant encore la tache noire de la dorsale et les pointes blanches des rayons de l'anale; mais il y a aussi des individus, et même à bandes bien distinctes, où ces pointes blanches paraissent peu. Il y en a où une teinte jaune ou verdâtre est répandue sur la dorsale et sur une partie du corps : ce sont en général les plus grands où les teintes sont le plus lavées et le plus uniformes.

Bien que l'espèce soit une des grandes du genre, aucun de nos individus ne passe huit ou neuf pouces.

Le canal intestinal est d'une longueur médiocre, faisant seulement quatre plis rapprochés et quelques ondulations dans son étendue. Il commence par être très-large; il se rétrécit ensuite de manière que son diamètre n'a plus que le quart de celui de l'origine de l'œsophage; mais il se dilate après la valvule du rectum, et le diamètre devient double de celui des intestins grêles. Les parois en sont minces, et la veloutée n'offre que des rides légères et sinueuses à l'intérieur.

L'ouverture de l'anus est simple et n'a que quelques plis disposés autour du cercle de l'ouverture. Le foie est petit, presque réduit à un seul lobe, situé à gauche de l'œsophage. La vésicule est cependant du côté droit de ce viscère, comme à l'ordinaire; elle est oblongue, assez grande, à parois fortes; son canal cholédoque est gros et verse la bile très-peu en arrière du diaphragme : il se dilate un peu en débouchant dans le canal intestinal. La rate est fort petite et noirâtre.

Les laitances sont petites, blanches, et forment deux rubans grêles, aplatis, droits, à peine du cinquième de la longueur de la cavité abdominale, et placés vers le milieu de cette longueur. Les deux canaux qui se rendent à l'extérieur sont presque capillaires, droits, et vont s'ouvrir, plus loin que le rectum, par un seul trou excessivement petit, derrière lequel est un groupe de papilles noires très-régulièrement disposées. Cette ouverture est assez distante de celle de l'anus. Les reins forment deux petits filets parenchymateux, assez épais, réunis vers le bas en un seul lobe envoyant un uretère très-grêle et court, qui donne dans un long tube conique et placé sous les reins. Cette vessie urinaire, ainsi dirigée vers le haut, occupe presque toute la longueur de l'abdomen. On la voit facilement entre les testicules : elle s'ouvre près de la base du premier rayon de l'anale derrière l'ouverture des laitances, et le trou est entouré en cet endroit d'un autre groupe de papilles formant un petit tubercule bien distinct du précédent. Ces papilles sont, comme les autres, d'un noir très-brillant.

La femelle nous a montré des viscères disposés de même. Les ovaires étaient développés et remplissaient près de la moitié de l'abdomen : leur longueur égalait presque celle de cette cavité. Rien de particulier n'entourait l'ouverture extérieure de ces organes ou celle de la vessie.

Le péritoine est rougeâtre, pointillé de noir.

Les intestins étaient remplis de corallines et d'autres petits polypiers, mais rongés de manière à prouver que les alimens avaient bien été soumis à l'action des dents avant d'avoir été avalés.

Le squelette a le crâne petit, comprimé, surmonté d'une seule crête, qui se bifurque à l'occiput, et dont chaque branche aboutit en arrière à l'endroit où s'articule le surscapulaire. La tempe et la joue, très-concave, laissent beaucoup d'épaisseur au crotaphyte : le cubital et le radial sont fort étroits; mais les os du carpe sont très-longs et laissent entre eux de grands intervalles ovales. Il y a douze vertèbres abdominales et vingt-six caudales, toutes un peu plus hautes que longues. Les trois premiers interépineux tiennent à l'occiput : à compter du septième, ils sont régulièrement portés chacun sur l'extrémité d'une apophyse épineuse des vertèbres. Il en est de même de ceux de l'anale. Les côtes sont grêles, fourchues et n'embrassent guère que moitié de l'abdomen.

Cette espèce est très-commune dans toute la Méditerranée : nous l'avons reçue de tous les ports où nous avons eu des correspondans : de Marseille, par M. Duméril; de Toulon, par M. Delalande; de Nice, par MM. Risso, Savigny, Laurillard; de Corse, par M. Péraudot; de Naples, par M. Savigny; de Sicile, par M. Biberon, etc. Willughby et MM. Nardo et de Mertens l'ont observée jusque dans les fonds de l'Adriatique. Elle habite aussi l'Océan, bien qu'elle y soit moins commune. M. Audouin l'a prise à Granville; M. Garnot nous l'a envoyée de Brest et M. d'Orbigny de La Rochelle.

Willughby[1] a parfaitement décrit et représenté ce poisson; il l'avait observé à Venise, et l'y avait entendu appeler *gatto ruggine*, ce qu'il traduisait par *chat rouillé* ou *couleur de rouille;* mais lui-même craignait, comme étranger, de n'avoir pas bien saisi ces mots. En effet, le nom des blennies dans l'Adriatique est *gatto rusola* ou *gotto rosula*, ce qui, selon Gesner[2] et Aldrovande[3] est un diminutif de *gotto roso* (*gutturosus*), et se rapporte au renflement de la gorge, à l'espèce de goître dans ces poissons; aussi, ces deux auteurs, dont le deuxième était du pays, appellent-ils une espèce de blennie, le *Bl. pavo, piscis gutturosus.* Il paraît néanmoins qu'on le nomme aussi quelquefois *gatta* (chatte[4]), mais peut-être seulement par abréviation. Tout cela n'a pas empêché que ce nom corrompu et peut-

1. Page 132, c. 20, et pl. H 2, fig. 2. — 2. Gesner, *Aq.*, p. 18. — 3. Aldrov., *Pisc.*, p. 414. — 4. Martens, Voyage à Venise, t. II, p. 418.

être imaginaire de *gatto ruggine,* ne soit demeuré au poisson dans les auteurs méthodiques, et que M. de Lacépède ne l'ait francisé en *gattorugine.*

Au reste il s'en faut que tous les auteurs aient connu la vraie espèce de Willughby. Déjà Linné, lorsqu'il lui attribue[1] des tentacules à la nuque aussi bien qu'aux sourcils, ne parle évidemment plus du même poisson. Cependant c'est cette assertion qui a probablement déterminé Bloch à faire ajouter à la main des tentacules sur la nuque de la figure, d'ailleurs fort mauvaise, qu'il a donnée sous le nom de gattorugine, et qui peut-être, sans cette altération, devrait être regardée comme appartenant vraiment à cette espèce, mais faite d'après un individu décoloré.

Forskal ne décrit sous le nom de *gatto-rugine*[2] qu'un *salarias* de l'espèce que nous appelons *Sal. quadripennis.* Le *Bl. gattorugine* de Pennant[3] ne peut être le véritable, qu'autant que l'on supposera que la figure est faite d'après un individu dont le tentacule sourcilier était mutilé et la dorsale détachée en arrière de la queue. Toutefois j'ai tout lieu de croire à ces défauts de sa figure, plutôt qu'à l'existence d'une espèce à part. Celui que décrit Brünnich (*Pisc. mass.,* p. 27), est au contraire le véritable, et il me semble pouvoir en dire autant de celui que représente Donovan, pl. 86, bien que le tentacule y soit mal rendu. Ces deux auteurs le considèrent comme rare sur la côte d'Angleterre : Pennant l'avait vu à l'île d'Anglesey.

Le *blennius patuvanus* de Rafinesque (*Caratt.,* p. 3o,

---

1. *Syst. nat.,* 10.ᵉ édit., t. I., p. 256. — 2. *Anim. arab.,* p. 23. — 3. *Brit. zool.,* t. III, p. 207, n.º 91.

pl. 4, fig. 2) n'est qu'une mauvaise figure du gattorugine, faite d'après le sec. L'auteur aurait latinisé le nom de *patuvano*, qui est la dénomination vulgaire de ce poisson en Sicile.

On ne doit point s'inquiéter sur ce point de ce que M. Rafinesque, dans son *Indice*, p. 1 et 10, nomme le Bl. gattorugine de Linné en même temps que son *Bl. patuvanus*. C'est une pratique qu'il n'a que trop observée dans tout le cours de cet ouvrage.

Enfin, je pense que c'est encore le *blennius varus* de Pallas (*Zoogr. ross.*, III, p. 170), qui se trouve, mais rarement, sur les bas-fonds du golfe de Théodosie en Crimée.

Le Blennie rouge.

(*Blennius ruber*, nob.)

Il existe dans l'Océan un blennie parfaitement semblable au gattorugine par les formes,

mais qui semble en différer, parce que son tentacule sourcilier paraît plus court, et que, dans certaines circonstances du moins, il prend une teinte générale d'un rouge vif. Sous les yeux sont quelques lignes blanchâtres rayonnantes; la poitrine et le ventre sont presque blancs, et les flancs sont irrégulièrement bigarrés de cette couleur. Les rayons des nageoires sont, comme le corps, d'un rouge de feu ou de sang, et il y a dans leurs intervalles des lignes obliques blanches.

D. 13/20; A. 22; C. 11; P. 14; V. 2.

Nous devons cette description à M. de Lapilaye, qui l'a faite à Ouessant, et y a joint une fort belle figure d'après un individu long de six pouces.

Ne serait-ce point un blennie gattorugine dans quelque état passager, peut-être dans la saison de l'amour?

Le BLENNIE TENTACULAIRE.
(*Blennius tentacularis,* Brünnich.)

Brünnich a bien décrit (*Pisc. mass.,* p. 26), sous le nom que nous lui conservons, un poisson dont les formes et les nombres de rayons diffèrent peu ou point du Bl. gatto-rugine;

son corps est seulement d'une venue plus uniforme, moins gros et moins haut. Ses dents sont au nombre de vingt-six ou vingt-huit à chaque mâchoire, et il a vers l'angle une dent crochue, pointue et plus grosse que les autres, une véritable canine. Ses tentacules n'ont point de franges, mais seulement de légères dentelures; ils sont aplatis et leur contour est à peu près celui d'une feuille lancéolée. Dans quelques individus leur longueur excède celle de la tête, en sorte que c'est une des espèces qui a le mieux motivé le nom de *lièvre de mer*, donné sur quelques côtes aux blennies. Dans d'autres ils deviennent bien plus petits, ce qui tient au sexe.

D. 12 ou 13/19 ou 20; A. de 22 à 24.

Sa dorsale, à peu près d'égale hauteur partout, s'attache en arrière au dos de la queue jusqu'à la naissance de la caudale. Le fond de sa couleur est un gris roussâtre, couvert sur le dos et les côtés de points ou petites taches ovales d'un brun noir, disposées verticalement, et plus ou moins serrées, selon les individus. Il y a de plus le long du dos neuf ou dix grandes taches ou demi-bandes, tantôt d'un gris noirâtre, tantôt d'un brun roussâtre, sur lesquelles les points noirs s'étendent aussi, et qui dans beaucoup d'individus paraissent à peine. Dans d'autres, les points sur les taches sont plus rapprochés et leur donnent plus d'intensité. Dans d'autres encore, les taches l'emportent de beaucoup en intensité sur les points, qui ne paraissent presque pas, en sorte que, qui verrait deux individus extrêmes, ceux à points noirs, presque sans taches, et ceux à taches rousses presque sans points, les prendrait infailliblement pour des espèces très-distinctes.

La tête est d'un gris roussâtre, semé, surtout en arrière, de points plus petits et plus ronds que ceux du corps, qui s'effacent quelquefois jusqu'à devenir à peine apparens.

L'abdomen est blanchâtre, la gorge a trois bandes gris-roussâtres en chevron, à pointe dirigée en arrière, séparées par des bandes semblables blanchâtres : les unes et les autres s'affaiblissent quelquefois beaucoup. Les tentacules sont d'un gris-brun uniforme.

La dorsale est grise et a sur le devant une tache noire qui s'étend du premier au deuxième ou au troisième rayon : quelquefois elle atteint même le quatrième. En arrière, des points transparens entre les rayons y forment des lignes obliques. L'anale a aussi des lignes obliques de points transparens sur un fond gris ou brun, et les points de ses rayons sont blancs. Souvent les rayons de tout ou partie des nageoires sont teints de fauve. Il y a même des individus où le corps entier est grisâtre ou violâtre, seulement avec de très-petits points noirs à la tête et à la partie voisine du dos, et du fauve aux rayons des nageoires, sans aucunes bandes; mais ils ont aussi la tache noire à la dorsale.

Cette description des couleurs est faite d'après un joli dessin que M. Laurillard a pris à Nice pendant le mois de Février.

Cette espèce n'a guère que moitié de la taille du Bl. gattorugine : nos plus grands individus ne passent pas quatre pouces.

C'est le *blennius punctatus* de M. Risso, dans sa seconde édition (p. 231); qui, dans la première (p. 128), portait mal à propos le nom de *blennius cornutus*.

Le *blennius Bréa* du même auteur (1.re édit., p. 129; 2.e, p. 233), n'en paraît qu'une variété.

Le BLENNIE PALMICORNE.

(*Blennius palmicornis,* nob.; *Blennius sanguinolentus,* Pall.)

A peu près de la même taille que le gattorugine, cette
espèce a la tête plus petite à proportion.

Elle est comprise près de cinq fois et demie, et quelquefois près
de six fois, dans sa longueur totale. Ses ventrales sont plus courtes
et contenues près de dix fois dans cette longueur. Il y a trente-
quatre à trente-huit dents serrées à chaque mâchoire; immédiatement derrière celles d'en bas est une canine très-apparente; mais
je n'en vois pas à la mâchoire supérieure. Son tentacule orbitaire
est extrêmement petit, à peine du quart du diamètre de l'œil, et
divisé comme une palmette en quatre ou cinq brins fins et pointus :
sur beaucoup d'individus on a peine à l'apercevoir.

Sa dorsale est à peu près d'égale hauteur partout, et s'unit en
arrière au dos de la queue jusqu'à la naissance de la caudale.

D. 13/20; A. 21; C. 13; P. 13; V. 2.

Les mâles ont derrière l'anus deux tubercules mous en forme
de champignons, hérissés de proéminences molles.

Les couleurs de cette espèce varient encore plus que celles du
gattorugine. Les grands individus sont presque entièrement bruns
et semés seulement de taches plus brunes, petites, rondes et nuageuses, mais peu apparentes. Dans les jeunes sujets le fond est plus
clair, tirant au verdâtre, et les taches, plus foncées, s'y font mieux
sentir; irrégulièrement semées sur le corps, elles s'arrangent sur
la queue en trois séries longitudinales. Celles de la dorsale forment
souvent comme un échiquier. Il y a toujours une tache noire différente des autres entre ses deux premiers rayons. L'anale a une bande
brune ou noire le long de son bord; ses pointes restent blanches.
Les autres nageoires ont des points bruns sur leurs rayons : souvent
la pectorale en a de rouges sur la moitié la plus voisine du bord,
et il y en a aussi de tels sur la seconde moitié de la queue. Certains
individus, entièrement d'un gris verdâtre, n'ont que des taches

éparses et peu tranchées. Les extrêmes de ces différences, vues isolé-
ment, pourraient sembler des espèces distinctes; mais quand on a,
comme nous, la série complète sous les yeux, on ne peut conserver
cette opinion.

Nous n'en avons pas de plus de six pouces de longueur.

L'examen de ses viscères nous a montré un canal intestinal beaucoup plus alongé, au moins du double de la longueur du corps.
L'œsophage commence par être plus étroit que celui du gattorugine;
il reçoit la bile au même endroit et par un canal cholédoque fait de
même. La vésicule du fiel dont il sort, est plus grosse; mais le
foie qui lui fournit la bile est plus petit. Le duodénum, après avoir
parcouru de nombreuses ondulations, se renfle un peu. Une forte
valvule marque l'origine du rectum, qui est plus long, mais plus
étroit, que celui du gattorugine. Les sacs à ovaires étaient plus
courts et plus étroits; la vessie urinaire plus longue, et plus grêle.
Les ouvertures extérieures de la femelle n'offraient rien de remarquable; celles du mâle sont entourées de houppes semblables à
ce que nous avons vu dans le gattorugine.

Le squelette est assez semblable à celui du gattorugine. Il a vingt-
deux vertèbres abdominales et vingt-sept caudales.

Cette espèce, comme le Bl. gattorugine, habite tous
les parages de la Méditerranée. Les mêmes correspondans
nous l'ont apportée ou envoyée de Marseille, de Nice, de
Gênes, de Corse, d'Iviça, de Naples, de Sicile, de Morée
et même d'Égypte.

Il paraît qu'en Morée elle remonte dans le Pamisus.

A Messine on l'appelle *bavone,* selon M. Biberon.

Nous en trouvons dans un recueil de poissons, gravés
en Espagne, une figure fort reconnaissable, intitulée *loga-
ritina,* nom donné comme générique dans ce pays pour
les blennies; mais que je ne trouve ni dans les diction-
naires, ni dans Cornide, qui, à la vérité, n'a point parlé
de ce genre.

Notre *blennius palmicornis* est, à ce qu'il nous paraît,
le *pholis* de Rondelet[1], qui a servi de base à l'espèce de
blennius pholis d'Artedi et de Linné, et qui est aussi le
pholis de M. Risso (2.ᵉ édition, p. 232); mais le pholis de
l'Océan, tel que l'ont donné Ray, Pennant, Bloch, Donovan et d'autres ichthyologistes, est d'une espèce différente.

Le *Bl. palmicornis* est aussi, selon toute apparence,
le *blennius vividus* de Rafinesque (*Caratt.*, pl. 4, fig. 3),
qui, ainsi que la plupart des poissons de cet ouvrage,
aura été dessiné d'après un individu desséché et tiré en
longueur.

Je crois que c'est encore le *blennius sanguinolentus*[2]
de Pallas : tous les détails de sa description, et jusqu'aux
taches rouges de ses pectorales, s'y appliquent parfaitement.
C'est, selon ce célèbre naturaliste, un poisson fort commun sur les côtes rocheuses de la Tauride, et qui s'y
prend aisément à la ligne et aux filets. Il peut vivre plusieurs heures hors de l'eau. Cuit, sa chair prend la consistance d'un cartilage et se laisse difficilement séparer des
arêtes ; elle n'est pas mauvaise au goût, mais on en fait
peu d'usage.

Le Blennie de Yarell.

(*Blennius Yarellii*, nob.)

Nous n'avons jamais reçu le blennie palmicorne que de
la Méditerranée. Il nous paraît qu'il existe dans l'Océan,
et assez loin vers le nord, un blennie voisin de ce palmicorne, que nous n'avons jamais vu, mais qui, à en juger

---

1. L. VI, c. 23, p. 206. Copié Gesner, 714; Aldrov., 116; Willughby, H 6,
fig. 4. — 2. *Zoogr. ross.*, t. III, p. 168.

par l'excellente figure[1] de M. Yarell, est certainement d'une espèce différente. Ce zoologiste ne serait pas le premier observateur qui l'ait décrit, mais il l'a mieux fait connaître par le dessin que nous pouvons examiner; et c'est pour cette raison que nous nous faisons un devoir et un vrai plaisir de dédier cette espèce à cet habile naturaliste.

Elle diffère du blennie palmicorne par son profil et surtout par le nombre des rayons de la dorsale, qui ne se rencontre jamais aussi considérable dans tous nos blennies.

D. 51; A. 36; C. 14; P. 14; V. 2 ou 3.

Le tentacule est long, dentelé sur le seul côté antérieur; un très-petit est au-devant de l'œil. La couleur est d'un brun pâle, tacheté de brun plus foncé sur les côtés; la tête, les pectorales et les ventrales sont plus foncées.

Nous la trouvons déjà dans Flemming[2] et dans Nilsson[3], qui l'ont confondue avec le *blennius galerita* de Linné. M. Yarell, reconnaissant leur erreur, l'a prise pour notre palmicorne; mais celui-ci n'a jamais que trente-trois à trente-cinq rayons, tandis que son espèce en a cinquante ou cinquante-un.

Nous la croyons aussi voisine du *tentacularis* que du palmicorne. Flemming a fait sa description sur un individu pris sur la côte du Devonshire; Nilsson l'a vue parmi les roches de la Norwége, où elle atteint six pouces de long, et où elle détruit les crustacés et les mollusques.

L'individu figuré par M. Yarell a été pris à Berwick sur la Tweed. L'espèce doit être rare, car il n'en a vu qu'un seul individu.

---

1. *Brit. fish*, p. 233, sous le nom impropre de *blennius palmicornis*. — 2. Flem., *An. brit.*, p. 207, n.° 122. — 3. Ichth. scand., p. 102.

Le BLENNIE PAPILLON.
(*Blennius ocellaris*, Lin.)

Le plus remarquable des blennies, par la disposition singulière de sa dorsale et l'ornement très-apparent dont elle est décorée, est celui auquel Bélon a primitivement affecté le nom de *blennus;* c'est le *scorpioides* de Rondelet, le *mesoro* de Salviani, enfin le *blennius ocellaris* de Linné et de ses successeurs.

C'est aussi l'une des grandes espèces du genre de nos mers et qui ne le cède guère qu'au gattorugine.

Sa tête est très-grosse, comprise au plus quatre fois et demie dans la longueur du corps; sa hauteur égale sa longueur. Ses joues renflées lui donnent à peu près les deux tiers en épaisseur ; la poitrine est encore un peu plus haute, et ensuite le corps diminue par degré jusqu'à la base de la caudale, où il n'a plus que le tiers de la hauteur de la tête, et une épaisseur encore de moitié moindre. Le profil jusqu'à la bouche forme un quart de cercle; près de cette ligne, à son milieu, sont les yeux, entre lesquels le front a une concavité longitudinale; le diamètre est de près du tiers de la longueur de la tête. Les pièces operculaires sont disposées comme dans le gattorugine. La membrane branchiostège a de même six rayons; mais elle adhère étroitement à l'isthme ou plutôt à la naissance de la poitrine par son bord inférieur, en sorte que la fente des ouïes a moins d'étendue. Chaque mâchoire a environ trente-six dents grêles serrées, et en arrière une canine très-pointue et crochue, forte et bien séparée tant en haut qu'en bas. La partie antérieure de la dorsale est aussi haute que le corps, taillée en demi-ellipse. Le premier rayon est isolé et en filament sur moitié ou le tiers de sa hauteur; le second est d'un cinquième et d'un quart plus court; les suivans n'ont d'isolé que de courtes pointes flexibles: leur nombre n'est que de onze. Le onzième n'a pas le quart de la hauteur du premier; mais le premier des articulés se relève au double de la hauteur du onzième, et ceux qui suivent la conservent à peu près. La membrane se continue pour unir le bord postérieur de la dorsale au dos de la queue jusqu'auprès de la naissance de la caudale. Ces rayons mous sont au nombre de quinze ou seize.

L'anale commence vis-à-vis le premier rayon mou du dos, et se termine sous la fin de la dorsale. Ses rayons, au nombre de dix-huit, sont de moitié plus courts que ceux du dos; les deux ou trois premiers sont presque filamenteux. La pectorale n'a que douze rayons : la caudale n'en a que onze entiers et neuf fourchus. Tous ces rayons, soit épineux, soit articulés, n'ont aucune ramification, excepté les neuf intermédiaires de la caudale.

Les ventrales sont d'un peu moins du sixième de la longueur totale. Leur troisième rayon se trouve facilement, même avec le tact.

D. 11/16; A. 18; C. 11; P. 12; V. 1/2.

Le tentacule du sourcil, du tiers à peu près de la hauteur de la tête, n'a sur les côtés que quelques petits filamens courts.

Le corps de ce poisson est d'un cendré un peu roussâtre ou bleuâtre, quelquefois un peu verdâtre. Des points bruns rapprochés forment six bandes verticales, qui descendent sur les flancs en s'affaiblissant. Les trois ou quatre derniers s'étendent sur la partie molle de la dorsale, et descendent en travers de la queue jusqu'à l'anale. Le ventre est blanchâtre; la tête a les côtés piquetés de brun, sur le crâne est une ligne blanchâtre en demi-cercle, la convexité dirigée en avant. La partie épineuse de la dorsale porte, sur le sixième et le septième de ces rayons, un bel ocelle en ovale plus ou moins régulier, d'un noir profond, entouré d'un liséré d'un blanc pur, et où quelquefois un point blanchâtre se montre au milieu. Le reste de cette nageoire a des nuages grisâtres mal prononcés. La caudale est d'un gris noirâtre, et a quelques points bruns sur ses rayons. L'anale, blanchâtre vers sa base, a les intervalles et les pointes de ses rayons noirâtres.

Nos plus grands individus n'ont que six pouces.

Les viscères ne diffèrent pas sensiblement des précédens; le mâle a deux groupes de papilles noires, très-brillantes, derrière l'anus.

Le squelette a onze vertèbres abdominales et vingt-deux caudales; sa crête sagittale et les deux moitiés de la crête occipitale qui s'y réunissent, sont très-prononcées.

Cette espèce est trop bien caractérisée pour que sa synonymie puisse donner lieu à aucune difficulté, quoique les figures qu'en ont données les ichthyologistes du seizième et du dix-septième siècle, soient toutes assez défectueuses. C'est le *scorpioides* de Rondelet (l. VI, c. 20, p. 204[1]); le *blennus* de Bélon (*Aq.,* p. 221[2]), de Salviani (*Aq.,* p. 217, *Pisc.,* p. 84[3]) et d'Aldrovande (p. 203).

Bloch l'a mieux représentée pl. 167.

Ce blennie habite toute la Méditerranée, et nous l'avons reçu de la plupart de ses parages : de Toulon, par M. Delalande; de Nice, par M. Laurillard; de Gênes et de Naples, par M. Savigny; de Sicile, par M. Bibron. Cetti l'a placé en Sardaigne[4]; Willughby en a vu beaucoup en automne sur les marchés de Venise[5]; mais à Rome, selon Salviani, on en prend à peine dix dans une année.[6]

Les Languedociens le nomment *labre de mar,* selon Rondelet. Les Marseillais lui donnent, en commun avec d'autres blennies, le nom de *baveuse,* qui, à Nice, se prononce *bavecca*[7]. A Iviça, M. De Laroche l'a entendu appeler *cebosa.* Son nom romain, à ce que dit Salviani, est *mesoro* et *messore*[8]. A Venise, selon MM. Naccari[9] et Martens[10], il se nomme *gattorusola d'aspreo,* ou *di sasso* ou *di mar.* Bélon dit qu'à Zante et à Corfou les Grecs l'appellent *cepa*

---

1. Cette figure, contre l'ordinaire de Rondelet, est la plus mauvaise de toutes; elle est copiée Gesner, 847, Aldrov., 116. — 2. Cop. de Gesner, 130. — 3. Cop. de Willughby, H 3, fig. 2. — 4. Cetti, t. III, p. 103. — 5. Will., p. 132. — 6. Salviani, fol. 218, verso. — 7. Risso, *Poiss.* — 8. Salv., *Aq.,* fol. 218 A. — 9. *Giorn. di fisiç.,* déc. II, t. V, p. 331. — 10. Voyage à Venise, t. II, p. 418.

et *cepola*[1]. A Nice il n'est pas commun, selon M. Risso[2] : il y approche des côtes depuis Avril jusqu'en Juillet, et fraie au printemps.[3]

Nous n'avons jamais reçu ce poisson d'aucun point de l'Océan septentrional, et cependant les naturalistes anglais nous confirment qu'on le rencontre sur les côtes d'Angleterre. Ainsi Montagu[4], et d'après lui Flemming, le citent parmi les poissons observés sur la côte de Devonshire. M. Yarell l'a obtenu ou pris sur les rochers de l'île de Portland, et il en donne une figure pleine de vérité[5]. Il faut cependant qu'il y soit fort rare, car les auteurs comptent le nombre des individus trouvés jusqu'à présent, et qui est de quatre seulement. L'espèce, si abondante dans la Méditerranée, ne se trouve donc qu'accidentellement dans l'Océan : déjà Cornide n'en parle point. Nous n'en trouvons pas de mention dans aucun des auteurs de Faunes du Nord. Pallas ne le cite nullement parmi les poissons de la mer Noire.

Il se tient dans la mer le long des rivages, et se nourrit de petits crustacés et de petits poissons qu'il prend parmi les algues[6]; mais dans le besoin il mange aussi des fucus.[7] Sa chair est molle, glutineuse[8], et a peu de goût, à moins d'être fort assaisonnée. Bélon assure que les plus pauvres des Grecs sont les seuls qui en mangent[9]; en Italie les gens du peuple même, dit Salviani, n'en voudraient manger que dans le manque absolu d'autres poissons.

---

1. Bélon, *Aq.*, p. 220. — 2. Première édition, p. 125. — 3. Deuxième édit., p. 230. — 4. *Mem. Wern. soc.*, vol. II, p. 443, pl. 22. — 5. *Brit. fish*, p. 223. — 6. Bélon, *Aq.*, 220. — 7. Salv., fol. 218 verso. — 8. Willughby, 132. — 9. Bélon, *loc. cit.*

Le Blennie sphinx.

(*Blennius sphynx*, nob.)

La côte de Naples a donné une charmante petite espèce
à haute dorsale comme le blennie papillon, et revêtue des
plus jolies couleurs.

M. Savigny l'y a découverte pendant son séjour en 1823;
mais M. Bibron nous en a depuis rapporté un grand nombre
d'individus pris à Messine, et M. Laurillard s'en est procuré à Nice qui nous ont permis de faire une description
détaillée de ce poisson.

Sa hauteur est cinq fois et demie dans sa longueur, et c'est
aussi la mesure de sa tête, qui est renflée aux joues et sous la
gorge. Son museau est si court que le profil est presque vertical.
La partie antérieure de la dorsale est plus haute que le corps et
séparée de la partie molle par une échancrure profonde.

La mâchoire inférieure a de chaque côté deux fortes canines
en arrière des dents grêles : la supérieure n'en a qu'une et plus
faible. Les dents ordinaires sont au nombre de trente dans la première, et de quarante dans l'autre. Les tentacules sourciliers sont
simples, grêles, et des deux tiers à peu près de la hauteur de la
tête. Ses pectorales, un peu pointues, ont près du quart de la longueur totale, et les ventrales en ont près du septième. Les trois ou
quatre derniers rayons des pectorales sont seuls simples : les autres
ont des ramifications.

D. 12/16; A. 20; C. 11; P. 14; V. 2.

Aucun blennie n'a des couleurs plus agréables.

Le fond est d'un vert jaunâtre qui devient à la tête d'un beau
vert de pré. Six ou sept larges bandes d'un vert brunâtre, lisérées
chacune des deux côtés d'une ligne étroite d'argent, entourent le
corps : vers l'arrière elles sont un peu moins nettes. Un trait argenté
les partage souvent en deux à leur partie supérieure, et elles s'éten-

dent sur la base de la dorsale et s'y perdent en y prenant une teinte rousse. La moitié supérieure de la dorsale épineuse est lilas avec cinq lignes longitudinales parallèles et argentées. Des points argentés forment trois séries sur la partie molle, et deux en travers sur la queue.

L'anale est jaunâtre, avec une série de points argentés sur la base de ses rayons, un bord noirâtre et les pointes de ses rayons blanches.

C'est la tête qui a les plus beaux ornemens : sur la tempe est un grand ocelle bleu, bordé de rouge; des points et de petites lignes argentées lisérées de noir, sont disposés sur la joue, le museau et les pièces operculaires, avec beaucoup de régularité. Il y a trois lignes brunes obliques sous la gorge, et une quatrième parallèle à la base de la pectorale. Cette nageoire et les ventrales sont jaunâtres.

Nous avons fait cette description d'après une figure faite sur le frais par M. Laurillard; mais dans la liqueur une grande partie de ses beautés s'effacent; le corps devient gris, les bandes brunes, les points blancs de la tête et des bouts des rayons de l'anale se conservent.

Ce joli poisson n'est long que de deux pouces et demi. Nous n'en avons obtenu que deux individus.

Le BLENNIE TRIGLOÏDE.

(*Blennius trigloides*, nob.)

Nous avons nommé ainsi cette espèce, parce que sa tête ressemble par sa forme à celle d'un trigle. Le dessus en est horizontal, et le profil du museau fait un angle obtus avec celui du crâne, qui est encore rendu plus marqué par la saillie des yeux et descend en ligne un peu concave. La longueur du crâne et celle du museau, depuis l'entre-deux des yeux, sont à peu près égales, et chacune de moitié de la longueur de la tête, prise du

museau au bout de l'opercule, qui elle-même est de plus du quart
de la longueur totale. La tête a, en hauteur, les trois quarts de sa
longueur.

Le renflement des joues lui donne de plus une épaisseur transversale presque égale à sa hauteur. Ses dents sont au nombre de
vingt à vingt-quatre à chaque mâchoire. La canine inférieure est
assez forte, mais la supérieure est petite. Il n'y a point de tentacule
au sourcil; j'ai cru cependant en avoir vu un vestige dans un ou
deux individus; mais l'orifice antérieur de la narine en a un petit,
palmé, divisé en cinq brins. Cet orifice répond au milieu du bord
antérieur de l'œil, et est situé au tiers de la distance de l'œil au
bout du museau. L'orifice postérieur est plus élevé et tout près
du bord de l'orbite. La portion antérieure de la dorsale est de moitié
plus basse que la portion molle, et du tiers environ de la hauteur
du corps au droit des pectorales; son bord postérieur s'attache
au dos de la queue, sans atteindre la caudale.

Il n'y a point de tubercules près de l'anus. L'anale répond à
la partie molle de la dorsale, mais est de moitié moins haute. La
caudale a plus du sixième de la longueur totale. La pectorale est
ovale, et sa base charnue est fort détachée du corps; elle a douze
rayons, dont les quatre derniers plus gros que les autres. Le neuvième est le plus long : y compris sa base, il a près du quart de
la longueur du corps; les ventrales en ont près du sixième; leur
rayon interne, qui est le plus long, n'est pas divisé.

D. 12/16; A. 18; C. 11; P. 12; V. 2.

Tout ce poisson est d'un gris roussâtre, marbré de brun ou de
noirâtre, de manière que ces marbrures forment le long du dos
six grandes taches ou demi-bandes irrégulières. Il y a aussi quelques
marbrures à la tête. Quelquefois le fond est tout semé de petits
points bruns, mais qui se fondent souvent dans la teinte générale.
Trois bandes semblables à celles du dos occupent la caudale.

La gorge, l'abdomen et les ventrales sont d'un roussâtre pâle
sans taches ni points; les autres nageoires ont des points bruns
sur leurs rayons, qui y forment quelquefois des bandes. En général,

toute cette distribution est fort variable, et dans certains individus, au lieu de brun, c'est seulement du roux plus foncé.

Cette espèce ne passe guère quatre pouces de longueur. Nous l'avons reçue de Naples par M. Savigny, et M. Richardson nous en a donné un bel échantillon, pris à Madère; mais il ne nous en est venu du nord de la Méditerranée que de très-petits individus. Elle paraît donc plus méridionale que les autres; aussi ne la trouvons-nous point dans l'ouvrage de M. Risso.

Le BLENNIE AUX DORSALES INÉGALES.

(*Blennius inæqualis*, nob.)

M. Raffeneau de Lile, professeur de botanique à Montpellier, nous a donné un petit blennie pris à Cette, qui ressemble assez au trigloïde, mais qui

a le profil un peu plus oblique, et par conséquent le museau un peu moins obtus, et porte un très-petit tentacule au-dessus de l'œil et un autre, fourchu, à l'orifice antérieur de la narine. Je ne lui compte que douze ou quatorze dents à chaque mâchoire. Son corps est très-comprimé de l'arrière. Les deux parties de la dorsale sont encore plus inégales en hauteur que dans le trigloïde, et s'attachent de même en arrière; ses nombres sont à peu près les mêmes.

D. 11/17; A. 19, etc.

Dans la liqueur il paraît gris roussâtre, avec de très-petits points noirs formant diverses bandes obliques sur la tête et semés sur l'avant du dos; des points bruns en travers des rayons des nageoires verticales; quelques nuages brunâtres, mais peu sensibles, faisant comme des vestiges de bandes, vers le dos.

L'individu n'a que deux pouces.

Le Blennie d'Artedi.

(*Blennius Artedii; Blennius galerita,* Art.)

Galerita, nom latin du cochevis, avait été donné par Rondelet (l. VI, c. 21, p. 204) à un blennie dont la tête est surmontée d'une *crête membraneuse longitudinale* (notre *Bl. pavo* mâle); mais Artedi (Syn., p. 44), tout en conservant ce synonyme, a assigné à son *galerita* un caractère que Linnæus lui a conservé, et qui consiste en une *crête transverse (crista transversa)*, et Artedi (*Gen.,* p. 27), s'explique plus au long en ces termes : *est autem crista illa lobus cutaceus triangularis, ad margines ruber, in summo vertice inter oculos situs.*

La contradiction entre ce caractère et celui du *galerita* de Rondelet, ne pouvait échapper à des lecteurs attentifs, et néanmoins tous les ichthyologistes avaient copié sans réflexion les articles et les synonymies cités d'Artedi et de Linné. Pennant, et d'après lui Gmelin, y ont même ajouté un faux synonyme de plus, le *crested blenny (Brit. zool.),* qui n'a de crête ni en long ni en travers.

Je cherchais depuis long-temps quel pouvait avoir été le poisson observé par Artedi, lorsque j'ai eu tout récemment le bonheur d'en rencontrer un, qui, s'il n'est pas précisément de la même espèce, est du moins le seul qui offre le caractère indiqué. Il s'est trouvé dans une collection faite à Madère par M. Richardson, et dont ce savant voyageur a bien voulu nous gratifier.

Sa crête pourrait être appelée plutôt un tentacule impair, et semble résulter de la soudure des deux tentacules ordinaires; elle est située au sommet de la tête entre les deux yeux; c'est un lobe cutané, en triangle isocèle aigu, cilié sur les bords, à peu près du tiers de la hauteur de la tête, deux fois moins large que haut, mobile et flexible, semblable, en un mot, aux tentacules par la substance.

Ce poisson ressemble d'ailleurs assez au Bl. palmicorne, mais ses dents sont plus fines et plus nombreuses; il en a près de soixante à la mâchoire supérieure, sans canines visibles; tandis qu'il s'en trouve une très-forte, bien séparée, à l'arrière de chaque côté de l'inférieure, qui n'a que quarante dents ordinaires. Sa dorsale est plus déprimée entre sa partie épineuse et sa partie articulée que dans les espèces précédentes, et son bord postérieur ne s'unit point au dos de la queue; il en est de même de l'anale, en sorte qu'il reste un peu de queue sans nageoire avant la caudale. Ses ventrales sont du huitième à peu près de la longueur du corps. Sa ligne latérale suit en ligne droite le tiers supérieur du corps.

D. 12/16; A. 17; C. 13; P. 14; V. 2.

Tel que nous l'avons dans la liqueur, ce poisson paraît d'un brun roussâtre. Les côtés de la tête ont de petits points bruns; le long du dos, à la base de la dorsale, sont six ou sept larges taches irrégulières noirâtres; les flancs sont semés de petites taches rondes, ou gros points blanchâtres ou argentés, dont une partie est disposée en une ligne droite ou série continue par le tiers inférieur; la gorge est finement pointillée de blanchâtre; les nageoires sont grises, et l'on voit sur la bande une série longitudinale de points bruns qui occupent le milieu de la hauteur; l'anale a le bord brun ou noirâtre.

Nous n'avons de cette espèce que deux individus, un de trois pouces et un de deux.

Le BLENNIE DE MONTAGU.

(Blennius Montagui, J. Flemm. Brit. anim., p. 206, n.° 121,
et Yarell, Br. fish, p. 219.)

Le poisson que Montagu, dans les Mémoires de la Société Wernérienne (t. I, p. 98, pl. 5, fig. 2.), nomme *galerita,* pourrait aussi être rapporté à celui d'Artedi, car il a également un lambeau transverse et impair; mais ce lambeau est sur le crâne et non pas entre les yeux, et d'ailleurs ce petit blennie a des caractères si particuliers, qu'ils ne pourraient guère avoir été passés sous silence par un si habile observateur.

Sa tête est carrée comme au trigloïde, et son museau conséquemment fort court; sa bouche, très-large, a quarante dents à chaque mâchoire, et une canine en arrière à l'inférieure seulement. Il n'a point de tentacules aux sourcils, mais seulement de petits aux narines. Le tentacule unique, situé sur le crâne, un peu en arrière des yeux, est petit, triangulaire, cilié, et derrière lui, sur la nuque, est une suite longitudinale de quatre très-petits et très-courts filamens charnus. Sa dorsale est peu élevée, mais fortement échancrée entre ses rayons épineux et les articulés. Il y a un intervalle sensible sans nageoires en avant de la caudale. Les pectorales ont le quart de la longueur du corps, et ses ventrales le huitième.

D. 12/16; A. 18; C. 11, P. 12; V. 2.

Dans la liqueur il paraît gris-brun avec des taches blanchâtres qui forment des espèces de marbrures nuageuses sur les flancs; la gorge est roussâtre, le ventre et les ventrales sont blanchâtres; les autres nageoires ont des points bruns qui y forment des séries en travers de leurs rayons.

Un dessin fait à Nice, sur le frais, par M. Laurillard, a le fond de la couleur vert ou bleuâtre, et les marbrures argentées; le long du dos sont six ou sept taches roussâtres, peu prononcées; les nageoires sont jaunâtres et leurs points roussâtres.

Nos individus n'atteignent pas trois pouces. Ils viennent de Naples par M. Savigny, et de Nice par M. Laurillard. Nous voyons par l'article de M. Montagu (*loc. cit.* p. 101), qu'on en prend quelquefois avec des pholis et des gattoru-

gines sur la côte du comté de Devon, dans les flaques d'eau
que la marée descendante laisse entre les roches.

J'ai tout lieu de penser que c'est à cette espèce qu'appartient un petit poisson que Solander avait observé près
de Plymouth, et dont la description est dans ses papiers;
il l'avait nommé *blennius comatus.*[1]

Les légères différences entre cette description et la
nôtre, s'expliquent aisément pour un si petit poisson.

Nous retrouvons cette même espèce inscrite dans l'ouvrage cité de J. Flemming, et par un hasard assez singulier, sous le même nom que nous lui avions imposé; car
il l'avait dédiée, comme nous, à M. Montagu. Il avait jugé
avec raison qu'on ne peut la confondre avec le *galerita;*
mais je ne comprends pas trop le caractère spécifique du
savant ministre de Flisk (Fifeshire), quand il dit que les
premiers rayons de la dorsale sont détachés et sur le cou
(*the first rays of the dorsal fin on the neck detached*).
Les appendices qui existent sur la nuque après le lambeau
transverse sont des appendices tentaculaires et ne font pas
partie de la nageoire dorsale.

Cette méprise peut expliquer pourquoi les nombres des
rayons indiqués par Flemming et copiés par M. Yarell,
diffèrent sensiblement des nôtres.

---

1. Voici sa description :

*Blennius comatus, crista capitis interoculari, lanceolata, ciliata. — Habitat
ad litora inter scopulos prope Plymouth. — Piscis compressiusculus, vix . . . .
longitudine; fuscus, maculis lutescentibus, asperus, crista lanceolata, pulchre ciliata,
superne inter oculos erigitur, inter quam et initium pinnæ dorsalis ramenta duo
setacea mollia, unum pone alterum. Anus in medio corpore pinna dorsalis quasi
in duas subdivisa; pars anterior a cervice ad medium dorsi extensa, parum rotundata,
præcipue prope partem posteriorem, ubi multo humilior; pinna analis ab ano ad
caudam fere extenditur, ejusdem longitudinis cum parte posteriori pinnæ dorsalis.*
D. 13/15; A. 16; C. 11; P. 12; V. 2.

M. W. Yarell[1] vient d'en donner une excellente gravure dans son ouvrage. Elle a été faite d'après un dessin qui lui a été communiqué par M. Couch. Il ajoute que ce poisson, très-vif et très-difficile à prendre, avait été trouvé sur la côte de Cornouailles.

Nous ne pouvons savoir d'ailleurs si c'est de ce prétendu *galerita* dont M. Couch[2] ait entendu parler dans son Mémoire sur les poissons de Cornouailles; car il n'en dit rien autre, si ce n'est que ce poisson est moins commun que le pholis.

Le BLENNIE CHEVELU.

(*Blennius crinitus*, nob.)

M. d'Orbigny, le père, nous a envoyé de La Rochelle un petit blennie remarquable par

les nombreux filets qu'il porte aux sourcils et sur la nuque.

Au-dessus de chaque œil il en a trois petits, et sur une ligne longitudinale, qui s'étend depuis l'intervalle des yeux jusqu'à la base de la dorsale, on en compte dix ou douze, dont les plus longs ont à peu près le cinquième de la hauteur de la tête. Je ne lui vois aucun tentacule aux narines. Son profil tombe rapidement. Il a environ trente dents fines à chaque mâchoire, sans canines ou avec de très-petites canines à l'inférieure. Sa tête, presque aussi haute que longue, est près de quatre fois et demie dans la longueur totale. Sa dorsale est très-peu échancrée au-dessus du douzième rayon, qui est de moitié plus court que les autres : elle s'unit au dos avant la caudale. Les deux premiers rayons de l'anale ont des excroissances en champignons. La longueur des pectorales est du cinquième de celle du corps; celle des ventrales du sixième.

D. 12/14; A. 2/16 ou 18; C. 15; P. 16; V. 1/2.

---

1. *Brit. fish*, p. 219. — 2. *Conch. trans. Linn. soc.*, XIV, p. 1, p. 75.

Dans son état actuel ce poisson paraît gris avec des teintes brunes; des points bruns et blancs se voient sur les filets de la nuque et moins sensiblement sur les rayons de la dorsale, qui a de plus une tache noire et ronde entre son premier et son deuxième rayon; l'anale a le bord noir, et la pointe de ses rayons blanche.

L'individu est long de vingt lignes.

Le BLENNIE PAON.

(*Blennius pavo,* nob.)

L'espèce à crête la plus commune, celle que Rondelet avait nommée *galerita* ou *alauda cristata*, n'a cependant de crête que dans le sexe mâle. Les femelles, d'ailleurs très-semblables à leurs mâles, sont dépourvues de cette proéminence. Nous décrirons d'abord le mâle.

Sa hauteur est un peu moins de cinq fois dans sa longueur; son épaisseur aux pectorales est moitié de sa hauteur, mais elle diminue beaucoup en arrière. La gorge est renflée et la tête comprimée comme dans les précédens; sa longueur est cinq fois dans celle du poisson. Sans la crête, le profil aurait la courbure d'un quart de cercle. La crête charnue commence entre les yeux et se continue jusqu'à l'occiput. Sa hauteur et sa configuration varient; mais elle est d'ordinaire en demi-cercle, et du tiers environ de la hauteur de la tête, la gorge comprise.

Le diamètre de l'œil n'est que du cinquième de celui de la tête; il n'y a au sourcil qu'un petit filet simple et presque imperceptible. Chaque mâchoire a une forte canine en arrière; les dents ordinaires sont au nombre de vingt-quatre à vingt-huit à la supérieure, et de dix-huit à vingt à l'inférieure. La fente de l'ouïe ne commence qu'à moitié de la hauteur.

La dorsale commence immédiatement derrière la crête, mais sans s'y joindre. La membrane, qui unit en arrière le bord de cette nageoire au dos de la queue, s'étend jusqu'à la caudale et s'y joint un peu; sa hauteur est de plus de moitié de celle du corps;

son treizième rayon est le premier où l'on voie des articulations :
elle en a en tout trente-quatre. L'anale est un peu moins haute et
en a vingt-quatre; elle arrive presque jusqu'à la caudale, mais sans
s'y joindre. Les pectorales sont ovales. Le rayon interne des ventrales est fourchu, en sorte qu'elles ont trois pointes. Il est aisé
de trouver sous la peau leur très-petite épine. Leur longueur est
à peine du neuvième de celle du poisson. Derrière l'anus est un
petit tube charnu, long d'une demi-ligne, percé d'un trou à son
extrémité : c'est l'orifice des laitances. Ce tube est suivi d'une sorte
de tubercule en forme de fraise, résultant d'une plicature de la
peau; une seconde fraise, semblable à celle-ci, existe derrière l'orifice de la vessie urinaire.

B. 6; D. 12/22; A. 24; C. 13; P. 14; V. 1/3.

La ligne latérale est à peu près imperceptible sur presque toute
sa longueur, tant elle est fine.

Ce poisson est des plus agréablement coloré. Le fond de sa
couleur est un vert foncé tirant au jaunâtre à la gorge et au ventre,
et quelquefois au brun roussâtre, avec six taches ou demi-bandes
d'un vert noirâtre le long du dos, et qui s'étendent sur la base de
la dorsale. La tête a trois de ces bandes qui remontent sur sa crête :
la première au museau, la seconde à l'œil, la troisième à la tempe.
Elles descendent sous la gorge, où elles s'unissent en chevron avec
celles de l'autre côté; mais ces chevrons sont souvent interrompus.
Entre les bandes vertes la crête est souvent d'un bel orangé.

Sur la première moitié du corps sont douze ou treize lignes
verticales d'un bleu clair argenté, dont les premières descendent
jusqu'à moitié de la hauteur; les suivantes deviennent de plus en
plus courtes. Des points ou plutôt des petites taches rondes du
même bleu clair argenté, sont semées sur les côtés, au-dessous des
lignes et sur toute la queue; il y en a une rangée le long de la base
de l'anale, et quelques-unes dépassent la dorsale. Des lignes et des
points de cette couleur sont disposés en rayons autour de l'œil; et
sur la tempe est un grand ocelle ovale noir, bordé de bleu.

La dorsale et l'anale sont vertes; leur bord est d'un brun violâtre,

11.   23

la première a un fin liséré blanc; les pointes des rayons de la seconde sont blanches; la caudale tire au roussâtre, les ventrales au jaunâtre; les pectorales sont verdâtres.

La longueur ordinaire de nos individus est de trois pouces et demi.

Ceux que nos recherches anatomiques ont prouvé être du sexe féminin, ressemblent aux précédens sur tous les points, mais ils manquent de crête et de cette double fraise que nous avons mentionnée derrière les ouvertures des laitances des individus décrits plus haut; aussi, nous regardons ces blennies sans crête comme des femelles. Dans les uns et les autres il y a plusieurs variétés pour le nombre et la grosseur des lignes et des points bleus, pour la teinte plus ou moins prononcée des bandes noirâtres, etc.

Quelquefois tout le corps paraît d'un brun presque uniforme.

Nous avons un individu sans crête, d'un beau vert, dont les lignes et les points sont du plus bel outremer, et dans lequel une bande blanche règne le long du chanfrein et de la nuque jusqu'au bord antérieur de la dorsale.

Nous avons trouvé au blennie paon un foie assez volumineux dans le mâle, et moindre dans la femelle; la vésicule du fiel est petite, le canal intestinal commence par un œsophage assez large, replié vers la moitié de la longueur de la cavité abdominale, pour porter l'intestin dans l'hypocondre droit; il y fait deux anses assez longues; puis il revient encore derrière ce premier pli de l'estomac, se dilater un peu et se rendre droit à l'anus. Une valvule très-distincte, même à travers les parois du tube digestif, marque le commencement du rectum à l'endroit où le diamètre de l'intestin augmente un peu. Les laitances étaient petites; les ovaires bien développés et remplis d'œufs petits, ovales, et ni leur forme ni celle du sac de l'ovaire ne pouvaient faire croire que cette espèce soit vivipare; les reins sont petits et la vessie urinaire oblongue et en arrière des organes de la génération.

Le squelette de ce poisson a onze vertèbres abdominales et vingt-six ou vingt-sept caudales; sa crête sagittale est plus longue à proportion que dans ceux que nous avons décrits précédemment.

Le *galerita* ou *l'alauda cristata* de Rondelet[1] est sans aucun doute un de nos individus à crête, et son *alauda non cristata*[2], un de ceux qui en sont dépourvus. C'est à cette espèce qu'il applique en particulier les noms de *perce-pierre* et de *coquillade*.

Gesner donne une bonne figure des premiers (p. 18), sous le nom vénitien de *gutturosula*, et Aldrovande en a une autre (p. 114), assez bonne aussi pour le temps, qu'il intitule : *piscis gutturosus vulgo.*

C'est le *blennie paon* de M. Risso[3] et, à ce que je crois, le *blennius lepidus* de Pallas.[4]

Je ne puis guère douter non plus, que le *blennius gibbosus* de Rafinesque (*Caratt.*, p. 31), et son *blennius vividus* (*ib.*, p. 28), ne soient les deux sexes de cette espèce. Les lignes, les points qu'il leur attribue; la bosse sur la tête, par laquelle il distingue le premier, leur taille de trois à quatre pouces, leur grande abondance, me paraissent des preuves très-suffisantes de cette synonymie. C'est au *Bl. vividus*, dit-il, que s'applique plus spécialement le nom de *bavosa*.

Les *blennius gonocephalus* et *gobioides* du même auteur (*Indice, append.*, p. 51, n.os 1 et 2), n'en sont manifestement que des variétés de couleur.

Quant à la figure de Bélon[5], appelée *adonis* ou *exocœtus*, comme la crête y est représentée soutenue par des rayons, on doit supposer qu'elle est erronnée, ou qu'elle représente quelque espèce encore inconnue.

---

1. L. VI, c. 21, p. 204. — 2. Rondelet, l. VI, c. 22, p. 205. Ces deux figures sont copiées : Aldrovandi, p. 114 et Willughby, pl. H *b*, fig. 7. — 3. 1.re édit., p. 133; 2.e p. 235. — 4. *Zoogr. ross.*, p. 171. — 5. *Aq.*, p. 224. Copié Aldrov., p. 115; Will., H 4, fig. 1.

Nous avons reçu celle qui fait le sujet de cet article, en abondance et avec ou sans crête, de Sicile, par M. Bibron; de Naples, par M. Savigny; des étangs salés de Sardaigne, par M. Bonnelli; de Corse, par M. Peyraudeau; de Nice, par M. Laurillard, et de Martigue, par M. Delalande.

Pallas dit que son *blennius lepidus* est très-commun dans la mer Noire, le long des côtes de la Crimée.

C'est proprement au blennie actuel que devrait demeurer l'épithète de *galerita;* mais elle a été donnée à des espèces si différentes par Artedi, par Strœm, par Pennant, par Ascanius, par Montagu, et il en est résulté une confusion qui nous a donné tant de peine à débrouiller, que, pour ne pas l'augmenter encore, nous avons cru à propos de supprimer entièrement ce nom de *galerita,* comme spécifique pour un blennie, et laisser à cette jolie espèce le nom de *pavo,* que lui a imposé M. Risso, et qui convient si bien à ses belles couleurs.

Le BLENNIE BASILIC.

(*Blennius basiliscus,* nob.)

La Méditerranée produit une espèce voisine du paon, et remarquable aussi par la beauté de sa parure; mais qui devient beaucoup plus grande, et dont la crête demeure toujours beaucoup plus basse.

Ses proportions et celles de ses parties sont d'ailleurs les mêmes; mais je ne puis lui apercevoir aucun tentacule ni aux sourcils ni aux narines. Ses canines sont plus petites que celles du paon. Il a environ trente dents ordinaires à la mâchoire supérieure et vingt à l'inférieure. Les trois ou quatre rayons de la dorsale sont quelquefois un peu fourchus. Les ventrales n'ont que le treizième de la

longueur totale. Derrière l'anus est un tube mou, semblable à celui
du blennie paon et suivi de même de deux sortes de fraises molles,
plus petites, mais à plis plus nombreux; elles sont aussi plus éloignées de cette sorte de petite verge charnue, à l'extrémité de laquelle
est l'orifice des organes mâles.

D. 12 ou 13/22 ou 23; A. 26 ou 27, etc.

Tout son corps est d'un beau vert olivâtre. Une vingtaine de
lignes blanches ou bleu clair, peu régulières, descendent verticalement de la dorsale sur le tronc, où elles se perdent vers le ventre;
sur la queue elles descendent plus bas, et à l'arrière de la queue
elles sont remplacées par des points blancs. Des bandes d'un noir
violet remplissent chaque fois deux des intervalles de ces lignes
blanches, contre un intervalle qui reste de la couleur olivâtre du
fond, de sorte que le poisson a le dos traversé de ces bandes noires,
rapprochées par paires et lisérées chacune de blanc; sur la dorsale
elles s'écartent et se changent quelquefois en taches, ou en nuages
irréguliers; vers le bas elles s'écartent aussi et prennent diverses
irrégularités.

La tête a une bande noire, lisérée de blanc et quelquefois divisée
par un trait blanc qui descend à l'œil et ensuite à la gorge; une
seconde part de la nuque, se dilate sur la joue et s'y bifurque,
en sorte que sous la gorge il y a souvent les trois bandes en chevrons, déjà vues dans d'autres espèces : on ne voit point à la tempe
l'ocelle qui distingue le blennie paon. Le ventre est tout olivâtre,
ainsi que les ventrales et les pectorales, qui ont cependant une
tache noirâtre sur leur base. La caudale et l'anale ont des nuages
noirâtres interrompus par quelques parties olivâtres : les pointes
des rayons de la dernière sont blanches.

Le foie de cette espèce est aussi très-gros dans le mâle que nous
avons disséqué; l'œsophage est plus long, plus large, se replie plus
près de l'anus; l'intestin est aussi plus court; les laitances étaient
petites, quoique pleines et rejetées assez en arrière.

Nous avons des individus de plus de sept pouces.

Ils sont venus de Toulon, par MM. Banon, Kiener et Guérin; de Gênes, par M. Savigny, et des étangs salés de la Sardaigne, par M. Bonnelli.

Forskal[1] parle d'un poisson de la Méditerranée, que les Grecs modernes nomment Σαλάρια ου Σαλιακἒδα, et les Arabes d'Alexandrie *garmouth* ou *garamit,* et au sujet duquel il hésite si l'on doit en faire un gade, un blennie ou un genre nouveau. On s'est accordé cependant depuis à le regarder comme un blennie et, je crois, avec raison.

Il est, dit Forskal, long d'un empan; son profil est tombant; son vertex carené; ses mâchoires, comme ciliées par ses dents, ont de chaque côté une grande canine, et l'inférieure est de beaucoup la plus grande. Sa dorsale règne depuis la tête, et son anale depuis l'anus jusqu'à la caudale, qui est entière. Sa ligne latérale est peu marquée et son corps est nébuleux : il n'a point de tentacules.

B. 6; D. 36; A. 26; C. 13; P. 14; V. 2.

D'après cette description, tout abrégée qu'elle est, ce ne peut être qu'un blennie proprement dit, et d'après ces nombres je ne doute guère que ce ne soit un *Bl. basiliscus* ou peut-être un *Bl. pavo* femelle.

Dans le cas où ce poisson sera mieux connu et qu'on serait obligé d'en faire une espèce distincte, on pourrait l'introduire dans le *species* sous le nom de *blennius salaria.*

Forskal ajoute que les Grecs ont coutume de le faire mâcher aux enfans dont la salive coule en trop grande abondance.

---

1. *Faun. arab.*, p. 22 et p. xiv.

Le BLENNIE ROUGE CAP.

(*Blennius rubriceps*, nob.; *Blennius erythrocephalus*, Risso.)

Le blennie à tête rouge de M. Risso ressemble au blennie
paon pour les formes, si ce n'est que

les trois premiers rayons de sa dorsale forment une pointe plus
élevée, séparée du reste de la nageoire par une échancrure arrondie; elle s'unit d'ailleurs à la caudale de la même manière; il a
une crête sur la tête, et au sourcil un très-petit tentacule simple.
Ses canines sont assez fortes. Je lui ai compté vingt-six dents ordinaires en haut et vingt en bas. Il a trente-trois rayons à la dorsale,
dont les six ou sept derniers sont sensiblement rameux; les douze
premiers paraissent simples, et les suivans articulés.

D. 12?/21; A. 22, etc.

L'individu que nous avons dans la liqueur paraît noirâtre, et
on lui voit sur l'arrière du corps des points bruns ou bleus épars.
Les pointes des rayons de l'anale sont blanches.

D'après un dessin de M. Risso, que nous avons eu sous
les yeux,

il serait gris-roussâtre avec des bandes verticales nuageuses, formées
de points noirâtres le long du dos. La pointe de la dorsale et les
parties voisines de la nuque, de la tête et de l'opercule, notamment
la crête, y sont enluminées d'un beau rouge de vermillon.

Il y a aussi du rouge au bord supérieur des pectorales; les autres
nageoires sont d'un gris jaunâtre, pointillées de noirâtre.

Notre individu est long de trois pouces et demi.
Il a été rapporté de Naples par M. Savigny.
Nous le croyons bien de l'espèce décrite par M. Risso[1],

---

1. Deuxième édit., p. 236, n.° 125.

quoique dans sa figure la pointe antérieure de la dorsale soit échancrée.

On le prend sur les rochers de Nice en Mars, en Juillet, en Septembre. Il fraie en Avril.

Le BLENNIE CAGNETTE.

(*Blennius cagnota.*)

Cette espèce a été envoyée au Muséum d'histoire naturelle par M. Banon, pharmacien de la marine à Toulon, à qui nous devons plusieurs poissons intéressans de la Méditerranée.

Sa tête est plus longue de la partie de l'occiput et fait le quart de la longueur totale. La crête est très-basse, mais mince et tranchante, les tentacules des sourcils sont coniques et courts, quoique un peu plus visibles que ceux du blennie paon. Les canines à l'arrière des mâchoires ne sont pas très-fortes : celle d'en haut est quelquefois double. Il n'y a que vingt dents ordinaires à la mâchoire supérieure et dix à douze à l'inférieure.

Les ventrales ont plus du huitième de la longueur totale. Leur rayon interne est à peine échancré. La ligne latérale est fort visible : elle se courbe avant le bout de la pectorale. Derrière l'anus, je ne vois pas de verge, l'orifice des organes de la génération étant sur la peau comme celui du rectum ; mais les deux fraises sont beaucoup plus grosses et portées sur un pédicule plus long, ce qui les fait comparer à de petits champignons. Ni la dorsale ni l'anale ne se joignent à la caudale. La dorsale a une légère dépression après son douzième rayon : les six derniers et les trois de son anale sont un peu branchus.

D. 12/17 ; A. 19 ; C. 11 ; P. 13 ; V. 1/2.

Ce poisson, dans la liqueur, paraît d'un gris roussâtre et a les nageoires jaunâtres ; le dessus de la tête, le dos et la base de la dorsale sont très-finement pointillés de noir. Une série de cinq ou six taches nuageuses noirâtres occupe le haut du dos et la base de la dorsale. Deux autres séries de taches semblables, mais plus petites, faisant quinconce avec les précédentes, règnent le long du flanc. Sur la seconde moitié de la dorsale est en outre une série de points noirâtres; la caudale en a quatre ou cinq séries irrégulières : il n'y en a point sur l'anale; mais son bord est noirâtre, et les pointes de ses rayons blanchâtres.

Sur la tête sont quelques bandes obscures, mais mal terminées.

Notre individu est long de quatre pouces.

Nous avons reconnu dans cette espèce le blennie que M. Risso (1.re éd., p. 131) avait d'abord appelé *sujéfien*, et dont il a fait ensuite un *salarias* sous le nom de *salarias varus* (2.e édit., p. 237); mais c'est un véritable blennie à crête.

Ce que M. Risso nous apprend d'intéressant, c'est qu'elle se tient dans les eaux douces du Var et de ses affluens. Elle remonte jusque dans les lacs d'eau douce de la Lombardie, et elle se nomme au lac Majeur *cagnota* et *cabozza*; du moins les individus que M. le comte Borromeo a bien voulu nous envoyer, ne diffèrent-ils de celui que nous venons de décrire en rien d'essentiel; seulement ils sont plus petits et marqués de points noirs moins nombreux et de taches moins foncées. Je dois croire d'après cela que c'est aussi la cagnette ou cabazze du lac de Garda, mentionnée par M. de Martens (Voy. à Venise, 2, p. 419), ou le *blennius vulgaris* de Polleni.

On le nomme en grec moderne σκυλό-ψαρο (poisson de cuir).

Je soupçonne que c'est le *blennius auritus*[1] de Pallas.

---

1. *Zoogr. ross.*, t. III, p. 172.

11.   24

La commission envoyée dans le Péloponèse a recueilli un blennie absolument semblable à ce *Bl. cagnota* par ses formes et les nombres des rayons; mais entièrement verdâtre, sans points ni taches.

Ce n'en était peut-être qu'une variété; il avait du moins les mêmes habitudes, car on l'a pris dans le Pamisus.

Sa longueur est de quatre pouces.

Le BLENNIE MOINE.

(*Blennius frater*, Bl. Schn.)

J'ai soupçonné un instant que ce *Bl. cagnota* pourrait bien être aussi le blennie de l'Èbre, nommé à Saragosse *fraile*[1], et qui est devenu le *blennius frater* de Bloch (*Syst.*, p. 171, n.° 17),

qui a de même une crête longitudinale, des canines, trente rayons à la dorsale, vingt et un à l'anale, la tête et le devant du dos pointillés de noir, et des bandes peu marquées sur le corps; mais je ne vois rien dans le blennie cagnette qui puisse répondre à l'épine double que l'on attribue au *fraile*, près de chaque œil.

Le BLENNIE A FILETS SUR LA NUQUE.

(*Blennius nuchifilis*, nob.; *Blennius cristatus*, L.)

Cette espèce est fort analogue à notre *Bl. crinitus* de La Rochelle, et à peu près de la forme du *Bl. palmicornis*.

Le tentacule du sourcil est simple et très-petit : il y en a un très-petit aussi et palmé près de la narine. Sur la nuque est une crête très-basse, dont le bord est garni de huit ou dix petits filets très-fins, qui règnent jusqu'à la base de la dorsale. Celle-ci, un peu déprimée après les rayons épineux, s'unit au dos de la queue

---

1. *Introd. ad Oryctogr. Arragoniæ.*

avant la base de la caudale. La tête est quatre fois dans la longueur totale. Il y a trente dents ordinaires à chaque mâchoire. Les canines sont faibles.

D. 12/15; A. 16, etc.

Dans la liqueur, ce petit poisson paraît d'un gris violâtre, tout pointillé de très-petits points noirs serrés. Sur le dos se montrent six ou sept demi-bandes larges, nuageuses, plus brunes que le fond, et le long de la queue, vers le bas, deux séries de gros points noirâtres. Les nageoires verticales ont des lignes obliques brunes. Le ventre est blanchâtre. Un individu paraît tout entier d'un brun noirâtre.

Ceux que nous avons ne passent pas trois pouces.

On les doit à MM. Quoy et Gaimard, qui les ont pris à l'île de l'Ascension. C'est très-probablement le *blennius crista setacea,* etc., de Gronovius[1], dont Linné a fait (12.ᵉ édit., p. 441) son *blennius cristatus.* Gronovius tenait son individu de Vosmaer, mais en ignorait le lieu natal.

Linné lui donne pour synonyme le punaru de Rai et de Margrave, qui est d'une tout autre espèce.

Le BLENNIE PILICORNE.

(Blennius pilicornis, nob.)

Sa forme est très-voisine de celle du *Bl. palmicornis;* mais il en diffère beaucoup par le tentacule du sourcil; cet organe, lorsqu'il est bien conservé, a plus du quart de la longueur de la tête : c'est un fil très-fin, et de sa base il part cinq autres fils aussi fins, mais un peu moins longs. A la naissance de l'anale sont les deux tubercules en champignons.

La longueur de sa tête est près de quatre fois et demie dans la longueur totale. La courbe de son profil est un peu moindre d'un

---

1. Mus. I, p. 32, pl. VI, fig. 4.

quart de cercle. Sa dorsale est continue. Le douzième ou dernier rayon simple est plus court que les autres, mais sans que la membrane en soit plus abaissée : elle s'unit au dos jusque tout près de la caudale. Il y a vingt-six dents ordinaires en haut, vingt-quatre en bas, et en arrière et aux deux mâchoires deux canines assez fortes, une de chaque côté.

D. 12/21; A. 24, etc.

Dans l'état où nous l'avons, ce poisson paraît tout entier d'un brun noirâtre, hors les pointes des rayons de l'anale, qui sont blanches.

Sa taille est de quatre à cinq et à six pouces.

Il a été rapporté en quantité de Rio-Janéiro par M. Delalande et par M. Gay. J'ai lieu de croire que c'est le deuxième *punaru* de Margrave, p. 165, quoique la figure de cet auteur soit peu exacte et surtout beaucoup trop alongée.

Le BLENNIE DE GORÉE.

(*Blennius goreensis*, nob.)

Un blennie très-semblable à ce *Bl. pilicornis,* et surtout par le tentacule,

mais qui l'a encore plus long, a été envoyé récemment de Gorée par M. Rang. Il a la tête plus comprimée, l'œil plus grand, et d'autres nombres. Sa dorsale est très-peu abaissée après les rayons mous, et s'unit au dos avant d'atteindre la caudale.

D. 12/18; A. 21, etc.

Il paraît tout entier d'un gris foncé tirant au violâtre, et a les nageoires noirâtres sans pointes blanches à l'anale.

Sa taille est de trois pouces.

Le BLENNIE SALE.

(*Blennius sordidus*, E. T. Bennett.)

C'est probablement ici que doit venir le *blennius sordi-dus* de M. T. Bennett[1],

qui a des tentacules sourciliers palmés, du double de la hauteur de l'orbite; un très-petit filament à la narine; les tempes et les joues renflées; les dents très-fines, rapprochées, égales et, à ce qu'il paraît, sans canines; la dorsale un peu abaissée aux derniers rayons mous; son premier rayon un peu plus libre que les autres; et pour nombres :

D. 11/18; A. 2/19; C. 13; P. 14; V. 2.

Son corps et ses nageoires sont d'un brun rougeâtre avec deux ou trois grandes taches d'un brun foncé sur le dos; sur le devant de la dorsale est une tache d'un brun encore plus foncé, et vers son milieu est une ligne longitudinale mal marquée. La caudale a trois séries verticales de points bruns.

Ce poisson, long de quatre pouces anglais, a été apporté des îles Sandwich par M. Frembly.

Le BLENNIE FISSICORNE.

(*Blennius fissicornis*, nob.)

Un petit blennie, rapporté de Rio-Janéiro par MM. Quoy et Gaimard, et encore assez semblable au *Bl. filicornis* par le tentacule,

a la dorsale plus fortement échancrée entre les deux sortes de rayons, et des nombres encore plus différens que le *Bl. goreensis*. L'ouver-

---

1. Journal zoolog., IV, p. 34.

ture inférieure de la narine a un petit filet. Ses dents ordinaires sont au nombre de vingt-quatre ou vingt-six, suivies de fortes canines.

D. 11 ou 12/14 ou 15; A. 18, etc.

Il paraît comme saupoudré d'une poussière blanchâtre.

Sa taille n'est que de deux pouces.

Le BLENNIE AUX PETITES CORNES.

(*Blennius parvicornis*, nob.)

Sa forme ressemble beaucoup à celle du *Bl. palmicornis;* mais

son tentacule du sourcil se réduit à un petit filament pointu, à peine du quart de la hauteur de l'œil, et qui n'en a qu'un encore beaucoup plus petit à sa base. Sa tête est près de cinq fois dans sa longueur totale. Il a quarante dents en haut, dont les six dernières de chaque côté plus courtes que les autres; et vingt-six en bas. Sa canine supérieure est faible; l'inférieure est médiocre. Sa dorsale est continue et s'attache au dos par son bord postérieur un peu avant la caudale. En arrière de l'anus sont les deux tubercules.

D. 12/21; A. 21, etc.

Ce poisson paraît brun de chocolat; son abdomen tire au blanchâtre; sur sa queue se montre un peu des séries de taches analogues à celles de beaucoup d'individus du *Bl. palmicornis.* Il y a de même une série de points noirâtres le long de la base de l'anale, dont les rayons ont les pointes blanchâtres.

Sa taille est de quatre à cinq pouces.

Il vient de Madère. On ne pourra guère juger, qu'après en avoir vu un plus grand nombre d'individus, s'il diffère en réalité du *Bl. palmicornis* comme espèce.

Le BLENNIE AUX GRANDES CORNES.

(*Blennius grandicornis,* nob.)

Il est à peu près encore de la forme du *Bl. palmicornis,*

mais à tête plus forte; elle n'a guère moins du quart de la longueur
totale; ses tentacules, qui ont les deux tiers de la longueur de la
tête, le distinguent éminemment; ils sont assez grêles, aplatis d'avant
en arrière, pointus, et n'ont que quelques filamens à leur base.
La nuque se renfle de manière à produire sur le crâne derrière les
yeux un enfoncement transversal. Les dents ordinaires sont au
nombre de trente-quatre ou trente-six en haut, et de vingt-six
ou vingt-huit en bas. La canine inférieure est assez forte : la supérieure est plus faible. La dorsale, légèrement déprimée aux derniers
rayons simples, s'unit au dos avant de toucher à la caudale. Les
ventrales sont sept fois et demie dans la longueur totale. Les deux
tubercules derrière l'anale sont très-prononcés.

D. 13/19; A. 21, etc.

Dans la liqueur il paraît d'un brun de chocolat plus ou moins
foncé, un peu plus pâle vers l'abdomen. On aperçoit au dos des
traces de taches noirâtres.

MM. Quoy et Gaimard l'ont peint sur le frais et le
représentent

d'un vert d'olive avec huit ou dix taches noirâtres le long du dos;
le dessus de la tête et les bords des nageoires verticales noirâtres;
quelques teintes roussâtres vers la gorge et la poitrine, ainsi qu'aux
pectorales; et les ventrales blanchâtres.

Péron, Delalande et MM. Quoy et Gaimard l'ont rapporté
du cap de Bonne-Espérance.

Linné a un blennie qu'il nomme *cornutus,* et dit des
mers de l'Inde, sur lequel il renvoie à deux descriptions :

l'une dans son *Museum principis* (*Amœn. acad.*, I, p. 3ı6),
l'autre dans le second tome du Musée d'Adolphe-Fréderic,
p. 6ı. Dans toutes les deux il lui donne les dents de nos
blennies proprement dits; une canine en bas, un long
tentacule simple et grêle au sourcil, et une dorsale à peu
près égale; mais il en compte les rayons différemment: dans
les Aménités, D. 34; A. 26, dont les deux premiers à tubercule, et dans Ad. Frd. D. 33; A. 23, dont le premier épineux
est à peine visible.

Peut-être a-t-il eu deux espèces sous les yeux; peut-être
la seconde fois n'a-t-il pas compté les tubercules comme
des rayons. Quoi qu'il en soit, je n'en vois point qui ressemble davantage à ce *cornutus,* que celui dont nous venons
de parler; à moins toutefois qu'il n'ait eu simplement en
vue notre *blennius tentacularis,* dont les nombres s'accordent encore mieux, au moins avec ceux de la deuxième
description. Je dois faire remarquer à ce sujet que c'est
seulement dans le *Systema naturæ,* et non dans les articles
originaux, qu'il fait venir ce poisson des Indes.

Le BLENNIE. CÉPHALOTE.

(*Blennius capito*, nob.)

Feu Delalande a encore rapporté du Cap un blennie à
tentacules analogues à ceux du gattorugine par les longs
cils qui les garnissent, mais ils sont plus courts.

L'espèce est remarquable surtout par la ligne latérale courbe et
formée dans sa partie antérieure par une double rangée de pores,
et dans le reste de son étendue par une simple rangée. Son profil
est très-court, ce qui fait paraître davantage le renflement de sa
gorge. Il y a sur son crâne, derrière les yeux, un enfoncement
transverse fort marqué. Une peau molle, lâche et spongieuse l'enve-

loppe et cache presque sa dorsale et son anale. Sa tête est quatre fois et trois quarts dans sa longueur, elle est surtout presque aussi épaisse que haute. Il y a trente-six ou trente-huit dents à chaque mâchoire, sans canines, ou du moins il n'y en a qu'une très-petite en bas, qui se distingue à peine des autres. La longueur des ventrales est près de neuf fois dans celle du poisson. La dorsale s'unit au dos avant la caudale, qui n'est pas plus longue que les ventrales. Les deux tubercules fungiformes sont très-prononcés. Il y a plusieurs pores très-marqués sur la joue.

D. 13/19; A. 23, etc.

Dans la liqueur il paraît d'un brun noirâtre, plus pâle vers le ventre, et l'on y aperçoit quelques nuances blanchâtres formant comme des marbrures ou des vermicellures.

L'espèce est grande dans ce genre : elle a sept et huit pouces.

Le BLENNIE PANTHÉRIN.

(*Blennius pantherinus,* nob.)

Les mers du Brésil nourrissent encore un blennie à tentacules courts et palmés,

qui a la tête sans crête, un sillon large et profond entre les yeux, formé principalement parce que les bords des orbites sont relevés. Le profil descend obliquement vers la bouche. La longueur de la tête est à peu près du tiers de la longueur totale. Les dents sont fortes, sur un seul rang et un peu aplaties. Il y a une forte canine à l'angle de chaque mâchoire. Je trouve vingt-huit dents à la supérieure, et vingt-quatre à l'inférieure.

D. 11/21; A. 2/21; C. 12; P. 15; V. 2.

Ce poisson a le dos plus foncé que le ventre, et couvert de taches rondes, éparses, irrégulières, plus rapprochées sur le dos, et y faisant quelquefois comme des bandes nuageuses. Deux bandes noirâtres traversent le dessous de la gorge. Les nageoires sont transparentes et pointillées de brunâtre; ces points, plus grands et plus serrés sur l'anale, rembrunissent cette nageoire.

Nous devons cette espèce à M. Gaudichaud.
L'individu est long de quatre pouces.

Le BLENNIE DES FUCUS.

(*Blennius fucorum*, nob.)

M. Gay s'est encore procuré une nouvelle espèce de blennie que le hasard lui a fait prendre pendant la traversée d'Amérique en Europe, par quatre-vingts lieues sud des Açores. Il fut attiré par l'eau de la pompe; c'est un de ces poissons qui habitent les hautes mers et se réfugient parmi les herbes de ces immenses plaines du *fucus natans,* qui flottent au milieu de l'Atlantique.

Ce petit blennie a la tête grosse et haute, surtout à cause du renflement de la gorge. La ligne du profil est presque verticale, l'œil placé dans l'angle qu'elle fait avec celle du vertex. La hauteur de la tête surpasse la longueur et atteint au-delà de l'épaule; cette mesure est comprise quatre fois et demie dans la longueur totale.

Il y a sur l'œil un tentacule filiforme presque aussi long que la tête, bifide à son extrémité, et donnant du côté interne de la base quelques petits brins aussi très-fins; il ne touche pas à celui qui existe sur l'œil opposé. Les dents sont fines, fixes et serrées; j'en compte vingt-quatre à chaque mâchoire, et par derrière, en haut, en bas et de chaque côté il existe une très-forte canine.

La dorsale commence sur l'arrière de la nuque, s'abaisse un peu et semble divisée vers le onzième rayon; elle se relève à partir du douzième, et se continue, en conservant la même hauteur, jusque tout près de la caudale. Le dernier rayon est réuni au dos du très-petit tronçon de queue restant entre les deux nageoires. L'anale a la même réunion, mais n'approche pas tout-à-fait tant de la nageoire de la queue. La caudale est arrondie.

D. 11/17; A. 18; C. 13; P. 14; V. 3.

La ligne latérale fait une courbe au-dessus de la pectorale et, après l'avoir embrassée, se rend en ligne droite à la queue par le milieu du corps. Il n'y a aucune écaille sur le corps. Derrière l'anus sont deux forts mamelons, formés par des replis nombreux d'une membrane excessivement fine et plissée longitudinalement : le postérieur est plus gros que celui qui le précède.

Le poisson, conservé dans l'eau-de-vie, est d'un brun rougeâtre sur le corps et semé de points noirs au-dessus et au-dessous de la ligne latérale : il y en a aussi sur la joue. La gorge et le bas de l'abdomen sont plus clairs et sans taches. La dorsale est brune, lavée de verdâtre, avec un gros point noir sur les premiers rayons, et de petits sur le reste de son étendue; la portion antérieure a un fin liséré blanchâtre.

La base de l'anale est verdâtre, le bord noir, et l'extrémité des rayons est blanche. La caudale et la pectorale ont la membrane noire et les rayons verdâtres. La pointe du tentacule est blanche.

M. Gay, qui l'a dessiné frais, lui donne une teinte générale verdâtre, rembrunie sur le dos; les points bruns; le dessus de la gorge et le ventre sont d'un rose assez vif. L'iris est bleuâtre, tacheté de points rouges, disposés en rayons autour de la pupille.

La longueur de l'individu que nous venons de décrire est de deux pouces quatre lignes.

Le Blennie océanique.
(*Blennius oceanicus*, nob.)

Le même voyageur a trouvé au milieu de l'Océan, le long du bord du navire, par vingt-neuf degrés latitude nord et par cinquante longitude ouest, un autre petit blennie, qui présente aussi des caractères particuliers, quoique voisin du précédent.

Il a le profil plus oblique, les tentacules plus courts, la portion antérieure de la dorsale plus basse, la caudale plus tronquée. L'anale paraît aussi plus courte. Le fond de la couleur est rembruni et tacheté de points brunâtres sur le dos et les nageoires, vert clair sur les flancs et argenté sur le ventre.

Je mentionne d'ailleurs cette espèce d'après le dessin que M. Gay a bien voulu me communiquer : il est long de deux pouces environ.

Le BLENNIE GEMINÉ.

(*Blennius geminatus*, Wood.)

Ajoutons encore à cette espèce, que nous n'avons pas décrite sur la nature, les deux blennies qui sont connus d'après le travail de sir William Wood, de Philadelphie.[1]

La première a quelques rapports avec notre *blennius fucorum* :

Elle a, selon l'auteur, le corps comprimé, le ventre saillant, le dos peu convexe; une tête épaisse, large, arrondie. Les yeux sont de grandeur médiocre, rapprochés, et l'intervalle qui les sépare est creux. L'œil porte un tentacule triradié, long d'un quart de pouce anglais, et il y en a un autre sur la narine. La bouche est peu fendue; la lèvre supérieure est très-épaisse. La dorsale et l'anale touchent presque la queue; la caudale est arrondie. Derrière l'anus existent de petits tubercules.

Voici les nombres tels que M. Wood les a comptés :

D. 27; A. 17; C. 14? P. 13; V. 2.

Le corps est couvert de plusieurs paires de taches de couleur brune et rougeâtre, disposées régulièrement en double série sur les côtés; au-dessus d'elles on voit sur le dos des marbrures anastomosées et remontant jusque sur la dorsale. Celle-ci a une tache

1. *Journ. of the acad. of nat. sc. of Phil.*, v. IV, 2.ᵉ part., p. 278.

noirâtre sur la portion antérieure, avant l'aplomb de la pectorale. Cette nageoire à la base épaisse, charnue, colorée d'une bande brun foncé, envoyant plusieurs rivulations sur la nageoire. Les couleurs sont devenues brunes dans l'esprit de vin; les taches ont conservé une teinte rougeâtre.

Ce petit blennie, long de deux pouces trois quarts, habite le hâvre de Charleston, dans la Caroline du sud. Il avait été envoyé à l'Académie de Philadelphie par M. Bache, capitaine au corps des ingénieurs-topographes des États-Unis.

Le BLENNIE TACHETÉ.

(*Blennius punctatus*, Wood.)

Une autre espèce du même endroit, décrite par le même observateur [1], a

la tête épaisse; le profil arqué en quart de cercle, du bout du museau à l'origine de la dorsale; les yeux ovales, rapprochés, entourés d'un cercle de points noirs, relevés et surmontés d'un long tentacule pointu, car il a un demi-pouce de longueur : l'extrémité en est bifurquée. Un autre petit tentacule existe sur la narine. Entre le tentacule sourcilier et le premier rayon de la dorsale il y a sur la nuque deux petites proéminences, rudes sous le doigt. La dorsale touche presque à la caudale. La pectorale et la nageoire de la queue sont arrondies.

Les nombres sont :

D. 27; A. 18; C. 11? P. 14; V. 3.

La ligne latérale est arquée au-dessus de la pectorale. Un petit tubercule est indiqué au-devant de l'anale.

Tout le corps est couvert de petites taches noires, se touchant sur les côtés; elles sont plus irrégulières et moins nettes sur toute la tête. On voit un gros point noirâtre entre les premier et troi-

1. *Journ. of the acad. of nat. sc. of Phil.*, v. IV, 2.ᵉ part., p. 279.

sième rayons de la dorsale. La caudale a cinq bandes d'un brun obscur; la pectorale en a aussi sur les rayons : sa base est pointillée. L'anale est brune; les ventrales sont noirâtres et pointillées.

L'individu a trois pouces de long et un pouce de haut sans y comprendre la dorsale.

***

DES PHOLIS.

M. Flemming[1] a cru devoir séparer des blennies les espèces qui manquent de tentacules sur les orbites, ou même des crêtes charnues, qui sont si caractéristiques dans les blennies. Elles sont peu nombreuses et ressemblent à ceux-ci par tous les autres caractères. Cette coupe générique est donc peu importante : M. Cuvier l'a cependant adoptée et lui a réservé, comme l'auteur anglais, le nom de *pholis*, qui a été emprunté des anciens par les auteurs de la renaissance pour l'appliquer à une espèce de nos côtes.

Ce mot est fort peu employé par les anciens, et rien ne prouve qu'ils aient voulu désigner par cette expression le poisson auquel on a donné ce nom.

En effet, φωλὶs ne se trouve qu'une fois dans Aristote[2] pour un poisson qui s'enveloppe du mucus qu'il produit et y réside comme dans un abri (de φωλεὸs, tanière, terrier). Il était naturel de le chercher dans quelqu'un de ceux à qui la mucosité dont ils sont enduits a fait donner le nom de *baveuse* ou *bavecca*, c'est-à-dire dans quelque blennie; mais il n'y avait pas de motif de l'affecter parti-

---

1. *Brit. anim.*, p. 207. — 2. *Hist.*, l. IX, c. 37.

culièrement, comme l'a fait Rondelet[1], à notre première espèce, si toutefois c'est de l'espèce commune qu'il a voulu parler; car sa figure est peu exacte, surtout en ce qu'elle place les ventrales sous les pectorales. Néanmoins c'est suivant lui qu'Artedi et Linné ont nommé pholis le poisson qui fait l'objet de l'article suivant.

Le Pholis lisse.

(*Pholis lævis,* Flemm.; *Blennius pholis,* Lin.)

Ce petit poisson, que l'on trouve sur toutes les plages herbeuses de nos côtes, et que l'on observe fréquemment dans les flaques laissées par la mer, lors de son reflux, a les dimensions suivantes :

Sa hauteur aux pectorales est du cinquième de sa longueur, son épaisseur a moitié de sa hauteur. Sa tête, du museau à l'extrémité de l'opercule, a le quart de la longueur du corps; sa hauteur de la nuque à la gorge est des trois quarts de sa longueur. Sa nuque est rectiligne et horizontale jusqu'aux yeux, et descend ensuite par une ligne oblique légèrement bombée. Les yeux voisins de l'angle ne font point saillie au-dessus comme dans le trigloïde : leur diamètre est du cinquième de la longueur de la tête. Il n'y a qu'une vingtaine de dents ordinaires à chaque mâchoire : les canines des angles sont fortes. La partie antérieure de la dorsale n'a que le tiers de la hauteur du corps sous elle. Sa portion composée de rayons articulés est d'un tiers plus haute; elle s'unit au dos de la queue par son bord postérieur, mais sans atteindre la caudale.

L'anale est moins haute, mais répond d'ailleurs à la partie molle de la dorsale. La caudale a tous ses grands rayons fourchus, excepté les deux extrêmes. Les six derniers rayons de la pectorale sont

---

1. Rondelet, l. VI, c. 23, p. 206. Sa figure est copiée Gesner, p. 714; Aldrov. 116; Willugh., pl. H 6, fig. 4; Jonst., pl. 17, fig. 4.

plus gros. Les ventrales n'ont pas le septième de la longueur totale : les pectorales en ont plus du cinquième.

B. 6; D. 12/18 ou 19; A. 18 ou 19; C. 11; P. 13; V. 3.

La ligne latérale a sa partie courbe continue : la partie droite est formée de tubulures séparées. Le sourcil n'a aucun tentacule, mais il y en a un palmé à cinq filets à l'orifice inférieur de la narine. Derrière l'anus on ne voit qu'un seul très-petit tubercule.

Les grands individus de cette espèce, tels que nous les avons reçus de La Rochelle, ont le corps verdâtre, semé de points ou petites taches brunes un peu nuageuses, plus nombreuses vers le dos : il y en a aussi d'éparses sur les nageoires; dans d'autres, tout ou partie de ces points ou taches se réunissent irrégulièrement pour former des marbrures plus ou moins étendues. Il y en a, et ce sont en général les plus petits, où parmi ces marbrures se voient des taches blanchâtres, quelquefois assez brillantes, qui forment une ou deux séries le long de la ligne latérale. Les pointes des rayons de l'anale sont généralement blanches comme dans beaucoup d'autres espèces du genre.

M. Donovan qui en a beaucoup vu dans l'île d'Anglesea, remarque aussi qu'ils variaient tellement en couleur, que l'on ne pouvait presque en trouver deux entièrement semblables :

Le plus beau, qu'il a choisi pour modèle de sa planche, avait le dessus et les côtés verts, variés de taches irrégulières blanchâtres et de lignes et de points bruns; le dessous et les ventrales d'un blanc pur; les autres nageoires jaunâtres, semées de poins verts ou bruns.

Nous avons un de ces poissons long de six pouces; mais la plupart restent dans des tailles inférieures.

Il est plus commun dans l'Océan que dans la Méditerranée.

Cette dernière mer ne nous l'a envoyé que de Naples

par M. Savigny; mais M. de Martens l'a observé à Venise
et à Trieste. Dans ce dernier lieu il se nomme *lampura*.

Nous croyons aussi que c'est le *blennius variegatus*
de M. Rafinesque (*Caratt.*, p. 3o, n.° 75); du moins nous
serait-il impossible de trouver aucun caractère distinctif
dans ce que ce naturaliste en dit.[1]

Nous l'avons reçu en quantité de La Rochelle par
M. d'Orbigny; M. Le Sauvage nous l'a envoyé de Caen;
MM. Péron et Lesueur du Hâvre; nous l'avons pris nous-
même sur les côtes du pays de Caux.

Rai a donné, d'après Jago (*Syn. pisc.* p. 164 et fig. 10),
une description et une figure de celui des côtes de Cornouailles, qui s'y nomme *shan* ou, selon MM. Couch et
Yarell, *shanny* ou *smooth shan*, mais sans le rapporter
au pholis, dont ce dernier ne parle que d'après Rondelet.
C'est aussi de Cornouailles que venait l'individu décrit par
Gronovius (*Mus. ichth.*, II, p. 22, n.° 175).

Pennant, qui l'a vu en abondance sur les côtes de l'île
d'Anglesea près de Beaumaris, en donne encore une meilleure figure (*Brit. zool.*, III, pl. 36), et y reconnaît non-
seulement le *shan* de Cornouailles de Jago, mais encore
le *bulcard* et le *mulgrannoc* du même pays, que Willughby
rapportait à l'*alauda non cristata* ou au *blennius pavo*.

Jago avait déjà remarqué[2] que ce poisson a la vie très-
dure, et qu'il peut vivre vingt-quatre heures hors de l'eau;
il avait aussi indiqué l'usage qu'il peut faire de ses ventrales

---

1. *Capo ottuso, senza barbette ne appendici; corpo corto, ovato, fasciato e varie-
gato; linea laterale curva; ale giugulari con due raggi uguali — la sua forma e
piu corta che negli congeneri, e l'ala dorsale che principia diètro la testa è un poco
depressa nel mezzo.* Rafinesque, *loc. cit.*

2. Rai, *Syn. pisc.*, p. 164.

11.

26

pour se soutenir et grimper sur les petites inégalités des roches.

Pennant confirme cet usage des ventrales et ajoute que ce poisson est très-actif, très-vif, et mord avec une grande force; il se tient pendant le reflux sous les pierres et parmi les fucus; son estomac est d'ordinaire plein de débris de coquilles.

Donovan (*ad., tab.* 79) assure que l'on n'en voit plus à Beaumaris, et attribue sa disparition à l'enlèvement des fucus que l'on emploie à faire du verre; cependant il en a trouvé encore à la pointe nord-ouest de l'île, en face de celle de Skéng. Il en a vu aussi sur la côte du comté de Pembroke. Il en donne une très-belle figure, pl. 70, où le nombre des rayons mous est porté à vingt.

Turton[1] le cite aussi parmi les poissons de la Faune d'Angleterre.

M. Yarell en a donné une figure fort exacte, accompagnée d'une notice très-étendue. Il fait connaître que l'espèce fraie en été, que sa nourriture consiste en coquillages, principalement du genre des moules et des patelles. Il fait aussi remarquer la ténacité de la vie de ce poisson hors de l'eau : il l'a vu vivre trente heures à sec; et il cite en même temps une particularité bien digne d'attention, c'est que ce poisson meurt promptement dans l'eau douce et qu'il ne peut supporter le changement de l'eau salée dans l'eau de rivière.

M. Couch[2] le suppose, au contraire, d'un naturel lourd et peu capable de s'aventurer en pleine eau; il pense que ses dents si régulières lui servent à détacher le corps des

---

1. P. 93, n.° 34. — 2. *Linn. trans.*, XIV, p. 74 et 75.

mollusques de la coquille qui l'enveloppe, et il a fait l'observation curieuse que l'un de ses yeux peut se diriger dans un sens pendant que l'autre se tourne dans un sens opposé.

Nous avons aussi très-souvent observé ce poisson sur les côtes du pays de Caux, dans les petites cavités des roches qui demeurent pleines d'eau lors du reflux : il y nage et saute avec rapidité.

La figure de Bloch (pl. 71, fig. 2) serait assez exacte aussi, s'il n'avait réduit à seize les rayons mous de la dorsale; elle a été faite d'après un individu pris à Helgoland, et je doute que l'espèce remonte plus haut vers le pôle; car je n'en trouve de mention dans aucune des faunes du Nord : elle n'est pas citée dans l'Ichthyologie de l'Islande de M. Faber.

M. de Martens[1] l'a vu dans l'Adriatique ramper sous les pierres et sauter avec vivacité quand il est effrayé.

Le Pholis smyrnéen.

(*Pholis smyrnensis*, nob.)

Nous avons reçu de Smyrne une seconde espèce de pholis, qui se distingue de la précédente par

l'absence totale de tentacules sur les narines comme sur les yeux. Le profil est en quart de cercle, un peu surbaissé au-dessus de l'œil. La hauteur de la tête à la nuque égale sa longueur, qui est comprise cinq fois et un tiers dans celle du corps. L'œil est médiocre, et son diamètre est du quart de la longueur de la tête.

Il y a quelques pores le long du bord du préopercule. Les dents sont petites et serrées, au nombre de vingt-six à la mâchoire

---

1. Voyage à Venise, II, 419.

supérieure, et de vingt-quatre à l'inférieure. La dorsale, égale de hauteur dans toute son étendue, fait aisément distinguer ce pholis de l'espèce précédente. L'anale commence sous le treizième rayon : toutes deux sont très-rapprochées de la caudale arrondie, et tiennent à la queue par une membrane. La pectorale est arrondie ; les ventrales attachées, comme à l'ordinaire, en avant des pectorales.

Je fais cette observation pour qu'on ne croie pas retrouver dans ce poisson le pholis de Rondelet.

D. 35 ; A. 26 ; C. 13 ; P. 14 ; V. 3.

La peau est lisse et sans écailles ; la ligne latérale, courbe au-dessus de la pectorale, droite depuis cette nageoire jusqu'à la caudale, est formée d'une série de tubulures. La couleur est un gris rougeâtre, plus ou moins lavé d'ardoise ; les nageoires sont un peu plus foncées, surtout entre les rayons.

La longueur est de quatre pouces et demi.

Le PHOLIS CAROLIN,

(*Pholis carolinus*, nob.)

Les côtes de la Caroline nourrissent un pholis qui ressemble beaucoup à celui de nos côtes ; mais

il est plus alongé, plus comprimé de l'avant, et a la tête plus longue à proportion de sa hauteur. Celle du corps ne fait que les deux tiers de sa longueur ; dans le *Ph. lœvis* elle en fait les trois quarts. Ses dents ordinaires sont au nombre de seize en haut, et de quatorze en bas, avec des canines assez fortes. Sa dorsale est un peu déprimée au douzième rayon, et en général sa partie composée de rayons simples est plus basse que la molle ; elle s'unit au dos plus loin de la caudale, de sorte que le tronçon de queue qui reste libre est plus long que celui du pholis lisse.

D. 12/18 ; A. 18, etc.

Le corps est verdâtre, marbré de brun, de manière à lui faire quatre ou cinq taches irrégulières et nuageuses le long du dos. Des

points bruns sont semés irrégulièrement sur ses nageoires. L'anale
a le bord brun et les pointes de ses rayons pâles.

Nos individus sont longs de quatre pouces. Ils nous ont
été donnés par M. Bosc.

Le PHOLIS A PETITES DENTS.

(*Pholis parvidens,* nob.)

Le Cabinet du roi a reçu de celui de Vienne un pholis
dont la forme est à peu près celle du *Ph. lævis,*

et dans son état desséché on ne lui voit aucun tentacule; mais
ses dents sont beaucoup plus petites et plus nombreuses : il en a
au moins quarante en série à chaque mâchoire et de fortes canines.
La partie molle de sa dorsale s'élève au-dessus de sa partie composée
de rayons sans articulations; elle n'atteint pas tout-à-fait la caudale :
c'est une des espèces qui ont le moins de rayons.

D. 11/14; A. 15, etc.

Sa couleur paraît brune, avec quelques points noirâtres épars;
mais elle doit avoir été fort altérée par le dessèchement.

Il est long de six pouces.
Nous ignorons entièrement quelle mer l'a produit.

CHAPITRE II.

Des Blennechis et des Chasmodes.

Nous appelons *blennechis*[1], des blennoïdes dont les branchies ont leurs membranes fermées en dessous, et ne communiquent avec l'extérieur que par une petite fente pratiquée au-dessus de la base de la pectorale; leur dentition n'est qu'une modification de celle des blennies propres; les incisives inférieures, attachées seulement à la partie antérieure de la mâchoire, sont accompagnées de chaque côté par une grande canine, qui dans certaines espèces devient énorme et s'y recourbe fortement en arrière, et qui dans d'autres est seulement arquée et rentre dans un trou du palais quand la bouche se ferme.

Les espèces connues ont la dorsale indivise et manquent, pour la plupart, de tentacules. Ce sont de très-petits poissons.

Nous adopterions pour nom générique celui que M. Ehrenberg a publié, si nous étions plus sûrs de l'identité de ces deux genres.

Le BLENNECHIS FILAMENTEUX.

(*Blennechis filamentosus,* nob.; *Blennius rostratus,* Solander, m.)

Le premier de nos blennechis se distingue par l'alongement en filets des premiers rayons de sa dorsale.

---

1. La longueur des canines courbées en crochets, semblables aux dents venimeuses des vipères, nous a suggéré la composition de ce nom. Βλέννος, *blennie,* et ἔχις, *vipère.*

Il est alongé et comprimé, sa hauteur, à peu près uniforme, est près de sept fois dans sa longueur, et son épaisseur n'a pas tout-à-fait moitié de sa hauteur. La longueur de sa tête fait un peu moins du quart de sa longueur totale, et elle n'a en hauteur que moitié de sa longueur. Son profil, loin de se courber pour tomber verticalement, demeure presque horizontal, et un museau un peu alongé se termine par une petite troncature. Le diamètre de l'œil est de près du quart de la longueur de la tête : la longueur du museau en avant de l'œil a quelque chose de plus; la mâchoire inférieure n'avance pas tant que la supérieure. La bouche n'est fendue que jusque sous le bord antérieur de l'œil, les dents n'en occupent que la partie antérieure. Il y en a dix-huit ou vingt en haut, serrées, fermes, tranchantes, un peu montées comme celles des blennies proprement dits, et quatorze seulement en bas, plus obtuses que celles d'en haut; mais de chaque côté de ces incisives inférieures, au tiers antérieur de la mâchoire, est une canine très-forte, extrêmement longue (elle a près du cinquième de la longueur de la tête), courbée près de sa base, de manière que sa partie supérieure est dirigée en arrière, et que sa pointe seulement, qui est très-aiguë, se redresse un peu. Le palais n'a aucunes dents; le préopercule et l'opercule sont arrondis. La membrane des ouïes est fixée par en bas, et leur orifice n'est ouvert que dans sa partie verticale.

La dorsale commence presque au-dessus des yeux : ses dix premiers rayons, fins comme des cheveux, sortent en partie de la membrane; le premier est même presque libre. Sa hauteur, ainsi que celle du deuxième, est du double de celle du corps; ils diminuent ensuite jusqu'au septième ou au huitième; les suivans, au nombre de vingt-neuf ou trente, tous simples, mais articulés, gardent à peu près la même hauteur, de moitié environ de celle du corps. Elle n'atteint pas tout-à-fait la caudale : celle-ci est coupée carrément, du septième environ de la longueur totale, et a onze rayons entiers. L'anale commence un peu avant le milieu du poisson, et compte vingt-sept ou vingt-huit rayons, un peu moindres que ceux de la partie molle de la dorsale, qui lui correspondent. Il y en a quinze à la pectorale, dont la longueur est aussi du septième de celle du poisson. Les ventrales, de la même longueur et jugulaires comme dans tous les blennoïdes, sont grêles et pointues; il n'y paraît que deux rayons. La peau est nue et les lignes musculaires s'y marquent sensiblement.

Dans la liqueur ce poisson paraît brun à sa partie supérieure, gris argenté à l'inférieure. Ces deux teintes sont séparées par une bande longitudinale d'un brun plus foncé, qui va du bout du museau à l'œil et reprend sur la tempe, où elle est lisérée de noir, et se continue en se perdant vers le milieu du corps. Une ligne argentée règne sur le dos le long de la base de la dorsale. Les nageoires verticales sont noirâtres; l'anale a les pointes de ses rayons, et la caudale ses bords supérieur et inférieur, blancs. Les pectorales sont jaunâtres, transparentes, et les ventrales blanchâtres.

L'individu n'a que deux pouces de longueur.

MM. Quoy et Gaimard, qui ont pris ce poisson à la Nouvelle-Guinée dans la baie Humboldt, le 12 Août 1827, nous disent que la bande longitudinale est bleue.

Nous trouvons une description très-exacte de cette espèce dans les manuscrits de Solander; il l'appelle *blennius rostratus,* et soupçonne que c'est peut-être un genre nouveau.

Selon lui, dans le frais, le dos est olivâtre, un peu doré; la ligne qui suit la base de la dorsale est bleue, aussi bien que la bande latérale.

Il l'a entendu nommer *ate-huta,* mais il ne dit pas dans quelle île.

Le BLENNECHIS DE DUSSUMIER.
(*Blennechis Dussumieri.*)

Une seconde espèce de ce genre a été rapportée de la rade de l'île de Bourbon par M. Dussumier.

Son profil est un peu plus bombé, et son museau un peu plus

court; ses incisives sont plus petites et plus nombreuses; on en compte vingt ou vingt-deux en bas, et au moins trente en haut, dont celles qui répondent à la grande canine inférieure sont plus courtes. Cette canine est aussi grande et aussi recourbée en arrière que celle de l'espèce précédente : il y en a aussi en haut une très-petite. L'ouverture des ouïes est la même.

La dorsale est continue, à peu près d'égale hauteur et sans rayons libres. J'en compte en tout près de quarante, mais je n'ose répondre absolument de ce nombre. L'individu, long seulement de vingt lignes et probablement très-jeune, était trop frêle. Ses couleurs ressemblaient à celles de la première espèce : une ligne bleue le long de la dorsale, et une bande bleue, depuis le bout du museau jusqu'à la caudale le long du milieu du corps; le frais est verdâtre et a sa bande argentée.

Le BLENNECHIS A TÊTE COURTE.

(*Blennechis breviceps*, nob.)

M. Dussumier a pris un troisième blennechis au Bengale.

Celui-ci se distingue au premier coup d'œil par sa tête courte et large, qui n'a en longueur que moitié en sus de sa hauteur, et dont l'épaisseur est des trois quarts de cette hauteur. La hauteur aux pectorales est quatre fois et deux tiers dans la longueur totale, et celle de la tête quatre fois un quart. L'ouïe ne s'ouvre que par un trou assez petit au-dessus de la base de la pectorale. Il y a trente dents en bas et autant en haut, toutes très-régulières et serrées, avec une très-petite canine dans le haut. Quant à celle d'en bas, elle est très-grande, mais moins recourbée que dans les deux premières espèces; aussi entre-t-elle, quand la bouche se ferme, dans un trou du palais. La dorsale ne commence qu'au-dessus de l'ouïe; elle est continue, égale, et atteint la base de la caudale : on y compte trente rayons et dix-neuf à l'anale.

Ce poisson paraît d'un gris roussâtre avec une large bande longitudinale plombée, qui règne depuis le museau jusqu'à la caudale. La caudale est jaunâtre; la dorsale a des points noirâtres sur ses rayons. L'anale est pointillée de noirâtre : les pectorales et les ventrales sont grises. Dans le frais le corps est jaune clair, la bande latérale fauve foncé, le fond des nageoires fauve ou orangé.

Il est long de deux pouces.

M. Dussumier l'a pris au milieu du golfe, près d'un morceau de bois flottant qui était couvert d'anatifes et d'annélides.

Le BLENNECHIS RAYÉ.

(*Blennechis grammistes,* nob.)

M. Valenciennes a trouvé chez un marchand d'Amsterdam un blennechis de Java, très-facile à distinguer par ses couleurs tranchées.

Sa tête est peu comprimée; son profil arqué et très-court; son œil, très-grand, a plus du tiers de la longueur de la tête. Sa mâchoire inférieure dépasse l'autre. Je n'ai pu compter les dents ordinaires, qui au reste sont peu nombreuses et très-grêles; mais les canines, fortes et crochues, sont plus longues que la mâchoire elle-même, et je ne sais si elles peuvent rentrer dans la bouche. Le trou de ses ouïes est comme dans tout le genre. La petitesse et l'état desséché de ce poisson ne m'a pas permis de bien compter les rayons de ses nageoires: mais sa dorsale en a environ trente en tout. Sa tête a le quart environ de sa longueur, et ses ventrales le huitième : elles sont conformées comme dans les autres blennies. Trois larges bandes noires et trois blanches ou jaunes semblables, règnent longitudinalement et d'une manière tranchée sur tout ce poisson. La première des noires commence au-dessus de l'œil et occupe le haut du dos; la seconde traverse l'œil, la troisième est au-dessous : la troisième des blanches occupe tout le dessous du corps.

La dorsale a une bande longitudinale noire entre deux blanches:

la caudale est blanche, piquetée de noir; les ventrales et l'anale sont blanches; les pectorales sont transparentes. On ne lui voit aucun tentacule.

Il n'a que dix-huit lignes de longueur.

Le BLENNECHIS CYPRINOÏDE.

(*Blennechis cyprinoides*, nob.)

On doit à Péron un très-petit blennechis, absolument de la forme dú *Bl. breviceps* et

dont la tête large, bombée et obtuse, rappelle aussi celle d'une carpe. Il n'a qu'un petit trou pour orifice des ouïes; ses dents sont au nombre de vingt-quatre en haut et en bas; la mâchoire supérieure a une petite canine, l'inférieure une grande. Sa dorsale est égale, continue et atteint très-près de la base de la caudale.

D. 30; A. 20, etc.

Il paraît d'un gris fauve, avec une bande ou une suite de points contigus, blanchâtres ou argentés, le long du milieu de la hauteur. Au-dessus le fauve est diversifié par six ou sept taches ou bandes verticales plus foncées, quelquefois divisées ou bifurquées, et qui s'étendent sur la dorsale.

Les individus n'ont pas plus de quinze lignes.

Le BLENNECHIS POINTILLÉ.

(*Blennechis punctatus*, nob.)

Celui-ci a la tête plus courte qu'aucun autre : elle est cinq fois et demie dans la longueur, et la hauteur du corps y est six fois; l'épaisseur fait moitié de la hauteur. Le profil est convexe, le museau court : il y a vingt-quatre ou vingt-six dents à la mâchoire supérieure et vingt-deux à l'inférieure. En haut est une canine moitié aussi longue que celle d'en bas, en sorte que l'espèce se rapproche un peu des blennies propres; mais ses ouïes ne s'ouvrent, comme dans les autres blennechis, que par un petit orifice au-dessus de la pectorale. La dorsale, basse et égale, atteint juste la naissance de la caudale.

D. 12/22; A. 23, etc.

Il paraît gris roussâtre avec trois rangées longitudinales de points ou petites taches d'un bleu noirâtre, l'une exactement le long de la base de la dorsale, l'autre le long du milieu de la hauteur : la troisième intermédiaire à ces deux-là.

C'est un petit poisson de vingt lignes, pris dans le canal de Bombay par M. Dussumier.

Dans l'état frais il est blanc et a les pointes d'un beau vert.

Le BLENNECHIS FASCIÉ.

(*Blennechis fasciolatus*, nob.; *Omobranchus fasciolatus*, Ehrenb.)

Le petit poisson représenté par M. Ehrenberg (pl. IX, fig. 1) sous le nom de *Omobranchus fasciolatus*, doit être un blennechis à canines médiocres et voisin des deux précédens.

Ses canines n'excèdent pas la proportion de celles des blennies ordinaires. L'orifice de ses ouïes est comme dans tout le genre. Sa tête est courte; son profil tombe rapidement. Il paraît grisâtre avec une douzaine de bandes blanches, qui descendent un peu obliquement en arrière et sont lisérées de brun à leur bord postérieur. Sa dorsale adhère en arrière à sa caudale, et paraît divisée après les rayons simples, ce qui, si quelque accident n'en est cause, lui donnerait un caractère fort distinctif.

Il est long de dix-huit lignes.

Le BLENNECHIS ANOLIS.

(*Blennechis anolius,* nob.)

Un des blennechis les plus curieux et les plus singuliers
pour les formes, a été découvert au port Jackson par
MM. Quoy et Gaimard.

Il relève sa petite tête comme ces petits sauriens nommés anolis
dans nos îles. La crête qui la surmonte est presque aussi haute que
la tête elle-même, et un peu moins longue. Une petite bouche,
ouverte au bout d'un museau un peu saillant, contient à chaque
mâchoire vingt-quatre dents ordinaires et deux canines, dont les
inférieures sont plus fortes. L'œil est petit, un peu au-dessus et
en avant du milieu, mais encore assez éloigné de la ligne du profil.
Les branchies ne s'ouvrent que par un très-petit trou au-dessus de
la pectorale. La dorsale, d'abord assez basse, s'élève par degré jusqu'au quatorzième rayon, ensuite elle s'élève plus rapidement, et
cinq ou six de ses rayons s'alongent hors de la membrane en
lanières trois fois plus longues que le corps : elle en a en tout
vingt-neuf, et l'anale vingt-deux; mais tous égaux et peu élevés.
La caudale fait un peu la pointe et a le cinquième environ de la
longueur totale : c'est aussi à peu près la forme des pectorales. Les
ventrales, fendues presque jusqu'à leur base, ont le rayon mou
externe aussi long que la pectorale.

Ce petit poisson est verdâtre avec des lignes verticales d'un vert
plus foncé; à la tête sont quelques lignes plus étroites, argentées;
il y a une tache noirâtre à la joue et une à la base de la pectorale.
Les nageoires sont jaunâtres; il y a beaucoup de lignes obliques
fines et brunes sur la dorsale, dont la partie antérieure a du noirâtre :
l'anale en a aussi vers son bord.

Sa taille est de deux pouces.

Le BLENNECHIS A DEUX OCELLES.

(*Blennechis biocellatus*, nob.)

Nous devons aux recherches faites par M. Gay, sur les côtes du Chili, une espèce nouvelle de ce genre, qui est connue à Valparaiso sous le nom de *torrito*.

Ce poisson a le corps élevé et renflé en avant, très-étroit et comprimé en arrière; de sorte que la hauteur en avant de la dorsale est du cinquième de la longueur totale, et que celle prise en arrière de cette même dorsale, n'en fait que le treizième.

L'épaisseur de la tête, prise aux joues, est des deux tiers de sa longueur, qui est un peu plus forte que sa hauteur. Le museau est arrondi, renflé, soutenu au-dessus des yeux. La ligne du profil tombe presque verticalement. L'œil est situé très-près de l'extrémité antérieure de la tête; l'orbite n'entame pas la ligne du profil; le diamètre est un peu moins du quart de la longueur de la tête; l'espace qui les sépare est un peu creux et du tiers seulement du diamètre de l'orbite. Il y a un tentacule bifurqué sur l'œil, et un autre, très-petit, sur la narine. La bouche est peu fendue; les dents sont serrées l'une contre l'autre, un peu tranchantes, égales et très-fixes sur la mâchoire. J'en compte trente à la supérieure, et quarante à l'inférieure; les lèvres qui les recouvrent sont épaisses. La fente des ouïes ne descend pas au-dessous de la pectorale, et le reste de la membrane est fortement uni, sous l'isthme, à la peau du corps. Le dessous de la gorge forme une saillie semblable à celle des autres blennechis.

La dorsale avance sur l'occiput en avant de la fente des ouïes; elle est basse, continue jusqu'aux trois quarts de la longueur totale, en s'élevant un peu et en s'arrondissant. Le dernier rayon tient au dos de la queue. L'anale commence sous le neuvième rayon de la dorsale; elle la dépasse un peu en arrière, et est, comme elle, attachée par une membrane au tronçon de la queue. La caudale et les pectorales sont arrondies; la ventrale n'a que deux rayons.

D. 11/14; A. 19; C. 13; P. 13; V. 2.

Le poisson est couvert d'une peau muqueuse et nue, sans aucune écaille.

Je ne puis apercevoir de ligne latérale, à moins qu'on ne considère comme en étant le vestige, une série de doubles pores, disposée en arc au-dessus de la pectorale; les pores s'effacent au-delà de cette nageoire; il n'y en a aucune trace le long des côtés de la queue.

Ce poisson a sur un fond jaunâtre de grandes marbrures noires. Sous les derniers rayons de la dorsale, il existe de chaque côté une grande tache noire entourée d'un cercle jaune. Un autre ocelle plus petit, mais de même couleur, est marqué sur les trois premiers rayons de la nageoire même, qui est toute couverte de taches noires. Le bord est orangé, tacheté de points rougeâtres. L'anale est bordée d'orangé. La caudale a des taches noirâtres sur un fond orangé : les pectorales, les ventrales et les tentacules ont la même couleur. Il y a sous la gorge trois raies brunâtres.

Cette description est faite d'après le dessin que M. Gay a bien voulu nous communiquer. Le poisson est devenu gris ou blanchâtre dans la liqueur, et le brun des marbrures ou des taches est devenu noirâtre; les taches orangées des nageoires ont tout-à-fait disparu; sur le bas du tronçon de la queue, les marbrures deviennent des rayures longitudinales. Je ne crois pas d'ailleurs que le dessin de M. Gay ait été fait d'après l'individu qu'il a déposé dans les collections du Jardin des plantes. L'individu est long de trois pouces et demi; je ne vois aucun organe particulier autour des ouvertures de la génération ou de la vessie urinaire.

On peut remarquer que ce poisson a les caractères essentiels des *blennechis,* en ce qui touche les branchies, dont l'ouverture est une simple fente courte, ne se réunissant pas sous la gorge au trou branchial opposé; aussi n'ai-je pas hésité à placer ce poisson dans le genre auquel je le rapporte, malgré l'absence de dents canines aux deux mâ-

choires ; les affinités sont trop grandes pour distinguer génériquement cette espèce, qui manque de ce seul caractère ;
il paraît que M. Ruppel a fait une observation analogue.

Nous croyons devoir aussi laisser dans ce groupe les
Petroskirtes de M. Ruppell. Dans la première espèce décrite
par ce voyageur, il n'est question que d'une seule rangée
de dents : aussi on restait dans l'incertitude à son égard, et
M. Cuvier disait qu'avant de les séparer des blennechis, il
faudrait s'assurer que ce *petroskirtes mitratus* n'a pas de
canines.

Or, nous sommes certains que M. Ruppel joint à ce
genre une espèce qui a des canines assez fortes ; nous les
réunissons à nos blennechis en attendant de plus amples
connaissances sur ces petits poissons.

Le BLENNECHIS MITRÉ.

(*Blennechis mitratus,* nob.; *Petroskirtes mitratus,* Ruppel.)

Le *petroskirtes*[1] *mitratus* de M. Ruppel[2] appartient
encore à ce groupe caractérisé par de très-petites ouvertures branchiales.

Il n'a, dit M. Ruppel, qu'une seule série de dents petites, sétacées ;
son profil en quart de cercle est celui d'un blennie. Sa hauteur
est quatre fois et demie dans sa longueur. Sa dorsale et son anale
ont à peu près les deux tiers de la hauteur ; mais la dorsale est plus
élevée de l'avant, où ses trois premiers rayons forment une saillie
presque du double plus haute que le corps. En arrière elle ne
s'unit point au dos de la queue. La caudale est un peu coupée

---

1. Petroskirtes, dérivé de πέτρος et de σκιρτάω, signifie *sauteur de roches.*
2. Atlas zool., Poiss., pl. 28, fig. 1.

en croissant. Le rayon mitoyen de la ventrale est à peu près du cinquième de la longueur. M. Ruppel donne ses nombres comme il suit :

D. 16; A. 16; C. 11; P. 14; V. 3.

Le tentacule sourcilier a trois filets et n'est pas tout-à-fait aussi haut que l'œil; celui de la narine, encore plus court, n'a que deux. filets. Le long des bords des pièces operculaires sont de petites lanières cutanées. Au-devant de l'anus est un petit tubercule : la peau n'a pas d'écailles, et l'auteur n'a point observé de ligne latérale.

Ce poisson est d'un gris roussâtre marbré de brun sur le corps, la dorsale et l'anale : les extrémités des rayons de ces deux nageoires sont d'un jaune clair.

M. Ruppel n'en a vu qu'un individu long de trois pouces, pris à l'île Jubal, où il sautait dans les cavités des rochers. Il le vit se tenir volontiers et assez long-temps hors de l'eau et y chasser aux petits crustacés.

Le BLENNECHIS ANCYLODON.

(*Blennechis ancylodon*, nob.; *Petroskirtes ancylodon*, Ruppel.)

Le même voyageur[1] vient de faire connaître dans le Supplément à son premier voyage, une seconde espèce de la mer Rouge,

à tête lisse, ayant un tentacule unique, transversal et frangé entre les yeux, quelques dents longues et crochues à chaque mâchoire; mais sans en dire le nombre. La caudale est tronquée. Voici les nombres des rayons tels que les a comptés M. Ruppel :

D. 30; A. 20; C. 12; P. 14; V. 3.

Le dos est couleur de terre d'ombre, avec des bandes plus claires, au nombre de six, et mêlées de quelques points noirs. L'anale est tachetée de blanc; le ventre et les nageoires ventrales sont orangés.

---

1. Ruppel, *Neue Wirbelthiere*, 4.ᵉ livr., pl. 1.ʳᵉ, fig. 1.

11.

M. Ruppel a trouvé ce petit poisson, long de deux pouces, parmi les coraux de la plage de Massuah.

DES CHASMODES.

Ce genre réunit au caractère d'avoir des ouïes ouvertes seulement au-dessus des pectorales, comme celles des blennechis, un second, fort distinct, et qui consiste dans une bouche bien fendue et qui n'a de dents qu'à la partie antérieure des mâchoires; elles sont fermes, régulières et sur une seule rangée.

Nous n'en avons eu sous les yeux qu'une seule espèce:

Le Chasmodes bosquien.

(*Chasmodes Bosquianus*, nob.; *Blennius Bosquianus*, Lacép.)

Son profil est moins vertical, et son museau plus pointu que celui des blennies et à peu près comme dans les clinus; mais ce qu'il a de plus caractéristique, c'est la grande ouverture de la bouche, qui est fendue jusque sous le bord postérieur de l'œil, plus loin que son intermaxillaire ne peut atteindre.

Ses dents n'occupent que la moitié antérieure des mâchoires: elles sont très-fines, très-serrées; celles d'en haut sont en pointe un peu mousse, comme dans les blennies ordinaires; celles d'en bas ont leurs pointes aiguës et recourbées vers le dedans de la bouche. Les premières sont au nombre de cinquante, les autres de cinquante-deux : il n'y a point de canine. Sa membrane branchiostège s'unit à la peau du tronc, en sorte qu'il n'y a pour ouïe qu'une ouverture assez petite au-dessus de la base de la pectorale. Elle a six rayons, et les pièces operculaires sont en général comme dans les blennies. Sa tête est trois fois et deux tiers dans sa longueur totale; c'est aussi à peu près la mesure de la hauteur de son corps, dont l'épaisseur est deux fois et demie dans la hauteur.

Sa dorsale est continue, sans échancrure et de près de moitié de la hauteur du corps, et s'unit à la caudale sur le quart de la longueur de celle-ci. L'anale reste séparée. La dorsale a vingt-neuf rayons égaux, également flexibles, du tiers environ de la hauteur du corps; ce n'est qu'au seizième que l'on commence à apercevoir des traces d'articulation. L'anale en a dix-neuf : elle commence sous le milieu du corps et a en avant les deux petites houppes ou tubercules fongiformes. Les ventrales se terminent en filet et ont moins du sixième de la longueur totale.

D. 16?/13; A. 19 ; C. 13 ; P. 14 ; V. 2.

Il y a sur l'œil un filament d'une minceur excessive et à peu près de la hauteur de l'œil lui-même.

Ce poisson est d'un gris verdâtre ou d'un brun jaunâtre, avec des marbrures brunes, qui forment six larges bandes nuageuses. Des points bruns ou noirâtres occupent le crâne et les parties voisines. La dorsale a en avant une bande longitudinale transparente entre deux bandes grises, dont la supérieure devient plus noire en avant et presque une tache; sur l'arrière le transparent forme des taches moins régulières. La caudale et les pectorales sont grises : l'anale et les ventrales noirâtres.

Notre individu n'a pas plus de trois pouces.

Il nous a été envoyé de New-York par M. Milbert.

Nous croyons que la figure de blennie que M. de Lacépède[1] a fait graver d'après un dessin de M. Bosc, et qu'il a nommée *blennie Bosquien*, a été exécutée d'après l'espèce dont nous venons de parler; mais que la description (p. 493) faite brièvement, comme il arrivait souvent à M. Bosc, omet plusieurs traits principaux. Les onze premiers rayons de la dorsale doivent avoir été un peu tron-

---

1. Tome II, pl. 13, fig. 1.

qués dans l'individu qui a servi de sujet. Les pointes recourbées des rayons de l'anale, qu'il assigne pour caractère à l'espèce, sont communes à presque tous les blennoïdes.

Ce qui nous paraît encore plus évident, c'est que c'est le blennie décrit par M. Mitchill[1] sous le nom de *Bl. pholis*. Tout ce qu'il en dit est exactement conforme à notre description et nullement au *Bl. pholis* d'Europe; il fait observer notamment que les dents disposées en peignes n'occupent que la partie antérieure des mâchoires, et qu'il n'y a qu'un orifice étroit aux branchies, etc.

Son individu avait été trouvé, dit-il, enfermé dans une huître de la baie de Chesapeak, en Mars 1814; remarque qui n'annonce pas que l'espèce soit commune.

Le CHASMODES A QUATRE BANDES.

(*Chasmodes quadrifasciatus,* nob.; *Pholis quadrifasciatus,*
W. Wood.)

Tout nous fait penser que le *pholis quadrifasciatus* de M. Wood[2], s'il n'est pas de l'espèce précédente, appartient au moins au même genre.

C'est exactement la même forme de tête, la même grande ouverture de bouche, des dents placées de même dans la partie antérieure des mâchoires, et surtout le très-petit orifice des ouïes (*branchial opening extremely small*). Mais la figure marque en arrière des dents supérieures une petite canine mousse, qui n'est pas dans le bosquien; elle sépare la dorsale et l'anale de la caudale,

____

1. *Trans. de New-York*, I, p. 375. — 2. Journ. de l'Acad. des sciences nat. de Philadelphie, t. IV, p. 282, et pl. 17, fig. 1.

ce que l'auteur confirme expressément dans le texte. Il donne les nombres en chiffres comme il suit :

D. 27; A. 15; C. 9; P. 15; V. 2.

et dans le texte il donne à ces dernières trois rayons.

Ce petit poisson a quatre bandes verticales brunes sur le corps; une demi-bande sur la nuque; quelques petites taches rondes, d'un jaune obscur, formant série au-dessus de la base de l'anale; et les ventrales rayées en travers de brun.

L'individu, long de deux pouces et demi, avait été donné à l'auteur par M. Rubens Peale, directeur du Muséum de Baltimore : l'origine en était inconnue.

Le Chasmodes a neuf raies.

Chasmodes novemlineatus, nob.; *Pholis novemlineatus,* Wood.[1])

Nous croyons aussi retrouver un chasmodes dans le poisson décrit par sir William Wood sous le nom de *pholis novemlineatus.* Nous voyons en effet le caractère du genre exprimé avec netteté dans la description, par cette phrase : *branchial opening extremely small, extending one third of the external curve of the operculum.*

L'auteur toutefois n'en a point donné de figure, et voici un extrait de sa description, dans ce qu'elle a de plus particulièrement spécifique.

Ce petit poisson a la tête obtuse; le profil descend presque verticalement; la narine est surmontée d'un petit tentacule. La dorsale commence sur la nuque, et s'étend jusqu'à la caudale; sa portion postérieure est un peu relevée. L'anale commence sous la fin de la pectorale et s'étend jusqu'auprès de la queue; la caudale est arrondie; la pectorale a la base épaisse, charnue; elle est très-large. La ventrale n'a que deux rayons.

D. 30; A. 20; C. 14; P. 13; V. 2.

---

1. Journal de l'Acad. des sciences nat. de Philadelphie, t. IV, p. 280.

La couleur générale est brune, plus rembrunie sur les nageoires. La tête, les lèvres, les opercules et la base de la pectorale sont couverts de points bleus noirâtres. Les taches sont plus larges sur le front et les opercules. Derrière l'œil et sous la dorsale sont deux mouches irrégulières et blanchâtres. Une tache noirâtre existe entre le premier et le second rayon de la dorsale.

Plusieurs rayons de cette nageoire sont aussi tachetés; sur l'arrière ces taches se fondent, en devenant moins foncées, dans la couleur générale de la nageoire.

Le poisson déposé dans le Cabinet de l'Académie de Philadelphie, est long de trois pouces; il vient du hâvre de Charleston, dans la Caroline du sud.

CHAPITRE III.

Des Salarias.

Les poissons que M. Cuvier a réunis sous le nom de Salarias, offrent parmi les animaux de cette classe un caractère des plus curieux et des plus rare dans l'organisation animale. Les dents aiguës, nombreuses et serrées de ces animaux sont mobiles sur la peau qui revêt les os des mâchoires, de manière à pouvoir chacune être abaissée ou élevée indépendamment de toutes les autres. Le poisson paraît pouvoir les remuer toutes ensemble par le mouvement qu'il imprime à la lèvre, à peu près comme nous le verrons dans certains squales. D'ailleurs, nos salarias ressemblent sous tous les autres points à nos blennies ; toutes les espèces sont étrangères, et la plupart viennent des mers équatoriales de l'Inde ; les côtes qui bordent les deux plages de l'Amérique australe en nourrissent aussi quelques-unes.

Le Salarias vermiculé.

(*Salarias vermiculatus*, nob.)

Nous commencerons par une grande et belle espèce, rapportée tout récemment des Séchelles par M. Dussumier, et du détroit de la Sonde par M. Reynaud. Son épaisseur, la forme de sa tête et la position de ses yeux, la font ressembler à un périophthalme, mais l'espèce sera toujours aisément reconnue aux traits entortillés et vermiculés qui couvrent tout son corps.

Sa hauteur aux pectorales est du cinquième de sa longueur, et son épaisseur des trois cinquièmes de sa hauteur ; près de la cau-

dale la hauteur n'est pas moitié de celle-là, et l'épaisseur à peine
le quart.

La tête a aussi en longueur et en hauteur le cinquième de la
longueur totale : elle n'est point comprimée. Le crâne jusqu'aux
yeux est presque horizontal, et de là au museau il descend en
ligne à peu près droite et approchant de la verticale; elle est obtuse
transversalement. La courbe du museau dans ce sens n'est pas même
un demi-cercle. La gorge est médiocrement renflée. Les yeux, placés
près de l'angle que font ensemble la ligne du crâne et celle du
museau, n'ont en diamètre que le cinquième de la longueur de la
tête, et sont séparés par un espace un peu creux, et de la largeur
de leur diamètre. La bouche, ouverte au bord du museau et fendue
jusque sous le milieu de l'œil, a transversalement, d'un angle à
l'autre, les deux tiers de la longueur de la tête. Ses lèvres sont
épaisses et molles; le maxillaire est caché dans un sillon entre le
repli de la peau qui forme la lèvre et celui qui tient au sous-orbitaire.
Les dents n'adhèrent point à l'intermaxillaire, mais seulement à la
gencive qui est dessous, et il en est de même à la mâchoire inférieure, en sorte que ces dents cèdent au doigt comme des touches
de clavecin, ou plutôt comme les lames d'un métier à bas, et que
leur série prend diverses courbures, selon qu'elle est pressée. Elles
sont comprimées, d'une minceur extrême et ont au bout un petit
crochet pointu et doré. On en compte au moins deux cents à chaque
mâchoire, et, outre ces dents de la gencive, l'os de la mâchoire
inférieure porte de chaque côté, près de l'angle de la bouche, une
assez forte canine conique. Il n'y en a point au palais ni sur la langue,
qui est épaisse, bombée, courte, obtuse et adhérente. Sur chaque
œil est un tentacule un peu plus long que l'œil lui-même, charnu,
pointu et qui a de chaque côté de la pointe quelques filamens.
L'orifice antérieur de la narine, placé au tiers supérieur de la distance de l'œil au museau, a un très-petit tentacule à trois pointes;
le postérieur, placé plus haut et tout près de l'œil, n'est qu'un petit
trou simple. Le préopercule est arrondi; l'opercule a un angle obtus
dans le haut. Les deux membranes branchiostèges s'unissent sous
l'isthme, qu'elles embrassent sans y adhérer : il y a six rayons assez

forts. Les pectorales en ont quatorze, dont les cinq derniers plus gros : le septième et le huitième sont les plus longs et d'un peu plus du sixième de la longueur totale. Les ventrales sont d'un quart plus courtes; leurs deux rayons principaux sont séparés jusqu'à moitié; le troisième ou l'interne ne se voit qu'au travers de la peau.

La dorsale commence à la nuque et est si fortement échancrée que l'on pourrait dire qu'il y en a deux. Les rayons de la première, au nombre de douze et à peu près égaux, ont le tiers de la hauteur du corps; la deuxième en a quinze un peu plus élevés : elle se joint en arrière à la queue, au point même où commence la caudale. L'anale prend naissance un peu plus en avant que la deuxième dorsale et finit plus tôt, de manière à laisser entre elle et la caudale un espace égal au neuvième de la longueur du poisson. Les rayons, au nombre de dix-huit et à peu près égaux à ceux qui sont vis-à-vis, ont la membrane fortement échancrée entre leurs pointes. Il y a en avant de l'anale deux petits tubercules charnus, simplement coniques. La caudale, du sixième de la longueur totale et un peu arrondie, a onze rayons entiers, dont les deux extrêmes seuls ne sont pas fourchus.

B. 6; D. 12/15; A. 18; C. 11; P. 14; V. 2.

Tout ce poisson est sans écailles. La ligne latérale, à peine marquée par de légères élevures dans le premier tiers de sa longueur, où elle est au cinquième supérieur, s'infléchit ensuite et disparaît pour l'œil.

Tout le poisson, dans la liqueur, est d'un gris plus foncé vers le dos et surtout à la tête, plus pâle vers le ventre, et la surface entière est occupée par des lignes brunes tortueuses qui, se joignant diversement, forment une vermicellure aussi égale que celle des ouvrages chinois auxquels on a appliqué avec le plus de soin ce genre d'ornement. Il y en a même sur l'anale et sur la base de la dorsale. Le reste des nageoires est gris ou noirâtre, avec quelques points plus foncés.

Dans le frais, selon M. Dussumier, le fond de la couleur est d'un jaune verdâtre, et le dessous de la gorge est jaune.

La longueur de cet individu est de près de huit pouces.

Cette espèce, dit M. Dussumier, se tient aux Séchelles parmi les coraux et les rochers du rivage, et paraît souvent aux endroits où la mer, en se retirant, laisse un peu d'eau dans les creux; elle ne remonte point dans les ruisseaux et n'est pas très-abondante. Les habitans l'appellent *cabeau marron,* par opposition au périophthalme, qu'ils nomment *cabeau sauteur.* On ne le mange pas : les Noirs même ne le voient qu'avec répugnance.

Le SALARIAS MARBRÉ.

(*Salarias marmoratus,* nob.; *Blennius marmoratus,* Benn.)

Nous devons à M. Leschenault un salarias à six tentacules, trouvé à Ceylan et d'ailleurs voisin du vermiculé.

Sa hauteur est cinq fois et demie dans sa longueur. Sa tête est déprimée et a même plus de largeur que de hauteur; elle a deux fortes canines à la mâchoire inférieure. Sa deuxième dorsale n'atteint point sa caudale, et laisse en arrière un espace équivalant au dixième de la longueur du poisson. Les tentacules de ses sourcils ont quelques filamens à leur base interne, et leur hauteur est de moitié de celle de la tête; ceux de la tempe et ceux de la narine sont petits et à trois brins.

D. 12/15; A. 18; C. 11; P. 14; V. 3.

Dans la liqueur sa teinte est brun-jaunâtre avec des taches nuageuses brun-noirâtres, qui forment comme deux séries longitudinales; sur le brun sont semés des points jaunâtres. Il y a des points de la même couleur sur les nageoires; le ventre est jaunâtre sans taches.

La taille des individus est de trois pouces.

La description que M. E. T. Bennett donne dans le Journal zoologique (t. IV, p. 35) d'un blennie des îles

Sandwich, qu'il nomme *Blennius marmoratus,* convient exactement à notre espèce.

Son individu était long de près de quatre pouces anglais.

Il avait été recueilli par M. Frembly lors de l'expédition anglaise dans l'océan Pacifique, commandée par lord Byron.

Le SALARIAS A CARREAUX.

(*Salarias textilis,* Q. et Gaim.)

Sa hauteur est cinq fois et demie dans sa longueur. Sa tête est aussi large que haute; sa mâchoire inférieure a des canines longues et crochues : il a un tentacule palmé, court, à cinq brins sur l'œil; un semblable, mais plus petit, à la narine, et un simple à la nuque. Ses deux dorsales sont bien séparées : la première est basse et n'a pas le tiers de la hauteur du corps; la seconde est du double plus haute et n'atteint pas la caudale.

D. 12/15; A. 16, etc.

Sur un fond verdâtre, qui devient blanc en dessous, il y a douze ou quatorze bandes verticales d'un brun violâtre, rapprochées par paires, et interrompues en partie par trois séries de points blanchâtres, en sorte qu'elles forment des espèces de carreaux. La troisième série répond à peu près à la ligne latérale; il y en a encore une, mais moins apparente, près du bord inférieur du corps. Au-dessus de la pectorale est un carreau plus noir que les autres; vers la nuque et aux parties voisines de la tête il y a des points bruns; le devant du museau a cinq lignes verticales brunes, et sur les côtés de la gorge sont les bandes obliques ordinaires; la dorsale a des lignes brunes obliques; la caudale en a sept verticales, formées par les doubles points noirs de ses rayons; l'anale n'a de noir que les pointes des siens; la pectorale et les ventrales sont grises.

Nos individus ne passent pas trois pouces.

Ils ont été pris en assez grand nombre à l'île de l'Ascension par MM. Quoy et Gaimard, en même temps que le *Blennius nuchifilis.*

Le SALARIAS A GOUTTELETTES.

(*Salarias guttatus*, nob.)

Sa hauteur, qui est égale à la longueur de la tête, est contenue près de six fois dans la longueur totale du corps. Son profil est presque vertical, ou un peu incliné en arrière; il a des canines à la mâchoire inférieure, un petit tentacule grêle et simple sur l'œil: un très-petit, également simple, à la nuque. La dorsale est à moitié divisée au douzième rayon épineux, qui est plus court que les autres et s'arrête juste à la naissance de la caudale.

D. 12/17 ou 18; A. 20, etc.

Tout le corps paraît gris-roussâtre, semé de petits points bruns et de gouttelettes blanches. Les points dominent davantage vers le dos, les gouttes vers le ventre : il y en a surtout trois grosses rondes à la base antérieure de la pectorale. L'abdomen est blanc; les nageoires sont blanches, avec des points bruns sur leurs rayons.

Nos individus, longs de dix-huit lignes et de deux pouces, ont été pris à l'île de Vanikoro par MM. Quoy et Gaimard.

Le SALARIAS STRIÉ.

(*Salarias striatus*, Q. et Gaim.)

La hauteur est six fois et plus dans la longueur totale du corps : il y a des canines à la mâchoire inférieure; son tentacule du sourcil a des filamens des deux côtés; il en existe un très-petit simple à la nuque, mais je ne puis lui en voir aux narines, quoique la figure de MM. Quoy et Gaimard y en marque. Les deux parties de la dorsale sont séparées presque jusqu'au dos; la seconde n'atteint pas la caudale.

D. 12 ou 13/16; A. 18, etc.

Le fond de la couleur est un blanc verdâtre, tirant au brun ou au violâtre vers le dos, presque tout blanc en dessous; des points et des taches noires sont distribués inégalement sur le dos et sur

les flancs; au-dessus de la ligne latérale ils se rapprochent en partie
en demi-bandes verticales. Il y a comme une série longitudinale de
taches plus grandes immédiatement sous la ligne latérale. Le devant
du museau a huit lignes verticales grises, lisérées de noirâtre, et
sous la gorge il y en a trois de chaque côté, formant des chevrons,
comme dans beaucoup de blennies et de clinus. La dorsale a des
points noirs disposés en quinconce : à la caudale ils sont par paires
sur les rayons et y forment huit ou neuf séries verticales irrégulières. L'anale est blanchâtre et a les pointes de ses rayons noirâtres.

Nos individus n'excèdent pas deux pouces ou deux
pouces et demi.

Ils ont été rapportés de l'Isle-de-France par MM. Quoy
et Gaimard, qui les y ont pris sur le rivage près du Masson.

Le SALARIAS DE DUSSUMIER.

(*Salarias Dussumieri*, nob.)

La hauteur est six et sept fois dans la longueur totale du corps;
la tête est un peu plus longue que haute; son profil au-dessous de
l'œil fait avec la ligne du crâne un angle droit, dont le contour
arrondi est occupé par l'œil. Le tentacule du sourcil, presque aussi
haut que l'œil, a trois petites pointes; celui de la narine, beaucoup
plus petit, paraît fourchu; sa nuque ne paraît pas en avoir. Je ne
lui vois point de canines : la nageoire, fortement échancrée après
le douzième rayon simple, adhère à la base de la caudale. La pectorale a le sixième de la longueur totale : la ventrale est près de
moitié moindre.

D. 12/20; A. 22, etc.

Dans la liqueur il paraît brun-roussâtre, plus pâle en dessous,
avec des vestiges de taches rousses sur le brun plus foncé du dos.
Les nageoires sont plus pâles. Il y a des points bruns sur les rayons
de la dorsale et sur ceux du haut de la caudale; l'anale est grise
et a le bord un peu noirâtre.

A l'état frais, selon M. Dussumier, qui l'a rapporté du Malabar en 1827, il est vert, semé de points aurores.

Nos individus sont longs de trois pouces à trois pouces et demi.

Le SALARIAS PÉRIOPHTHALME.
(*Salarias periophthalmus*, nob.)

Ses yeux brillans et rapprochés le font tellement ressembler à un périophthalme, que MM. Quoy et Gaimard l'avaient d'abord pris pour tel; mais ses ventrales et ses dents ne laissent pas de doute sur le genre auquel cette espèce appartient.

La largeur est près de sept fois dans la longueur totale; la tête est comprimée, deux fois aussi haute que large, et un peu plus longue que haute : elle est comprise six fois dans la longueur du corps. Son profil, à compter des yeux, est tout-à-fait vertical et fait un angle droit avec celui du crâne. Les deux parties de la dorsale sont séparées jusqu'aux deux tiers de leur hauteur; la seconde, une fois et deux tiers aussi longue que la première, atteint presque la caudale. Les ventrales sont neuf fois dans la longueur totale, et les pectorales sept fois.

D. 12/20; A. 21; C. 11; P. 13; V. 2.

Il y a au sourcil un tentacule simple, grêle, de la moitié de la hauteur de la tête, et à la narine un petit palmé à cinq brins. Dans la liqueur ce poisson paraît brun, plus pâle au ventre; la base de la dorsale brune, la moitié supérieure pâle; l'anale, au contraire, noirâtre vers son bord. Des traits étroits, argentés, courts, sont disposés d'espace en espace sur deux lignes longitudinales, et l'un au-dessus de l'autre, de manière à former six paires et un point impair en arrière : genre d'ornement très-singulier.

Dans le frais, d'après le dessin de MM. Quoy et Gaimard, le dos est d'un vert olivâtre, semé de petits points rouges; le ventre

blanchâtre; les traits argentés sont teints de bleuâtre; la dorsale est
aussi pointillée de rouge; sa base est violâtre, et il y a sur sa partie
antérieure six taches noirâtres; la caudale est orangée vers le bout.

Notre individu approche de quatre pouces : la taille de
l'espèce va à six ou sept, selon MM. Quoy et Gaimard.

Ces naturalistes l'ont prise à l'île de Ticopia dans l'archipel de Santa-Cruz.

Nous en trouvons parmi les dessins de l'expédition russe
une figure où la base de la dorsale est noire partout et
où le dos a des points jaunes; mais ceux de la moitié
supérieure de la dorsale sont aussi rouges.

Le SALARIAS A FRONT BOSSU.

(*Salarias gibbifrons*, Q. et Gaim.)

Dans celui-ci le profil n'est pas seulement vertical : il incline en
avant, de manière à dépasser l'aplomb de la bouche et à donner
une forte saillie au front, ce qui rend la courbe du profil, entre les
yeux, arrondie et plus saillante que la bouche. La tête a un tiers
de plus en longueur qu'en hauteur, et un quart de plus en hauteur
qu'en épaisseur. La hauteur aux pectorales est du sixième de la longueur, et l'épaisseur de moitié de la hauteur; il y a de petites canines,
et sur l'œil un tentacule simple et grêle à peu près égal à sa hauteur : je n'en vois ni à la nuque, ni aux narines. La dorsale est bien
fendue après les rayons simples, et laisse un espace nu entre elle et
la caudale.

D. 12/20; A. 21, etc.

Le corps est d'un brun jaunâtre; sur la tête, sur le devant du
dos et près la base de la pectorale se voit un fin pointillé brun foncé;
sur les flancs une espèce de réseau brun à mailles ovales, et sur la
queue des bandes verticales irrégulières et rapprochées par paires.
La dorsale a des points noirs en quinconce, qui y forment des lignes
obliques : il y a de semblables lignes verticales sur la caudale. A

l'anale les points sont moins apparens; le bord est noirâtre et les extrémités des rayons blanchâtres. L'abdomen et les ventrales sont brun clair. Cette disposition rappelle un peu celle des couleurs du plumage de la bécasse.

Ce poisson, long de moins de quatre pouces, a été pris aux îles Sandwich par MM. Quoy et Gaimard, lors de leur premier voyage avec le capitaine Freycinet.

Ces habiles naturalistes en ont donné une description à la page 253 de la partie zoologique de ce voyage, mais sans figure.

Seba[1] a un salarias de forme alongée (la hauteur sept fois dans la longueur), à front très-bombé, à dorsale un peu abaissée dans le milieu, et dont il donne les nombres :

D. 12/20; A. 20.

L'individu est long de trois pouces et demi.

La forme de sa tête et ce qu'il dit des dents, ne laissent aucun doute sur le genre : *denticuli splendidi piliformis, ordine unico;* mais cette description incomplète ne peut fixer les idées sur l'espèce. M. Ruppel la cite comme synonyme de son *blennius corniger;* mais si ce *Bl. corniger* est vraiment de notre genre blennie, cette synonymie n'est pas admissible : je le rapprocherais plutôt de notre *salarias gibbifrons.*

Le SALARIAS RAYÉ.

(*Salarias lineatus.*)

Sa hauteur est six fois et demie dans sa longueur; sa tête, d'un tiers plus longue que haute, y est six fois et demie; son profil est vertical : il n'a pas de canine. Sur son œil est un tentacule moitié

----

1. Tome III, pl. 30, fig. 4.

moins haut, dont les bords ont quelques dentelures ou filamens
courts; sa dorsale, basse, à demi divisée après le douzième rayon,
atteint juste la base de la caudale.

D. 12/22; A. 23, etc.

Il paraît dans la liqueur d'un gris verdâtre avec des nuages
brunâtres le long du dos, et des lignes longitudinales obtuses, plus
marquées vers l'arrière, où l'on en compte cinq : la dorsale en
a d'obliques.

C'est un petit poisson de deux pouces et demi, envoyé
de Java par MM. Kuhl et Van Hasselt.

Le SALARIAS DE FORSTER.

(*Salarias Forsteri*, nob.)

J'ai vu dans le Cabinet de Berlin un des salarias déjà
décrit par Forster, mais méconnu par Bloch.

Sa hauteur est six fois et demie dans sa longueur; son profil
est vertical; il n'a point de canines; le tentacule de son sourcil est
simple, un peu moins haut que l'œil : la nuque et la narine en
paraissent dépourvues. Sa dorsale est fortement échancrée après le
douzième rayon et tient un peu à la base de la caudale.

D. 12/20; A. 23, etc.

Il est grisâtre vers le dos, blanchâtre vers le ventre. Sur le dos
sont des marbrures brunâtres, qui y forment des espèces de bandes
verticales mal terminées et inégalement rapprochées. Les nageoires
sont jaunâtres; sa dorsale a trois ou quatre points roux le long de
chacun de ses rayons, et des lignes grises qui vont obliquement
d'un point à l'autre.

Ces individus n'ont que trois pouces.

Ils viennent de la mer Pacifique et étaient déposés dans
le Cabinet de Bloch, avec l'étiquette *blennius fasciatus;*
mais il nous a été aisé de reconnaître, au contraire, l'espèce
que Forster avait dessinée et décrite sous le nom de *blennius*

truncatus et qui est devenue le *blennius edentulus* du Système posthume, p. 172, n.° 19. Sa description et sa figure, conservées à la bibliothèque de Banks, s'y accordent également. Si Forster la croyait sans dents, c'est qu'il n'accordait pas ce nom à ces petites franges serrées et mobiles, qui en sont pourtant véritablement. Il a fait la même erreur pour son *blennius tridactylus*, qui est notre *salarias alticus* : et Commerson l'a faite comme lui.

Forster avait pris ce poisson à Huaheine, l'une des îles de la Société; peut-être est-ce de lui que venaient les échantillons conservés par Bloch.

Le Salarias a double série.

(*Salarias biseriatus*, nob.)

Parmi les poissons recueillis par Péron dans l'archipel des Indes, s'est trouvé un petit salarias

sans canines, à dorsale profondément divisée et distincte de la caudale, et qui a sur l'œil un petit tentacule fourchu, presque imperceptible. La hauteur de son corps et la longueur de sa tête sont six fois dans sa longueur totale.

D. 12/20; A. 21.

Il a sur un fond blanchâtre huit ou neuf bandes verticales d'un brun fauve, dont les cinq ou six antérieures se bifurquent vers le bas, et sur chacune de ces bandes sont deux points argentés ou bleuâtres, placés l'un au-dessus de l'autre et de manière à former deux séries. Il y a quelques taches brunes sur la dorsale antérieure; la caudale est jaunâtre: les autres nageoires sont plus ou moins brunes.

L'individu de Péron n'a que dix-huit ou vingt lignes; mais je trouve parmi les dessins de l'expédition russe une figure longue de trois pouces, qui me paraît représenter très-exactement ce salarias.

Le Salarias variolé.

(*Salarias variolosus*, nob.)

C'est une petite espèce, rapportée de l'île Guam par MM. Quoy et Gaimard,

à corps court (sa hauteur n'est pas quatre fois et demie dans sa longueur), à profil vertical, qui se distingue éminemment par un demi-collier de filamens rangés en travers sur la nuque au nombre de trente. Sur son œil est un petit tentacule palmé à cinq ou six brins, et il y en a un autre très-petit à la narine. Les canines de la mâchoire inférieure sont petites; sa dorsale, assez haute et échancrée, atteint la caudale.

D. 12/12; A. 14, etc.

Tout ce poisson paraît d'un brun de chocolat; le front, le devant du museau et la joue sont semés de points blanchâtres, qui ont l'air de pustules de petite vérole.

Sa longueur n'est que de vingt lignes.

Le Salarias quadripenne.

(*Salarias quadripinnis*, nob.)

A la tête des espèces à dorsale non divisée, nous en placerons une qui est remarquable

par ses quatre tentacules palmés à peu près égaux : deux aux sourcils, deux à la nuque, et qui de plus en a un simple à la narine.

Il paraît élevé verticalement, mais sa tête est petite; sa hauteur aux pectorales n'est que quatre fois et demie dans sa longueur, et sa dorsale a moitié de cette hauteur; sa tête, à peu près aussi haute que longue, est six fois dans la longueur; son tronc est fort comprimé et n'a guère en épaisseur plus du tiers de sa hauteur. Son profil est vertical, large et arrondi transversalement : il n'a pas de canines. Son œil a près du tiers de la longueur de la tête, et la distance entre les yeux n'est pas de moitié de leur diamètre. Sa dorsale a à peine une légère échancrure à son bord vers ses derniers rayons simples; son premier, et quelquefois son second rayon se prolongent en filets courts : elle s'attache à la base de la caudale sur un quart de la longueur de celle-ci. L'anale n'y atteint pas, et ses premiers rayons sortent aussi un peu de la membrane.

D. 12/17 ou 18; A. 19; C. 11; P. 14; V. 2.

Ses pectorales prennent plus d'un sixième de la longueur totale, ses ventrales un septième, sa caudale un cinquième.

La couleur de ce poisson est un singulier mélange de gris et de jaunâtre, avec des taches et des bandes blanchâtres, et des points et des petits traits bruns; sur un fond gris-jaunâtre sont des taches moyennes d'un gris brun, qui forment comme des bandes rapprochées quelquefois par paires; des taches rondes et blanches sont semées sur ce fond. Ces taches varient pour le nombre et la grosseur; elles se rapprochent ou se réunissent même en bandes transversales sous la gorge, sous la poitrine et sous l'abdomen; il y a en général à leur égard beaucoup de variétés : sur la moitié antérieure du tronc sont beaucoup de petites lignes très-fines, interrompues, brunes; et sur le crâne, sur la moitié antérieure de la dorsale, ainsi que le long de sa base, une infinité de petits points bruns. Quelquefois les petites lignes sont remplacées par des points, et les uns et les autres s'étendent plus ou moins, selon les individus.

Le blanchâtre et le gris forment, sur une étendue plus ou moins grande de la dorsale, des lignes obliques : il y a des points bruns sur les pectorales et sur la caudale, etc.

C'est un ensemble comparable aux plumages de certaines perdrix ou de certains oiseaux de rivage.

M. Ruppel, qui l'a représenté d'après le frais et fort exactement[1], donne au gris-brun une teinte verdâtre, et aux taches blanches une teinte bleuâtre.

____

1. Atlas zoolog., pl. 28, fig. 2.

Nos individus n'atteignent pas quatre pouces.

Il nous en est venu de Timor par Péron et par MM. Quoy et Gaimard, et de Tongatabou et de Vanikoro par ces derniers; MM. Kuhl et Van Hasselt en ont pris à Java, et les nommaient *salarias histrionicus.* M. Ehrenberg en a trouvé dans la mer Rouge, et en représente (pl. 9, fig. 2) un jeune, qu'il nomme *salarias ornatus.*

Selon M. Ruppel, ce poisson se rencontre partout dans cette mer parmi les rochers de corail. C'est en général l'espèce de salarias qui nous a été apportée en plus grand nombre; nous lui avons imposé depuis long-temps le nom de *quadripinnis,* que M. Ruppel a adopté.

La description que Forskal donne (p. 23) de son *blennius gattorugine,* se rapporte si exactement à l'espèce actuelle, que l'on ne peut guère douter qu'il ne l'ait eue en vue, mais le vrai *gattorugine* de la Méditerranée est trop connu par la figure de Willughby pour que l'on puisse en laisser cette fausse dénomination à ce poisson de la mer Rouge, c'est pourquoi nous l'avons changée en celle de *quadripinnis.*

Selon Forskal, ce poisson, nommé par les Arabes *koschar eddjin* ou sciène du diable, se tient dans des trous de la vase, d'où il sort le matin pour se tenir à l'entrée au soleil. Dans ces mêmes cavités habite un ver, nommé *abu kobkab,* qui nettoie la cellule avec sa tête pendant que le salarias se tient en dehors sans rien faire.

Il est très-fâcheux que ce ver n'ait pas été décrit avec quelque détail; c'était peut-être un siponcle.

Le Salarias de l'Atlantique.

(*Salarias atlanticus.*)

L'océan Atlantique au nord de la ligne, ne nous a encore envoyé qu'un seul salarias, qui ressemble extérieurement aux blennies proprement dits les plus ordinaires, et que l'on ne reconnaît pour ce qu'il est qu'en examinant ses dents.

Il a été pris à Madère par M. Richardson, et aux Antilles par M. Plée.

Sa hauteur aux pectorales est cinq fois dans sa longueur, et son épaisseur deux fois dans sa hauteur; en arrière il se termine un peu en pointe et est très-comprimé. Sa tête, aussi haute que longue, est aussi environ cinq fois dans la longueur totale et a le profil à peu près en quart de cercle. Indépendamment des dents mobiles ordinaires, la mâchoire inférieure a en arrière deux canines très-longues, très-grêles, qui rentrent dans des trous du palais quand la bouche se ferme. Le tentacule du sourcil, presque de la hauteur de l'œil, est simple et très-grêle. Chaque narine en a un à son orifice, assez grand, palmé, divisé en six brins; il y en a de chaque côté de la nuque deux très-petits, rapprochés l'un de l'autre. La dorsale est continue, et laisse un petit intervalle entre elle et la caudale: il en est de même de l'anale. La caudale est un peu pointue, les ventrales ont à peine le douzième de la longueur totale. -

D. 11/21; A. 24; C. 11; P. 15; V. 2.

Dans la liqueur, ce poisson paraît brun de chocolat plus pâle au ventre; sa caudale est noirâtre au milieu; ses bords supérieur et inférieur sont jaunâtres : on aperçoit une tache noirâtre derrière l'œil.

Nos individus ne passent pas trois pouces et demi.

Il n'y a point à douter que ce ne soit ici le premier *punaru* de Margrave (p. 165), qui est tout brun, n'a que deux dents à la mâchoire inférieure, longues et semblables à des aiguillés, et au sourcil un très-petit tentacule rouge, dont la figure est d'ailleurs parfaitement ressemblante.

Le Salarias de Seba.

(*Salarias Sebœ*, nob.)

Le Cabinet du roi a reçu de celui du Stadhouder un petit salarias, qui nous paraît précisément l'individu décrit et représenté par Seba [1], et qui se distingue par le premier rayon de sa dorsale, plus détaché et plus élevé que les autres.

Il est court proportionnellement : sa hauteur aux pectorales, qui égale la longueur de sa tête, n'est guère plus de quatre fois dans sa longueur totale; son profil est vertical et concave. Je ne lui vois pas de tentacule. Sa mâchoire inférieure a deux fortes canines. La dorsale n'a qu'une légère échancrure au-dessus du douzième rayon, qui est plus court que les autres, elle s'élève un peu en arrière et s'unit à la base de la caudale. Le premier rayon de la nageoire du dos est détaché et d'un tiers plus long que ceux qui le suivent. Ses ventrales sont grêles et du cinquième de la longueur : sa caudale a quelque chose de plus.

D. 12/14; A. 17; C. 13; P. 15; V. 2.

Dans son état actuel, à demi desséché, ce petit poisson paraît tout cendré.

Il n'est long que de deux pouces.

Le Salarias marron.

(*Salarias castaneus*, nob.)

Une petite espèce voisine de celle de Seba, a été envoyée de l'Isle-de-France par M. Desjardins.

---

1. *Blennius fronte perpendiculariter declivi, ossiculo primo pinnæ dorsalis alto.* Seba, III, 30, 5.

Le premier rayon de la nageoire dorsale est aussi détaché; mais il ne dépasse pas les autres; la hauteur du corps est quatre fois et demie dans la longueur totale; sa tête n'est pas plus longue que haute, et tout son corps est comprimé. Ses tentacules sourciliers sont fort petits. Il a des canines à la mâchoire inférieure.

D. 10/12; A. 14.

Dans la liqueur il paraît d'un brun marron uniforme : les bords de sa caudale sont un peu plus clairs.

Il n'est long que de deux pouces.

Le SALARIAS RUBANNÉ.

(*Salarias fasciatus*, nob.; *Blennius fasciatus*, Bl., pl. 162, fig. 1.)

Je n'ai pu encore voir le *blennius fasciatus* de Bloch, bien que je l'aie long-temps cherché dans beaucoup de collections; j'ai même cru pendant quelque temps que c'était un vrai blennie, et peut-être le gattorugine ou le palmicorne défiguré; mais un examen plus attentif, et la circonstance exprimée dans le Système posthume (p. 168) par ces mots : *dentes setacei et mobiles,* m'a prouvé que ce ne peut être qu'un salarias.

A en juger d'après la figure,

il aurait les ventrales plus longues qu'aucun autre de plus du cinquième de la longueur; son profil, à compter de l'œil, serait presque vertical; son tentacule sourcilier serait simple et de la hauteur de l'œil; sa bouche n'aurait point de canines; sa dorsale, continue, égale et atteignant la base de la caudale, aurait en tout vingt-neuf rayons; son anale dix-neuf[1]. Il serait d'un gris brun avec six ou sept bandes verticales plus brunes, qui monteraient en

---

1. La figure montre aussi l'anale comme continue à la caudale, ce dont je ne connais point d'autre exemple.

se bifurquant sur la dorsale. Quelques taches nuageuses blanchâtres se montreraient sur les flancs; il y aurait quatre lignes brunes en travers des pectorales, et trois en travers des ventrales, etc.

Bloch, dans l'édition allemande [1], dit l'avoir acheté dans un encan hollandais, dont le catalogue le faisait venir des Indes; et dans l'édition française il prétend l'avoir reçu du Japon.

Dans le Catalogue des poissons de Venise de M. Naccari il est question d'un blennie, nommé *gallo d'Istria*, que l'auteur regarde comme le *blennius fasciatus* de Bloch [2]; mais déjà M. Nardo doute de cette détermination et fait remarquer que ce nom de *gallo d'Istria* est commun à plusieurs espèces du genre [3]. Les caractères de deux tentacules entre les yeux, de dix-neuf rayons à l'anale et de bandes transverses, se trouvant souvent dans le *blennius tentacularis*, c'est probablement à lui que ces observateurs ont cru pouvoir attribuer le nom de *fasciatus*.

Nous trouvons dans l'Atlas de M. Ruppel et dans les dessins inédits de M. Ehrenberg, quelques autres salarias à dorsale continue et sans crête, dont nous allons donner l'indication.

Le SALARIAS CYCLOPE.
(*Salarias cyclops*, Ruppel.)

Il est un des plus remarquables :

Sa hauteur et la longueur de sa tête sont près de cinq fois dans sa longueur totale. Son profil approche de la verticale; la mâchoire inférieure a des canines; sur l'œil est un petit tentacule palmé : à la narine en est un très-petit et peu divisé. Sa dorsale, égale partout

1. Poissons, etc., II, p. 111. — 2. Journal de physique, t. XV, 1822, p. 331. — 3. *Ibid.*, t. XVII, p. 227.

et de moitié de la hauteur, atteint la caudale et s'y joint un peu. Les rayons sont marqués comme il suit :

D. 29; A. 20; C. 13; P. 14; V. 2.

Sa teinte est d'un gris fauve clair avec des ondes transverses irrégulières et nuageuses d'un fauve plus brun. Les côtés de la tête et de la partie antérieure du front sont semés de petits points noirs; sur le devant de la dorsale est un ocelle entouré d'un double cercle noir; le reste de cette nageoire a deux lignes longitudinales fauves; à l'anale près du bord est une ligne noirâtre et un liséré blanc.

Ce poisson, long de deux pouces et demi, a été pris aux environs de Tor.

Le Salarias noir.

(*Salarias niger*, Ehrenb.)

C'est une petite espèce courte,

car la hauteur n'est pas quatre fois dans la longueur totale; elle paraît sans canines. M. Ehrenberg ne lui compte que vingt-quatre rayons en tout à la dorsale et treize à l'anale. Son profil est vertical, et sa dorsale atteint la base de l'anale.

Ce petit poisson est tout noir et long de quinze lignes; peut-être qu'on pourrait le rapprocher de notre *salarias variolosus*.

Le Salarias frontal

(*Salarias frontalis*, Ehrenb.)

Est un très-petit salarias,

dont le front, à l'endroit des yeux, est un peu plus saillant que la bouche, qui y porte de longs tentacules simples, et dont la dorsale atteint la caudale et a trente rayons en tout : à l'anale il y en a dix-neuf. Sa couleur est un rouge de brique un peu rem-bruni; la moitié postérieure de sa queue et les bases de sa dorsale et de son anale sont d'un bel orangé : ses pectorales sont jaunes.

M. Ehrenberg l'a pris à Massuah, où il l'a entendu appeler par les Arabes *kusciur goebi.*

Il est long de vingt lignes.

Le Salarias a queue rousse

(*Salarias ruficaudus*, Ehrenb.),

A la dorsale élevée, composée de trente rayons, l'anale de dix-huit, la tête petite, le profil vertical, un petit tentacule au sourcil et un autre à la narine. Sa couleur est lie de vin foncée, avec cinq bandes verticales marbrées de noirâtre et de blanchâtre : les pectorales et la caudale sont fauves.

L'individu est long de deux pouces et un quart. M. Ehrenberg l'a pris à Massuah, où on le nomme *mokhela.*

Le genre des salarias, comme celui des blennies, comprend plusieurs espèces, qui ont, indépendamment de leurs tentacules, la tête surmontée d'une crête membraneuse ou charnue, mais qui, dans certaines d'entre elles du moins, est particulière aux mâles; nous en rapprochons les descriptions.

Le Salarias a quatre cornes.

(*Salarias quadricornis*, nob.)

L'espèce que nous décrivons sous ce nom est la plus commune à l'Isle-de-France, et l'une des plus grandes du genre après le salarias vermiculé. Le mâle réunit à une crête membraneuse quatre tentacules simples : la femelle a les tentacules, mais la crête lui manque.

Sa hauteur est cinq fois et demie ou six fois dans sa longueur : c'est aussi la proportion de la longueur de sa tête. L'épaisseur fait un peu plus de moitié de la hauteur. Son profil, à compter des yeux, est presque vertical; il n'a point de canines et les dents

ordinaires sont fort petites; ses lèvres ne sont pas crénelées. Au-
dessus de chaque œil est un tentacule conique de la hauteur de
l'œil : de chaque côté de la nuque en est un beaucoup plus petit;
l'orifice antérieur de la narine en a un très-petit, palmé, à trois
ou quatre brins. La crête est comprimée, demi-elliptique, un peu
inclinée en arrière, du cinquième environ de la hauteur de la tête,
et deux fois plus longue que haute; il y a un petit intervalle entre
elle et la dorsale, qui est à peu près de la demi-hauteur du corps
et échancrée jusqu'à moitié sur le dernier rayon simple, qui est le
treizième et de moitié plus court que les autres. Elle s'attache en
arrière à la base de la caudale sur un quart de sa longueur.

La caudale est arrondie et du sixième de la longueur totale. L'anale
commence sous l'échancrure de la dorsale, est d'un tiers moins
haute, et laisse entre elle et la caudale un intervalle du douzième
de la longueur totale; l'extrémité libre de ses rayons est comme
fongueuse. La longueur des pectorales est du sixième de celle du
poisson, et celle des ventrales du neuvième ou du dixième.
B. 6; D. 13/22; A. 25 ou 26 en comptant les deux premiers, qui sont petits et
très-mous, et 23 ou 24 en ne les comptant pas; C. 11 entiers; P. 14; V. 2.

Les individus les mieux conservés paraissent olivâtres avec huit
paires de bandes verticales brunes, un peu brisées vers le dos, où
elles s'étendent sur la base de la dorsale; elles s'affaiblissent vers le
bas, et le ventre et la gorge n'en ont point : il y en a une oblique
sur la joue. Sur la dorsale sont de nombreuses lignes obliques qui
traversent sa partie supérieure, de manière qu'il y en a toujours
quatre, l'une au-dessus de l'autre; l'anale en a trois longitudinales,
dont l'inférieure disparaît quelquefois : ces lignes semblent avoir été
bleuâtres.

Il y a des individus sans crête, semblables d'ailleurs en toutes
choses à celui que je viens de décrire, si ce n'est que les rayons
de leur anale n'ont point de fongosité : ce sont des femelles.

Mais dans les deux sexes les teintes sont sujettes à beaucoup de
variations : certains individus sont beaucoup plus bruns; il y en a
où les bandes verticales disparaissent dans une teinte générale d'un
brun noirâtre, où les nageoires verticales sont presque noires et

laissent à peine apercevoir leurs lignes. Nous en avons même qui, sur un fond gris, ont le corps et les nageoires semés de points bruns serrés; néanmoins je n'ai pu trouver entre ces diverses variétés de différences spécifiques.

Nos plus grands individus sont longs de cinq pouces à cinq pouces et demi.

Ils nous sont venus en grand nombre de l'Isle-de-France par tous nos correspondans. M. Desjardins nous apprend que l'espèce y est très-commune sur les côtes garnies de roches basaltiques noires; que les vagues en rejettent beaucoup au-dessus de leur niveau, et qu'on les voit alors grimper comme des geckos. Leur nom dans cette colonie est *cabot de mer,* par opposition au gobie noir des rivières de l'intérieur.

On les mange.

M. Dussumier a retrouvé l'espèce aux Séchelles, où on la confond avec le salarias vermiculé, sous le nom de *cabot-marron.* Quelques-uns de ses individus n'ont que vingt ou vingt et un rayons à la dorsale molle.

Nous croyons aussi reconnaître cette espèce ou une autre très-voisine dans une des peintures de l'expédition russe, qui offre les mêmes formes et à peu près les mêmes nombres :

D. 12/21; A. 22,

et qui est enluminée d'un vert foncé, marbré et nuagé de vert plus clair. La première dorsale et l'anale y ont chacune deux lignes longitudinales bleues, la deuxième dorsale dix ou douze lignes obliques de la même couleur.

L'individu est mâle et a une crête.

Le SALARIAS PINTADE.
(*Salarias meleagris*, nob.)

Un des plus beaux a été rapporté par Péron de la Terre
de Van-Diemen.

Sa hauteur est six fois ou six fois et demie dans sa longueur,
celle de sa tête cinq fois et demie; son épaisseur est des deux
tiers de sa hauteur; son profil est presque vertical, et la hauteur
de l'œil au museau égale la ligne horizontale du crâne : il n'a point
de canines. La lèvre supérieure est bien crénelée; la narine a un
très-petit tentacule palmé; sur l'œil en est un de moitié de la hauteur de la tête, à tige un peu grosse, pennée tout du long et des
deux côtés par de petits filamens. Une crête verticale membraneuse
demi-ovale, un peu inclinée en arrière, du quart de la hauteur de
la tête et le tiers de sa longueur, commence immédiatement derrière
les yeux et règne jusqu'à la nuque.

La dorsale commence après un court intervalle; elle est divisée
presque jusqu'au dos; après son douzième rayon, sa première partie
a moitié de la hauteur du corps. La seconde est un peu plus élevée
et atteint la base de la caudale: l'anale laisse un intervalle. Ses pectorales ont un peu moins du cinquième, et les ventrales le huitième
de la longueur totale du corps.

D. 12/20; A. 22; C. 11; P. 14; V. 2.

Dans la liqueur ce poisson paraît d'un gris tirant au lilas. Des
bandes mal terminées, d'une teinte plus brune, rapprochées par
paires, descendent du dos jusqu'aux deux tiers de la hauteur; des
points argentés ronds sont semés sur tout le corps, au-delà de la
pectorale; l'anale, dont le fond est noirâtre, surtout vers le bord,
en a de semblables, mais ils sont plus petits et plus serrés. La dorsale
a sur un fond violâtre des lignes longitudinales pâles, au nombre
de quatre sur la première partie, de six sur la seconde.

L'intestin, comme celui de tous ces salarias, est long et roulé
en double spirale sur lui-même, comme le canal intestinal du
têtard de grenouilles. Il est du double plus long que le corps et

d'un diamètre petit et à peu près égal. Le foie est très-peu volumineux ; les œufs remplissaient les sacs à ovaire, et ne montraient pas que ces espèces soient ovo-vivipares.

Le squelette de ce salarias ressemble beaucoup à ceux des blennies ; la longueur proportionnelle du crâne et la crête sagittale le font surtout ressembler à celui du *Bl. pavo ;* il a onze vertèbres abdominales et vingt-six ou vingt-sept caudales.

Le SALARIAS DE KING.

(*Salarias Kingii,* nob.)

M. le commodore Philippe King, auteur de la reconnaissance de la côte de la Nouvelle-Hollande, a bien voulu nous adresser une espèce de salarias qui ne lui est parvenue qu'après l'impression de son livre, et qui lui paraît avec raison nouvelle pour les naturalistes.

Ses caractères la rapprochent de la précédente (*Sal. meleagris*), mais elle est bien plus alongée, ses tentacules sont autrement faits et sa crête est plus longue.

Sa hauteur est sept fois et demie dans sa longueur ; sa tête y est six fois ; sa crête a les deux tiers de la longueur de la tête et le tiers de sa hauteur ; les tentacules des deux sourcils n'ont que moitié de la hauteur de l'œil et sont en palmette à sept ou huit brins, dont un, un peu plus long, sert de tige ; ceux des narines sont petits et à cinq brins. Les dents sont plus courtes que dans beaucoup d'autres espèces, quoique aussi nombreuses. Je ne vois pas de canines. La dorsale a les deux tiers de la hauteur du corps ; elle est très-fendue après les rayons épineux et s'unit un peu à la base de la caudale. L'anale commence un peu plus avant que la fissure de la dorsale, et laisse un espace libre avant la caudale, qui est arrondie. Les ventrales ont moins du douzième de la longueur totale ; les pectorales en ont le sixième.

D. 12/23 ; A. 24 ; C. 11 ; P. 14 ; V. 2,

et deux très-petits et très-mous en avant ceux qui d'ordinaire portent des renflemens fungiformes.

Dans la liqueur ce poisson paraît d'un brun uniforme.

Il est long de quatre pouces et demi.

Il fut pris en 1821, à la côte nord-ouest de la Nouvelle-Hollande, pendant le relevé qu'en fit le capitaine King.

Le SALARIAS ORYX.

(*Salarias oryx*, Ehrenb.)

M. Ehrenberg a rapporté de la mer Rouge un autre salarias à crête, remarquable par

la longueur de ses tentacules sourciliers, droits et pointus comme les cornes de l'*antilope*. La hauteur est six fois dans la longueur; la tête y est comprise le même nombre de fois; le front est arrondi; le profil un peu oblique et court; les tentacules sourciliers simples, aigus, comprimés et de plus des deux tiers de la hauteur de la tête; ceux de la nuque et de la narine extrêmement petits; la crête à peine du cinquième de cette hauteur : il n'a pas de canines. La dorsale, peu élevée, à peine échancrée après les rayons épineux, s'unit un peu à la base de la caudale.

D. 11/22; A. 23, etc.

Ce poisson paraît olivâtre, avec sept taches ou demi-bandes d'un olivâtre plus foncé, nuageuses le long du dos. La dorsale a des lignes obliques brunes, nombreuses, plus fines et plus prononcées sur la partie molle que sur la partie antérieure.

Nos individus sont longs de trois pouces et demi : il y en a de quatre.

Le SALARIAS DAIM.

(*Salarias dama,* nob.)

M. Ehrenberg représente (pl. 9, fig. 3) un salarias qui, par l'ensemble, tient de très-près aux trois précédens, mais dont le tentacule sourcilier est d'une forme qui lui est propre. Sa hauteur est six fois et quelque chose dans sa longueur; sa crête a près de moitié de la hauteur de sa tête, et est deux fois plus longue que haute. Son tentacule est divisé en trois branches élargies et dentelées à leur extrémité, qui lui donnent de la ressemblance avec le bois d'un daim; la narine en a un petit, élargi aussi et dentelé. La dorsale est fendue jusqu'à moitié aussi après les rayons épineux.

D. 13/17; A. 18; C. 13; P. 14; V. 2.

Il est verdâtre avec des bandes verticales d'un vert plus foncé, rapprochées en sept paires, et une ligne étroite verticale aussi entre chaque paire; sur la dorsale sont des lignes longitudinales, dont l'inférieure forme des arcs ou des anneaux. Le bord de la partie molle et le bord supérieur de la caudale sont pourpre.

L'individu est long de quatre pouces.

Ses dents, telles qu'elles sont représentées sur la planche de M. Ehrenberg, montrent que c'est un salarias et non un blennie proprement dit. On n'y voit point de canines.

Le SALARIAS SAUTEUR.

(*Salarias alticus,* nob.; le *Blennie sauteur,* Lacép.)

Nous avons reçu de divers parages de la mer des Indes un petit salarias, qui nous paraît être celui-là même sur lequel Commerson avait établi son genre *alticus.*

Il est grêle et alongé en pointe; sa hauteur est neuf ou dix fois dans sa longueur; sa tête y est sept fois; son profil est oblique

et un peu convexe; sa bouche est dirigée vers le bas, et lorsqu'on
en écarte les lèvres, elle peut prendre une forme circulaire. A
l'arrière de la mâchoire inférieure sont deux petites canines; sur
l'œil est un très-petit tentacule simple, à peine visible : je n'en
aperçois ni à la nuque ni aux narines. La crête, dans ceux qui l'ont
le mieux prononcée, est demi-ovale et du tiers de la hauteur de la
tête; d'autres individus l'ont plus basse : en d'autres elle est à peine
sensible; et ceux-là ont aussi la dorsale plus basse que les autres;
dans ceux qui l'ont le plus élevée, la dorsale surpasse en avant la
hauteur du corps; dans les autres elle est de moitié plus basse;
son échancrure, après les rayons simples, est peu profonde : l'anus
est un peu plus en avant que le premier tiers de la longueur du corps.

La dorsale et l'anale laissent un petit espace entre elles et la caudale. La caudale, ployée, forme une pointe; étalée, son bord s'arrondit; de ses onze rayons le supérieur et les trois ou quatre inférieurs
vont en se raccourcissant; les rayons des nageoires verticales excèdent
tous la membrane. Les pectorales ont le sixième de la longueur du
corps, et les ventrales le douzième; leur rayon externe ou épineux
est aussi long que les autres, en sorte que l'on peut leur compter
trois rayons et même quatre; car le premier mou est divisé en deux
presque jusqu'à la base.

D. 13 ou 14/20, 21 ou 22; A. 26 ou 27; C. 11; P. 13; V. 1/3.

Dans la liqueur ce poisson paraît bleuâtre, diversifié par des traits
blanchâtres et verticaux, qui ont plus de régularité vers le ventre.
Du côté du dos il s'en détache quelquefois des parties qui y forment
des groupes de quatre ou cinq points blanchâtres, que l'on pourrait
prendre pour des ocelles. Les nageoires verticales sont noirâtres;
sur la dorsale se voient souvent des lignes obliques plus pâles :
l'anale a du blanchâtre à son bord et à sa base.

Nos plus grands individus n'ont que trois pouces et
demi : la plupart n'atteignent pas trois pouces.

Il nous en est venu de la Nouvelle-Irlande par MM. Lesson
et Garnot; de Java, par MM. Kuhl et van Hasselt; des

bouches du Gange, par M. Dussumier : de Trinquemalé à Ceilan, par M. Reynaud, et de la mer Rouge, par M. Ehrenberg.

La longue description que Commerson donne de son *alticus,* peut, en ce qu'elle a de particulier à l'espèce, se réduire à ce qui suit :

« Trois pouces font sa plus grande taille. Après la mort il prend une teinte bleuâtre, mais pendant la vie (autant que l'auteur peut s'en souvenir) il était gris ou brun, avec des traits noirâtres; sa crète est demi-ovale, un peu inclinée en arrière, ponctuée; la dorsale, continue et à peu près égale, finit vers la base de la queue; la caudale est pointue. »

D. 34 ou 35; A. 25 ou 26.

Il paraît n'avoir vu que des exemplaires petits et mal conservés, car il n'a pu s'assurer qu'ils eussent des dents : *utraque maxilla labiata, ac forte, ut videbatur, edentula, nam in ita exiguo pisce dentes an sint, quis bene viderit ?* Expression singulière dans un observateur si exercé; mais ces dents sont si petites et si flexibles, ou plutôt si mobiles, que l'on peut en effet, si l'on n'emploie la loupe, se tromper sur leur nature.

Cette espèce est bien représentée sous le nom de *blennius gobioides,* dans les dessins de Forster que l'on conserve à la bibliothèque de Banks, et l'on en trouve la description par le même voyageur dans le Système posthume de Bloch, p. 176, n.° 23; mais le nom y est changé en *blennius tridactylus.* Ce qui est singulier, c'est qu'il le croit aussi sans dents. Du reste cette description s'accorde avec la nôtre, à quelque différence près, dans la manière de compter les rayons, et sauf la crète, dont il n'y est pas fait mention, parce que l'individu était femelle.

Commerson avait observé son *alticus* en Juillet 1768, sur les côtes rocailleuses de la Nouvelle-Bretagne; il y glissait, y volait, pour ainsi dire (ce sont ses expressions), à la surface des flots, et y sautait sans cesse parmi les roches avec tant de rapidité qu'il était fort difficile de le prendre.[1]

Forster avait vu son *blennius gobioides* sur les rochers de l'île de Tanna. C'était, dit-il, un petit animal qui courait parmi les rochers avec une vélocité extrême, et qui, rejeté par les flots, y grimpait en grand nombre au moyen de ses pectorales et de ses ventrales, de sorte qu'on les prendrait pour autant de petits lézards. Il paraît même qu'ils y poursuivent les insectes, et Forster en vit qui saisissaient de très-petites larves de grillons. Il eut beaucoup de peine à en prendre quelques-uns. Il en fait aussi mention dans ses Observations recueillies pendant le second voyage de Cook, sous le nom de *blennius saliens*, et c'est d'après ce qu'il en dit que Walbaum a établi son *blennius amphibius*.[2]

M. Ehrenberg, sans avoir comparé son poisson à ceux de ces deux naturalistes, a observé exactement les mêmes faits dans la mer Rouge; il lui avait même donné le nom de *salarias scandens*. Cette espèce se tient à sec, dit-il, sur les rochers à plus de vingt pieds au-dessus de la mer, et quand on approche de quelque individu, il fait des sauts de quatre à cinq pieds. On est tenté, ajoute-t-il, de le prendre pour un lézard; comparaison bien naturelle, sans doute, puisque déjà l'idée en était venue à Forster.

---

1. Commerson, dans sa description, dit que les pectorales égalent à proportion celles des exocets; mais dans ses mesures il ne leur donne en effet que le cinquième de la longueur totale (cinq lignes sur deux pouces cinq lignes et demie), comme nous les avons trouvées.

2. *Art. renov.*, III, p. 187.

Le Salarias bridé.
(*Salarias frœnatus*, nob.)

M. Dussumier a rapporté récemment au Muséum d'histoire naturelle un petit salarias très-agréablement moucheté, et qui est très-voisin de celui que nous avons nommé *textilis*.

La hauteur du corps fait près du septième de la longueur totale, qui comprend cinq fois la longueur de la tête. Elle est renflée sur les côtés; son museau est obtus; le profil descend très-obliquement des yeux à la lèvre supérieure; ceux-ci sont saillans, plus grands que les yeux du *salarias textilis*. Sur l'arrière de la membrane qui borde le haut de l'orbite est un petit tentacule palmé. Je ne vois pas de crête aux nombreux individus que j'ai eus à ma disposition.

La portion antérieure de la dorsale est plus basse que la postérieure, mais elles sont bien continues, et n'offrent pas ce vestige de séparation que l'on observe sur plusieurs autres espèces. La dorsale est réunie par une membrane au dos de la queue; le dernier rayon de l'anale est libre; elle commence sous le dixième rayon de la nageoire du dos, et elle a moins de hauteur que la dorsale. La caudale est arrondie : la ventrale a le rayon interne double, et sous la peau il existe une petite épine rudimentaire.

D. 12/14; A. 18; C. 13; P. 14; V. 3.

Je ne vois point d'organe particulier ni de houppe auprès de l'anus.

La couleur est un gris verdâtre, argenté sur le dos et pur sous le ventre. Quatre lignes blanches et fines, bordées chacune, des deux cotés, d'un trait aussi fin et bleuâtre, partent du dessous de la gorge sur le milieu de l'isthme, remontent sur les lèvres et vont se perdre sur le bord des orbites ou sur le front. Un ou deux traits de même couleur traversent d'un œil à l'autre.

La dorsale est rayée obliquement de lignes alternativement bleuâtres et noirâtres. Ces rayures sont transversales et onduleuses sur la caudale; l'anale est bleuâtre, avec les pointes seules des rayons noirâtres; les nageoires paires sont transparentes et bleuâtres.

Vue à la loupe, la peau paraît lisse et sans écailles, et sablée d'un fin pointillé noirâtre. La ligne latérale est extrêmement déliée, tracée plus près du dos que du ventre.

A l'ouverture de l'abdomen on voit l'intestin grêle et de largeur égale dans toute son étendue, roulé en spirale cinq fois sur lui-même, de droite à gauche, et revenant ensuite, en sens inverse, se rendre à l'anus en faisant un même nombre de tours; mais étant plus long dans cette seconde portion.

Sa tunique est extrêmement mince; le foie est très-petit et situé en avant; les ovaires sont remplis d'œufs de la grosseur de la graine de pavot, et occupent toute la longueur de la cavité du ventre. Il n'y a pas de vessie natatoire; mais il faut faire bien attention que le repli du péritoine, qui sépare l'ovaire du rein, est d'un argenté si brillant dans cette région, qu'on serait tenté de croire à l'existence d'une vessie aérienne. Le rein occupe toute la longueur de l'abdomen. Le péritoine est pointillé de noirâtre.

Les plus grands individus ont deux pouces neuf lignes. L'espèce vient de la côte malabare.

Le SALARIAS VERT.

(*Salarias viridis*, nob.)

Nous devons aux recherches de M. Gay, sur les côtes de l'Amérique australe, plusieurs espèces intéressantes de salarias : une des plus grandes et qui surpasse même en longueur le *salarias vermiculatus,* est celle que nous décrivons dans cet article.

La hauteur du corps à l'anus est contenue un peu plus de six fois dans la longueur totale; mais quand le ventre est gonflé par la plénitude des ovaires, la hauteur en avant de l'anus ne fait guère que le quart de cette même longueur.

La tête y est comprise cinq fois; elle a le vertex haut et bombé, le dessous de la gorge très-renflé, de sorte que la hauteur de cette partie est des trois quarts de la longueur de la tête. Le profil descend par une courbe convexe, mais oblique, vers la bouche; l'œil est petit et surmonté d'un tentacule long, cilié, et assez semblable à celui du blennie gattorugine, et de chaque côté la nuque porte une palmette de quatre appendices plats, très-courts et ciliés. La lèvre supérieure est épaisse et libre, découpée par de nombreuses dentelures irrégulières; elle recouvre des dents très-fines, très-serrées et très-mobiles; celles de la mâchoire inférieure ne diffèrent que par leur petitesse; la lèvre a le bord mince et non cilié. Dans le fond de la mâchoire on voit, en l'abaissant, deux fortes canines.

La dorsale s'élève à peu près de la moitié de la hauteur du corps. Les dix premiers rayons forment une nageoire antérieure, sensiblement séparée du reste de la nageoire, composée de dix-sept rayons, dont le dernier est uni au dos de la queue par une membrane très-basse. L'anale répond à la séparation de la dorsale; elle est plus basse, son dernier rayon n'a pas de membrane de réunion. La caudale est arrondie : tous ses grands rayons sont branchus. Les ventrales ont le rayon interne bien divisé. Les pectorales sont arrondies.

D. 10/17; A. 19; C. 15; P. 14; V. 3.

La peau est nue; la ligne latérale tracée droite, par une suite de petits tubes, de l'angle de l'opercule au milieu de la queue, se relève un peu au-dessus de la pectorale. La couleur du poisson, conservé dans l'esprit de vin, paraît d'un gris-noirâtre foncé sur le dos et la tête. Les nageoires sont presque noires : on leur voit une teinte bleue. Mais d'après le dessin que M. Gay a bien voulu nous communiquer, le poisson frais est vert foncé sur le dos, et plus clair et brillant sous le ventre.

Nous n'avons qu'un seul individu de cette espèce, qui vient de Valparaiso; il est long de plus de huit pouces. Il porte, sur le dessin de M. Gay, le nom de *burracho*.

Le SALARIAS VARIOLÉ.

(*Salarias variolatus,* nob.)

Une autre espèce vient de l'île San-Juan-Fernandez.

Elle a le corps plus court; sa hauteur n'est guère que le quart de sa longueur : celle de la tête est comprise cinq fois dans celle du corps. Le dessus de la tête et le dessous de la gorge sont assez renflés; la hauteur, prise à cet endroit, égale la longueur de la tête. L'œil est petit : son tentacule est très-large à la base, et forme une palmette triangulaire pointue et longuement ciliée; celles de la nuque sont basses et divisées en nombreux et fins tentacules, composant un peigne à dents très-serrées. La ligne du profil est plus droite et plus oblique. La lèvre supérieure est à peine découpée. Les dents sont très-fines et très-mobiles : la canine de la mâchoire inférieure est très-courte et peu visible. L'individu que je décris a une particularité que je ne regarde pas comme spécifique, c'est d'avoir deux ou trois granulations osseuses très-dures, comme de petites dents, en pavé sur le palatin gauche et sur le bord gauche du chevron du vomer, le côté droit n'offrant rien de semblable. La dorsale est plus continue, quoique la membrane soit encore échancrée entre le onzième et le douzième rayon. Les onze premiers dépassent, comme des filets, le bord de la membrane, et le dernier est uni dans toute sa longueur au dos de la queue. L'anale est plus basse, et son dernier rayon est libre. La caudale est arrondie. La pectorale est large, ronde, et les pointes des rayons, surtout des inférieurs, dépassent la membrane. Le rayon interne de la ventrale est moins libre.

D. 11/18; A. 19; C. 13; P. 13; V. 3.

Je vois derrière l'anus deux vestiges d'appendices sexuels.

La peau est nue et sans écailles. La ligne latérale est peu visible, et formée de petits tubes, disposés en ligne droite de l'opercule à la queue, par le milieu du côté.

La couleur du poisson, dans l'esprit de vin, paraît d'un brun plus

foncé sur le dos, plus pâle sous le ventre, et presque noir sur les
nageoires. Tout le corps est parsemé de gouttelettes blanchâtres.
Mais sur le frais ces couleurs sont plus brillantes : un jaune bistre,
foncé sur le dos et clair sous le ventre, est le fond de la couleur,
qui se trouve relevée par des taches rouges de minium.

L'individu qui a servi à notre description, est long de
six pouces.

Nous avons été aidé pour les couleurs par le dessin que
M. Gay a eu la générosité de nous communiquer.

Le SALARIAS AUX POINTS ROUGES.

(*Salarias rubro-punctatus*, nob.)

Le même naturaliste a pris encore dans cette même île
de Juan-Fernandez un autre petit salarias,

dont le profil descend verticalement du front à la bouche, ce qui
rend le museau très-obtus. L'œil porte un petit tentacule cilié sur
les deux bords. La hauteur prise aux pectorales égale la longueur
de la tête, et fait le cinquième de celle du corps. Les lèvres sont peu
ciliées sur les dents ; celles-ci sont moins mobiles qu'elles ne le
sont dans les deux espèces précédentes. Les deux parties de la
nageoire du dos paraissent plus distinctes, à cause de l'abaissement
de la portion antérieure, et de l'échancrure qui sépare le onzième
rayon du douzième. La dorsale est unie par une membrane au dos
de la queue, l'anale ne l'est pas. La caudale est coupée carrément.
On ne voit que deux rayons à la ventrale.

D. 11/17; A. 20; C. 13; P. 14; V. 2.

La peau est lisse. La ligne latérale forme une courbe au-dessus
de la pectorale, après laquelle elle s'infléchit et se rend droit à la
queue par le milieu du côté. Tout le poisson est brun marbré de
noirâtre ; il y a sur le dos une série, quelquefois double, de taches
qui paraissent bleuâtres sur le poisson conservé dans l'esprit de

vin, et des petits points de même couleur se voient au-dessous et le long de la ligne latérale; mais ils sont d'un brun-rouge sur le poisson frais, ainsi que nous pouvons en juger par le dessin que M. Gay nous en a donné. Deux ou trois bandes noirâtres descendent de la joue vers l'isthme, qu'elles entourent en se joignant à leurs semblables du côté opposé. Une tache noire existe sur les premiers rayons de la dorsale, dont la membrane est grise, teintée de verdâtre, semée de taches plus claires sur la portion antérieure, et rayée de bandes obliques sur la postérieure. La caudale est transparente, et ses rayons noirâtres; l'anale a le bord noirâtre, et la pointe libre des rayons parait blanchâtre; la pectorale a quelques raies pâles.

Nos individus sont longs de deux pouces et demi à trois pouces.

Le Salarias vomerin.

(*Salarias vomerinus*, nob.)

Nous avons déjà observé un salarias dans l'Atlantique; en voici un second, qui nous est venu des côtes de l'Amérique méridionale, près de Bahia, qui pourrait être considéré comme le type d'un sous-genre parmi les salarias, à cause des dents qui existent sur le chevron du vomer; il a d'ailleurs la plus grande ressemblance avec les autres.

Ce poisson a le corps alongé. La hauteur, un peu moins forte que la tête n'est longue, est comprise sept fois dans la longueur totale. Le museau est renflé, le profil oblique, l'occiput bombé, mais sans crête. Il y a de chaque côté deux palmettes tentaculaires; une petite, composée de filamens en rayons, sur la narine; une seconde, plus longue, ciliée, sur le côté interne et située sur l'arrière de l'œil. La première dorsale est plus basse et plus séparée que celle des autres salarias. La caudale est tronquée et légèrement arrondie. La pectorale est un peu pointue quand les rayons ne sont point étalés. Il est aisé de compter les quatre rayons des ventrales.

D. 12/16; A. 19; C. 13; P. 14; V. 4.

Les dents des mâchoires sont aussi mobiles, et en tout semblables à celles de nos salarias. Les canines du fond de la mâchoire inférieure sont très-grandes et bien crochues. Le chevron du vomer porte une série transversale de petites pointes aiguës; mais je ne vois rien sur les palatins.

La peau est lisse et nue. On n'aperçoit pas facilement la ligne latérale, qui est tracée très-près du pied des rayons de la dorsale.

La couleur est grise, avec des bandes transversales plus foncées, et plombées sur le corps. Cette teinte prend plus de couleur sur la dorsale, dont la partie antérieure a un liséré blanc, la postérieure des traits obliques blanchâtres. L'anale a la pointe des rayons noire; les pectorales sont noirâtres; les ventrales grisâtres; la caudale a six ou huit bandes noirâtres, semblables à celles des côtés.

Nos individus ont trois pouces à trois pouces et demi. Le Musée de Genève possède cette espèce; il l'a reçue par les soins de M. Blanchet de Bahia. M. Morican a bien voulu en céder au Muséum plusieurs individus.

Le SALARIAS A CAVERNES.

(*Salarias cavernosus,* nob.; *Blennius cavernosus,* Bl.)

Quant au *blennius cavernosus* de Bloch[1], la description en est si courte, et la figure si peu caractérisée, que nous ne pouvons pas même juger si c'est un blennie propre ou un salarias.

Selon la description il a le corps nu et ponctué, les yeux près du front, le vertex transversalement caverneux, et pour nombres :
B. 6; D. 30; A. 19; C. 10; P. 14; V. 2.

A quoi l'on peut ajouter, d'après la figure, que le profil est vertical; la dorsale d'égale hauteur partout; le corps semé de taches blanchâtres rondes, sur un fond gris; les nageoires jaunâtres avec des points bruns. Les dents n'y sont pas marquées du tout, ce qui me disposerait à le croire un salarias.

---

1. *Syst. posth.*, p. 163, n.° 4, et pl. 37, fig. 2.

CHAPITRE IV.

Des Clinus, des Myxodes, des Cristiceps, des Cirrhibarbes et des Triptérygions.

DES CLINUS.

Clinus est le nom des blennies chez les Grecs modernes. M. Cuvier l'a appliqué à un genre de la famille des blennies, dont les espèces ont le corps généralement comprimé, alongé et couvert d'écailles, et les dents fortes, coniques et pointues sur la rangée antérieure, et en velours sur la postérieure. Il y en a aussi au palais, soit sur le vomer seulement, soit aussi sur les palatins. Ajoutons que le grand nombre des rayons épineux de la dorsale ne peuvent les laisser confondre avec aucun des blennoïdes précédens.

Si les clinus diffèrent déjà beaucoup des blennies et des autres genres voisins par leur système dentaire, nous leur trouvons encore d'autres différences plus marquantes dans le mode de reproduction.

Ceux-ci sont vivipares, et nous leur voyons une sorte de verge ou d'organe d'accouplement très-remarquable. En effet, derrière le rectum, à son ouverture, le mâle porte un tubercule pointu, conique, percé à son extrémité, recourbé en avant, et même le plus souvent la pointe est cachée et comme engagée sous un petit repli du bord du cloaque. Cette verge se prolonge à l'intérieur de l'abdomen derrière le rectum, se renfle en une sorte de bulbe par les fibres musculaires qui l'entourent, et l'on voit distinctement les laitances envoyer un canal déférent très-fin sur la face dorsale du bulbe de la verge, et par derrière les canaux de la vessie urinaire donnent aussi dans cette sorte de pénis. Mais en considérant cette organisation générale sous un point de vue physiologique élevé, on doit regarder tout cet appareil comme un cloaque modifié, plutôt que comme un appareil copulateur analogue à celui des vertébrés vivipares.

Quant à la femelle, les œufs se montrent de grosseur inégale dans les ovaires; un oviducte large et une vulve assez grande donnent issue aux petits, qui en éclosent intérieurement.

On ne connaît qu'une très-petite espèce dans la Méditerranée; mais les mers étrangères, et surtout celles du Cap, en nourrissent un assez grand nombre d'autres. Nous en avons une espèce de la Nouvelle-Hollande, et tout dernièrement M. Gay nous a fait connaître plusieurs espèces fort intéressantes, prises soit au Chili, soit à l'île Juan-Fernandez.

Le CLINUS ARGENTÉ.

(*Clinus argentatus,* nob.)

L'espèce de la Méditerranée a été décrite par M. Risso sous le nom de *blennius argentatus,* et par M. Rafinesque sous celui de *blennius variabilis,* et plus récemment, M. Anastasio Cocco[1] l'a nommé *clinus mutabilis.* Ces deux dénominations prouvent que ces observateurs avaient vérifié les nombreuses variations sous lesquelles cette espèce se présente aux naturalistes sous le rapport de la coloration.

A l'aplomb des pectorales, sa hauteur est six fois dans sa lon-

1. *Giorn. sc. lett. e arti Sicil.,* Avril 1833, tome XLII, p. 9, tab. 42, fig. 2.

gueur; son épaisseur deux fois dans sa hauteur : le corps diminue lentement en arrière. Sa tête n'est guère plus de cinq fois dans sa longueur, et est de deux cinquièmes plus longue que haute. Son profil, légèrement convexe et proclive, conduit à une bouche fendue au bout du museau, et qui descend un peu en arrière jusqu'à l'aplomb du bord antérieur de l'œil.

L'œil lui-même a en diamètre le cinquième de la longueur de la tête, et sa distance du bout du museau est aussi d'un cinquième. Au sourcil est un petit tentacule simple, d'à peu près moitié du diamètre de l'œil. La mâchoire inférieure est un peu plus avancée que l'autre. Les lèvres sont membraneuses, assez larges. Chaque mâchoire a un rang extérieur de dents pointues, serrées, et en arrière de celles-là une bande d'autres en velours assez gros; il y en a de plus un petit groupe en travers du devant du vomer. La langue est oblongue, un peu pointue, lisse et très-libre.

Le préopercule est arrondi. L'opercule forme un angle assez saillant en arrière; les membranes branchiostèges s'unissent l'une à l'autre sous l'isthme sans y adhèrer. La dorsale commence à l'aplomb du préopercule; les trois premiers rayons forment un lobe pointu des deux tiers de la hauteur de la tête, séparé du reste par un intervalle égal à sa longueur, en sorte que le quatrième rayon est seulement à l'aplomb de la base de la pectorale. Cependant la membrane, quoique très-abaissée, réunit sans aucune interruption le troisième au quatrième rayon. Le reste de la nageoire est continu, égal, et à peu près du tiers de la hauteur du corps; elle s'unit au dos de la queue jusqu'à la base de la caudale.

Il y a en tout trente-trois rayons épineux, grêles, mais fermes et très-pointus; et seulement trois articulés, mais sans branches. L'anale commence après les deux premiers cinquièmes de la longueur totale; elle est un peu moins haute que la dorsale et s'attache en arrière au-dessous de la queue, comme la dorsale au-dessus, en se portant un peu moins près de la caudale. Elle a deux rayons épineux et vingt articulés. La caudale, coupée carrément et du sixième de la longueur totale, ne compte que neuf rayons entiers; les pectorales sont aussi à peu près du sixième de la longueur totale; et en ont huit ou neuf, dont le dernier fort court. Le rayon interne des ventrales est aussi long que les pectorales : l'externe est d'un quart plus court; ils sont séparés jusqu'à moitié de la longueur de l'interne.

B. 6; D. 33/3; A. 2/20; C. 9; P. 3; V. 2.

Toute la peau est garnie d'écailles infiniment petites, qui, à la vue, ne paraissent que comme des points. La ligne latérale commence au quart supérieur; arrivée vis-à-vis la fin de la pectorale, elle se courbe et, prenant le milieu de la hauteur, le suit jusqu'à la caudale.

Cette espèce varie extraordinairement pour les couleurs, et à moins d'en voir la série, on serait exposé à les multiplier beaucoup.

Les plus colorés sont d'un brun de chocolat, avec une série de points argentés le long de chaque flanc; le bord de l'anale blanchâtre; les pectorales et les ventrales jaunâtres avec la base brune; la caudale aussi jaunâtre; ses bords supérieur et inférieur bruns. D'autres sont bruns, marbrés de noirâtre, et la série de taches fauve clair ou argenté, formant presque une bande continue; la dorsale et l'anale jaunâtres avec des taches brunes ou noires sur leur base; huit à la première, six à la seconde : quelquefois ils ont du blanc ou du fauve clair au museau, à la gorge, autour de l'œil, etc. D'autres fois le brun et le fauve sont distribués par bandes verticales, avec des points argentés épars. Il y en a d'entièrement fauve clair, et marqués de quelques points bruns, souvent rapprochés par paires, formant une série le long de la base de la dorsale, une autre le long du flanc, et parsemés de quelques points argentés en différens endroits. Il y a souvent de ces points argentés à la joue. Il y a même des individus entièrement fauves, avec seulement une série de larges taches argentées le long du flanc. Dans le frais, les parties pâles sont teintes de lilas ou de rose. En un mot, il n'est pas facile d'en trouver deux entièrement semblables.

Aucun de nos nombreux individus ne passe trois pouces : la plupart demeurent au-dessous de cette taille.

Nous avons tout lieu de croire cette espèce vivipare d'après l'examen anatomique des femelles que nous avons disséquées. Le mâle a un appendice en arrière de l'anus; mais la petitesse de ces individus ne nous a pas permis de nous assurer s'il existe une verge aussi compliquée que celle des grands clinus étrangers, sur lesquels nous l'avons observée avec détails. Nous ne croyons pas cependant que M. Risso ait eu connaissance de la viviparité de ces poissons. Il se contente de remarquer que la femelle est pleine d'œufs au printemps, et, dans un autre article, qu'elle est remplie d'œufs deux fois l'année.

Le tube intestinal de ce clinus est très-court et très-étroit; il commence par un œsophage droit, qui se renfle du côté du dos; et au tiers de la longueur de la cavité abdominale est un très-petit estomac globuleux. Le duodénum est plus étroit que l'œsophage; il se porte en arrière jusqu'aux cinq sixièmes de l'abdomen, se contourne pour passer dans l'hypocondre droit, se renfle un peu, et une valvule marque alors le commencement du rectum, qui est très-court.

Le foie est tellement gros et long, par rapport à la petitesse du poisson, qu'on n'aperçoit aucun autre viscère à l'ouverture de l'abdomen; il est formé d'un seul lobe épais, concave en dessus, convexe en dessous et terminé en pointe sous le rectum. La rate est très-petite et cachée dans la boucle que fait l'intestin grêle. Les laitances du mâle que j'ai observé forment deux petits filets blanchâtres, donnant un petit canal déférent, qui s'ouvre derrière l'anus par un trou aussi petit que celui qu'on pourrait faire avec la pointe de la plus fine aiguille, à l'extrémité du très-petit pénis.

Les femelles ont les ovaires assez développés : ils occupent, quand ils sont pleins, une grande portion de la cavité abdominale. Les œufs sont de grosseur très-inégale, les uns ayant un diamètre double et même triple des autres. Je n'ai pu voir sur aucun le fœtus déjà formé. Les reins sont réunis en un seul, qui descend sous la colonne vertébrale dans toute l'étendue de l'abdomen, et verse l'urine dans une vessie à parois blanches, très-facile à voir. Elle est très-étroite, mais si longue qu'elle tient presque toute la longueur du ventre.

Il n'y a pas de vessie aérienne, mais on pourrait aisément s'y tromper par l'aspect brillant de la vessie urinaire.

Nous en avons reçu d'un grand nombre d'endroits de la Méditerranée, de Toulon, de Nice, de Naples, de Messine, etc., par MM. Delalande, Banon, Laurillard, Risso, Savigny, Bibron. Il paraît qu'on l'y trouve partout. Non-seulement c'est sans aucun doute le *blennius variabilis* de Rafinesque (*Caratt.*, p. 20), quoique la figure qu'il en donne (pl. 4, fig. 4) soit bien mauvaise; mais je crois que le *blennius sperdottus* et le *blennius fasciatus* du même auteur, p. 21, n'en sont que des variétés; on les nomme également en Sicile *spirda* ou *sperdotto*, selon M. Rafinesque, et suivant M. A. Cocco, *bauseddo*. Il nous apprend qu'on les prend communément dans toutes les saisons, avec le râteau, sur les fonds bas et couverts d'algues marines.

M. Risso indique aussi le même séjour parmi les plantes marines, et les donne sous le nom générique de *bavecca* des pêcheurs de Nice. Dans sa seconde édition il a fait avec raison de son *blennius argentatus* un clinus, mais nous croyons qu'il a multiplié à tort les espèces en prenant pour caractères spécifiques de simples variétés de couleur. Ainsi son *clinus testudinarius* est une de nos variétés brunes, et son *clinus virescens* en est une verdâtre.

Nous ferons remarquer que sous le *clinus testudinarius* M. Risso a cité Rondelet (172), c'est-à-dire l'*alauda non cristata* de cet auteur, et nous avons établi que c'est la femelle de notre *blennius pavo*. Ces trois espèces nominales de M. Risso appartiennent dans son système à une première division des clinus, celle à dorsale échancrée, et il fait une seconde coupe d'une espèce qu'il dit à dorsale non échancrée, c'est son *clinus Audifredi,* ou *blennius Audifredi* de la première édition.

Nous avons dans la collection du Muséum des individus rapportés de Naples ou de Nice par M. Savigny, et étiquetés par M. Risso lui-même, comme *Bl. Audifredi,* et qui sont évidemment de l'espèce du *clinus argentatus.*

Le CLINUS SOURCILIER.

(*Clinus superciliosus,* nob.; *Blennius superciliosus,* Lin.)

Le cap de Bonne-Espérance produit abondamment une espèce qui représente très en grand, pour les formes, celle de la Méditerranée et n'est pas moins variée pour les couleurs. Linnæus lui a depuis long-temps affecté l'épithète de *superciliosus,* qui ne lui convient pas plus exclusivement qu'à une infinité d'autres blennoïdes.

Sa hauteur est quatre fois et demie à cinq fois dans sa longueur; son épaisseur deux fois dans sa hauteur; la longueur de sa tête, depuis le museau jusqu'à la pointe de l'opercule, quatre fois dans sa longueur. Le tentacule sourcilier, de moitié à peu près de la hauteur de l'œil, s'élargit et se termine en une palmette de cinq brins. La pointe, formée par les trois premiers rayons de la dorsale dans les individus où elle est le plus élevée, a quelquefois plus des deux tiers de la hauteur du corps; mais le plus grand nombre des individus l'ont plus courte, et l'on doit remarquer aussi qu'elle est souvent plus ou moins usée ou tronquée. En arrière, le reste de cette nageoire est de deux tiers moins élevée. Ses rayons sont moins robustes à proportion que dans l'espèce de la Méditerranée : elle n'atteint pas tout-à-fait la caudale.

L'anale en approche encore un peu moins et est à peu près aussi haute; les pointes de ses rayons sont bien séparées. Ses pectorales, arrondies, ont le sixième de la longueur; ses ventrales, très-four-chues, le neuvième; la caudale, coupée carrément, le huitième.

Les nombres des rayons varient dans cette espèce à un degré assurément bien rare parmi les poissons : j'ai compté à la dorsale depuis trente-quatre jusqu'à quarante rayons épineux, et depuis cinq jusqu'à neuf rayons mous; le plus communément, cependant, elle en a trente-six ou trente-sept des premiers, et six ou sept des autres; l'anale varie depuis vingt-cinq jusqu'à trente et un.

D. 36/7; A. 2/25; C. 11; P. 14; V. 2.

Derrière l'anus est une partie saillante en forme de verge recourbée en avant, et du quart de la hauteur du corps. Les écailles, exces-sivement petites, ne peuvent s'enlever qu'en raclant; à une forte loupe, elles paraissent rondes et sillonnées en rayons; sur la ligne latérale, elles sont plus larges, et elles deviennent plates dans sa partie courbée, qui ne finit qu'au-dessus de l'anus; elles diminuent et disparaissent presque dans la partie droite, la tête n'en a point, non plus que les nageoires.

Comme celui de la Méditerranée, ce clinus paraît exposé à de grandes variations de couleur, et ces variétés n'ont nul rapport constant avec celles du nombre des rayons. Il y en a de courts tout gris, mais ce fond est souvent jaunâtre ou teint de fauve et d'orange; d'autres ont les nageoires brunes ou noirâtres; on en voit de poin-tillés de brun ou de marbrés de mille manières. Souvent les mar-brures forment de larges bandes noirâtres nuageuses, qui s'étendent sur la dorsale et descendent jusqu'au ventre; elles sont quelquefois rouges, quelquefois elles prennent la forme de larges ocelles évidés dans le milieu.

Nous avons un individu qui a un ocelle sur l'opercule, et une tache noire sur la partie antérieure et élevée de sa dorsale. En un mot, comme pour notre clinus argenté, qui ne verrait que des indi-vidus extrêmes, ne pourrait les croire d'une même espèce.

Les individus que j'ai pu disséquer, n'avaient pas leurs viscères digestifs assez bien conservés, pour que je sois en état d'en faire connaître aujourd'hui la forme. D'après ce que j'ai observé sur les espèces suivantes, ils ne doivent pas beaucoup différer de ceux du clinus argenté. Il n'en est pas de même de l'appareil de la génération.

Les mâles ont une verge encore plus grosse et plus compliquée dans la portion qui ne sort pas de la cavité abdominale que dans celle qui se montre au dehors.

Les laitances forment deux longs corps trièdres, peu épais, qui occupent plus des deux tiers de la longueur de la cavité abdominale. De la partie inférieure de leur arête interne on voit descendre un petit canal déférent qui pénètre dans la verge.

Cette verge, organisée comme nous l'avons dit plus haut, a un muscle bulbo-caverneux assez épais, dont les fibres sont peu obliques à l'axe de la verge. Je ne vois cependant pas que le canal déférent donne dans une sorte de vésicule séminale. Le muscle que je compare à l'ischio-caverneux, a un assez long tendon, qui se recourbe sur le bulbe de la verge, et s'insère sur le milieu de sa portion antérieure. La verge est percée de deux trous à son extrémité, par où sort du mucus quand on la presse entre les doigts. Cette disposition me fait croire que les canaux traversent la verge, et sont portés par cette sorte de pénis au-delà des tégumens communs de l'abdomen, mais qu'il n'y a point dépôt de la liqueur spermatique dans des vésicules séminales, que je n'ai pas effectivement trouvées, ainsi que je l'ai dit tout à l'heure.

Les ovaires des femelles sont deux grands sacs dans lesquels j'ai vu des œufs de différente grosseur; mais je n'y ai point observé de petits tout formés. Cependant M. Cuvier le dit positivement, et il donne l'espèce comme vivipare.

Les reins ne constituent qu'un seul lobe, versant l'urine par un uretère unique, donnant dans une vessie urinaire oblongue, remontant dans la cavité du ventre vers le diaphragme, et placée au-dessus du bulbe de la verge. L'issue de l'urine est pratiquée dans la verge, derrière les deux ouvertures des laitances.

Le squelette du *clinus superciliosus* a dix-huit vertèbres abdo-

minales et trente et une caudales, dont la dernière se dilate en
éventail; les précédentes s'y soudent en partie par leurs apophyses.
Les deux dernières vertèbres abdominales forment, avec les côtes
qui s'y attachent, deux grands anneaux, qui se rapprochent par le
bas pour porter les premiers interépineux de l'anale. Les côtes sont
grêles et doubles, excepté les premières, qui sont fortes.

Le crâne n'a point de crête, si ce n'est une occipitale transverse.
Le surscapulaire et le scapulaire sont étroits. L'os supérieur du carpe
est fort petit : les quatre inférieurs sont divisés chacun en deux pièces
triangulaires, opposées pointe à pointe. Le coracoïdien ne forme
qu'une tige grêle, dilatée par le bas. Les os du bassin constituent
une capsule prismatique, ouverte en dessous et très-profonde.

Ces poissons deviennent grands, pour cette famille; nous
en avons de treize et quatorze pouces.

L'espèce a été assez bien représentée par Seba (t. III,
pl. 3o, fig. 3) et par Gronovius (*Mus.*, t. II, pl. 5, fig. 5).
Bloch l'a aussi fort bien rendue pl. 168; ainsi il n'est pas
douteux que ce ne soit le *blennius superciliosus* des auteurs;
mais c'est bien certainement aussi le *blennius capensis* de
Forster, donné comme une espèce à part dans le *Systema*
de Bloch, p. 175, n.° 22. Nous en avons pour garans toute
sa description, le dessin qu'il en a laissé et qui est dans
la bibliothèque de Banks, et le nom de *Klippfisch,* qu'il
lui attribue et qui est en effet celui de notre poisson, sous
lequel M. Veraux vient de nous l'envoyer. J'ai tout lieu
de croire que le *blennie pointillé* de Lacépède (t. II, p. et
pl. 12, fig. 3), et la figure de Seba (t. III, pl. 3o, fig. 8),
sur laquelle a été établi le *blennius spadiceus* du Système
posthume de Bloch (p. 172, n.° 17), ne sont encore que
l'espèce actuelle, représentée d'après des individus dont la
partie saillante de la dorsale avait été mutilée; j'en suis
même à peu près certain pour le premier, dont l'original est

encore au Cabinet du roi. Le dessinateur Desève l'aura rendu avec sa négligence ordinaire, et M. de Lacépède, comme il ne lui est arrivé que trop souvent, l'aura décrit d'après la figure.

Je vais jusqu'à penser que le *blennius mustelaris* de Linné n'est lui-même pas différent du *superciliosus*. La figure qu'il en donne dans le Musée d'Adolphe-Fréderic, pl. 31, fig. 3, n'a, comme celle du *pointillé* de Lacépède, aucune partie saillante à la dorsale; mais Linné[1] lui rapporte deux articles du texte de ce Musée, p. 69 (*blennius cinereus* et *blennius mustelaris*), qui tous les deux lui attribuent une première dorsale à trois rayons, ce qui revient bien à cette partie antérieure distincte qui caractérise notre espèce actuelle.

Quant aux nombres écrits à notre manière, le *blennius cinereus* a D. 38/8, A. 29, et le *Bl. mustelaris* en tout 43, sans distinction des mous et des épineux; ce qui pourrait être 36/7 ou 37/6 et A. 28, tous nombres que nous avons observés dans le *clinus superciliosus*.

A la vérité, dans le Musée, *loc. cit.*, il dit du *Bl. mustelaris : habitat in Europa;* mais dès la dixième édition du *Systema,* il le transporte aux Indes : *habitat in India.* La vérité est que nous n'avons jamais reçu aucune des nombreuses variétés de l'espèce dont nous traitons dans le présent article que du cap de Bonne-Espérance.

Elle est très-commune dans la baie du Cap et dans Falsebay, le long des rochers, surtout près d'une roche de cette dernière baie, qui se nomme *Romansklipp;* et il nous paraît que cette espèce est confinée dans cette partie de

---

1. *Syst. nat.*, 10.ᵉ édition et suiv.

l'Afrique, car nous ne l'avons jamais reçue d'aucun autre endroit. Ceux que nous avons observés faisaient partie des collections dues aux recherches de MM. Delalande, Reynaud et Quoy et Gaimard.

Ce poisson se nourrit de petits crustacés.

Le Clinus cottoïde.

(*Clinus cottoides*, nob.)

Les inégalités de sa tête donnent à cette troisième espèce, au premier coup d'œil, quelque ressemblance avec les cottes.

Le corps est court et gros : sa hauteur aux pectorales n'est que quatre fois et demie dans sa longueur, et son épaisseur fait les deux tiers de sa longueur. Sa tête est quatre fois dans la longueur totale et d'un quart moins haute que longue; elle a le museau court, d'un cinquième seulement de la longueur de la tête; le profil un peu bombé, les bords des orbites rudes; derrière chaque orbite, le crâne a un petit enfoncement. Le diamètre de l'œil égale la longueur du museau. Au sourcil est un tentacule court, dilaté en éventail palmé, en sept ou huit brins gros et courts, dont chacun est terminé par trois ou quatre filamens très-grêles; celui de la narine est petit et simple. Il n'y en a pas à la nuque, qui a des pores marqués et nombreux; le bord membraneux de l'épaule est un peu festonné. Les dents sont en velours sur des bandes assez larges : le rang extérieur diffère à peine des autres. La dorsale, basse, surtout en avant, se relève un peu aux rayons mous, et atteint la caudale, quoiqu'elle n'ait point de partie saillante. Ses trois premières épines sont un peu plus écartées des autres que celles-ci ne le sont entre elles. Les ventrales ont un peu moins du sixième de la longueur, et la caudale le onzième. Le nombre des rayons épineux de la dorsale varie de trente-deux à trente-quatre.

B. 6; D. 33/6; A. 25; C. 11; P. 12; V. 2.

Les écailles sont infiniment petites, excepté celles de la partie antérieure de la ligne latérale, qui sont larges, carrées, percées d'un tube, et donnent lieu chacune à un petit pli vertical de la peau, qui fait paraître cette partie de la ligne latérale plus large encore que ses écailles. A sa courbure et dans sa partie droite elle ne se marque que par une série de tubulures linéaires.

Dans la liqueur ce poisson paraît d'un fauve assez uniforme ; mais un individu sec nous a montré sur ce fauve cinq larges bandes brunes, très-séparées les unes des autres, et qui occupent la dorsale et le corps. Les trois dernières s'étendent aussi sur l'anale ; et comme il y en a dans leurs intervalles, cette nageoire a six taches brunes ou noirâtres. On voit aussi des marbrures blanches et noires à la joue et à la gorge.

Les petits sont presque aussi marbrés, et ont des teintes presque aussi variées que celles des jeunes sourciliers.

Je n'ai pas vu les viscères digestifs de cette espèce. Quant aux organes de la génération, la verge du mâle m'a paru plus grosse, plus longue, son muscle bulbo-caverneux plus puissant, ce qui donne plus de grosseur au bulbe. L'ischio-caverneux plus court et plus droit, doit porter la verge moins en avant.

Les ovaires de la femelle ressemblaient à ceux de l'espèce précédente. La vessie urinaire est un peu plus grande, et les reins sont plus épais.

Le squelette de ce clinus a seize vertèbres abdominales et trente caudales : la dernière en éventail. Les côtes sont fines et doubles, mais n'embrassent pas tout l'abdomen ; celle qui s'attache à la première vertèbre, est plus forte que les autres, et va soutenir l'épaule. L'os huméral a supérieurement à son bord antérieur une épine dirigée vers le haut, et qui produit une échancrure visible à l'extérieur. Les os du carpe, divisés chacun en deux, forment huit pièces triangulaires, opposées pointe à pointe. Le crâne est rude et n'a de crête qu'au plan occipital. Les os du bassin forment ensemble une capsule profonde, ouverte en dessous, et faisant en dessus un angle très-saillant.

Nos plus grands individus sont longs de six à huit pouces;
ils ont été pris au Cap par feu Delalande, par MM. Lesson
et Garnot, et par MM. Quoy et Gaimard, dans leur dernier
voyage; il y en a aussi un échantillon parmi les poissons
secs de Commerson, et un petit, rapporté par M. Raynaud.

Le CLINUS A MUSEAU POINTU.

(*Clinus acuminatus,* nob.)

Ses formes sont à peu près les mêmes que celles du *clinus
superciliosus;*

nous trouvons cependant que sa tête est plus alongée, et, ce qui est
caractéristique, sa dorsale n'a point de partie saillante en avant; elle
y est même plus basse qu'en arrière, et cela sans aucune mutilation.
Sa hauteur aux pectorales est cinq fois ou cinq fois et demie dans
sa longueur; sa tête y est quatre fois. Le tentacule du sourcil est
très-petit et un peu dilaté. La dorsale n'a pas en avant le quart de
la hauteur du corps; ses rayons mous sont un peu plus hauts que
les autres; en arrière, elle atteint juste la base de la caudale.

D. 33/5 ou 6; A. 25; C. 13; P. 12; V. 2.

Les écailles, comme celles du *Cl. argentatus,* ne semblent que
de petits points.

Ce poisson est verdâtre ou grisâtre, avec deux ou trois groupes
de points noirs, qui forment comme des demi-bandes descendant
du dos, la première un peu avant la naissance de l'anale; la seconde,
et quelquefois la troisième, sur la queue.

L'espèce paraît demeurer petite; nous n'en avons point
d'individu qui passe cinq pouces.

M. Delalande et MM. Quoy et Gaimard en ont rapporté
en assez grand nombre de la rade du Cap.

Le CLINUS A TÊTE COURTE.
(*Clinus brachycephalus*, nob.)

Cette espèce a beaucoup d'analogie avec certains blennies, à cause de la convexité de son profil et de la brièveté
de la tête.

Elle est cinq fois et demie dans la longueur totale. Je n'y vois
aucun tentacule. Les dents sont en velours. La dorsale est égale et
basse jusqu'aux rayons mous, qui se relèvent, après un léger abaissement de la vingt-neuvième épine, et sont d'un tiers plus élevés
que ceux qui la précèdent. Cette nageoire n'atteint pas la caudale.
Les ventrales ont une troisième pointe distincte, appartenant à
leur rayon interne; leur longueur n'est que du onzième de celle
du poisson.

D. 29/11; A. 26; C. 11 et de petites; P. 13; V. 2.

Dans son état actuel il paraît d'un gris fauve, avec deux rangées
de larges demi-bandes, composées de petits points blancs serrés;
les unes au-dessus, les autres au-dessous de la ligne moyenne, et
placées alternativement sept ou huit à chaque rangée : les supérieures s'étendent sur la dorsale. Un groupe de ces petits points
occupe une partie de la joue, et un autre, une partie de l'opercule. Il y a en outre des petites taches irrégulières d'un bleu opaque
à la gorge, aux ventrales et sous le ventre, et une série de huit ou
dix de ces taches le long de l'anale.

Notre individu est long de quatre pouces et demi. Il a
été pris au cap par feu Delalande.

Le CLINUS A LUNETTES.
(*Clinus perspicillatus*, nob.)

Nous appelons ainsi cette espèce à cause d'une marque
semblable à celle que le serpent à lunettes des Indes (*col.
naja*, Lin.) porte sur la nuque; elle a été envoyée, en 1827,
du port Western de la Nouvelle-Hollande par MM. Quoy
et Gaimard.

Sa hauteur est de cinq à six fois dans sa longueur, et son épaisseur aux pectorales des deux tiers de sa hauteur; mais il se comprime davantage en arrière.

Sa tête est fort courte, mais non pas, comme dans les blennies, à cause de la courbure rapide de son profil; il est, au contraire, à peu près droit et horizontal. C'est la mâchoire inférieure qui remonte au-devant de l'autre. L'œil est assez grand; sa largeur est à peu près trois fois et demie dans la longueur de la tête, et sa distance au museau est d'un tiers moindre que son diamètre, lequel égale l'intervalle qui existe d'un œil à l'autre. Les ouïes paraissent susceptibles de beaucoup s'écarter. Les dents sont en velours aux mâchoires et au-devant du vomer.

La dorsale est basse, du quart de la hauteur aux pectorales, et a trente-sept rayons épineux et trois articulés, mais simples. Ses trois premières épines, un peu séparées des autres, ne s'élèvent cependant pas plus haut. Les rayons articulés des autres nageoires sont également sans branches.

D. 37/3; A. 2/24; C. 11; P. 13; V. 2.

Les écailles sont fort petites et semblables à des points ronds et serrés, enfoncées sur la peau. La ligne latérale se termine un peu avant la fin des pectorales. Il y a un très-petit tentacule aux sourcils.

Sur la nuque, au-dessus de l'opercule, on voit de chaque côté une tache ronde et noire, entourée d'un cercle jaune, qui a l'air de former avec sa correspondante une paire de lunettes. Le long de la base de la dorsale sont en outre six taches rondes et brunes, d'où il descend, dans beaucoup d'individus, autant de bandes verticales nuageuses. A la base de la caudale sont deux taches brunes, et quelquefois il y en a une troisième en avant; on voit en outre des points bruns sur les rayons. Dans la liqueur le fond de la couleur paraît un gris roussâtre.

J'ai pu examiner les viscères de cette espèce, et j'y ai trouvé

un foie peu volumineux, composé de deux lobes minces, alongés de chaque côté de l'estomac. Ce viscère est assez large, à parois minces, et donne de son fond le duodénum. Une faible valvule marque le pylore. L'intestin, court, se rend droit à l'anus sans dilatation après avoir fait deux replis. La verge du mâle est longue, et reçoit, sur la partie supérieure et postérieure de son muscle bulbo-caverneux, les deux canaux blancs des laitances. Ils sont fins et déliés, mais faciles à apercevoir à cause de leur couleur. Les muscles ischio-caverneux sont petits, de sorte que dans cette espèce la verge aurait moins de protraction que dans les précédentes. Je n'ai pu examiner les organes des femelles. Le rein est volumineux, ne formant qu'une seule masse, donnant par un uretère court dans une vessie urinaire oblongue et récurrente dans l'abdomen au-dessus et entre les deux laitances.

L'estomac était rempli de débris de coquillages et d'oursins. Nos plus grands individus n'ont que cinq pouces.

Le CLINUS PORTE-PEIGNE.

(*Clinus pectinifer.*)

Ce clinus, comme plusieurs des espèces suivantes, a l'apparence d'un labre, par ses formes courtes, ses grosses lèvres charnues, ses grandes écailles, ses fortes dents du rang extérieur, sa longue dorsale épineuse, etc.

Sa hauteur aux pectorales n'est guère contenue plus de quatre fois dans sa longueur. Son épaisseur fait les trois cinquièmes de sa hauteur. Sa tête est trois fois et deux tiers dans sa longueur, et d'un quart seulement plus longue que haute; elle a le profil convexe et les joues bombées. Il y a vingt-deux à vingt-quatre dents coniques et un peu crochues à chaque mâchoire, et en arrière une bande en velours. Les dernières d'en bas sont séparées des autres par un espace vide et deviennent très-petites. Le vomer et les palatins en ont ensemble une rangée semi-circulaire.

Les tentacules des narines sont divisés en huit ou dix brins. Il en est de même de ceux des sourcils, qui sont d'un tiers moins

hauts que l'œil, et divisés jusqu'à leur base en dix ou douze filamens grêles; et sur la nuque sont encore deux peignes, composés
de pareils filamens, et qui en ont chacun plus de trente. Ces deux
peignes sont placés de manière à former un angle obtus en avant
On ne voit pas de pores à la tête. Le préopercule et l'opercule sont
arrondis. Le sixième rayon des ouïes est fort grêle, et on pourrait
ne pas l'apercevoir.

La dorsale a dans sa partie épineuse, dont les rayons sont robustes
et très-pointus, à peu près le tiers de la hauteur aux pectorales.
La partie molle surpasse l'autre de près de moitié. Il y a un petit
intervalle entre elle et la caudale; celui de l'anale est trois fois plus
long. La caudale est coupée carrément et a le huitième de la longueur totale. Les ventrales ne sont que cinq fois et demie dans cette
longueur; la branche interne de leur deuxième rayon mou, divisée
jusqu'à sa base, a l'air d'un troisième rayon, plus petit : les deux
grands sont séparés jusqu'au tiers. L'épine d'ailleurs y existe comme
à l'ordinaire, mais très-petite et cachée sous la peau.

D. 18/12; A. 20; C. 11 et deux plus courts; P. 14; V. 1/2 ou 3.

Les écailles sont assez grandes pour qu'on puisse les compter :
il y en a environ soixante-dix de l'ouïe à la caudale, et une tren-
taine sur une ligne verticale; il s'en étend de petites entre les bases
des rayons des nageoires verticales. Elles sont à peu près circulaires,
et l'éventail de leur partie cachée, qui occupe les trois quarts de
leur surface, a plus de vingt-cinq rayons et autant de fines crénelures. La ligne latérale, dont la courbure est à l'aplomb de l'anus,
se montre bien sur toute sa longueur par une suite de petites
tubulures linéaires.

Ce poisson est d'un brun de chocolat, tantôt uni, tantôt semé de
petites taches noirâtres serrées. Il y a d'ordinaire une tache noire et
ronde sur l'opercule. Sa dorsale et l'anale sont brunes ou noirâtres.
Il y a des points bruns ou noirâtres sur les pectorales et la caudale.

Le canal intestinal de cette espèce est un peu plus long que
celui de la précédente; je n'ai pas pu en examiner des mâles, et les
femelles que j'ai eues à ma disposition, avaient les ovaires gâtés,

parce que les naturalistes qui les ont recueillies n'avaient pas eu
la précaution d'ouvrir l'abdomen pour y faire pénétrer l'alkool; je
ne puis en rien dire.

Le squelette a le bassin plus petit que celui de nos premières
espèces. L'épine a trente-quatre vertèbres, dont vingt-trois caudales
et onze abdominales.

Nos individus sont longs de cinq et de six pouces; ils
ont été apdortés du Brésil par feu Delalande, par MM. Quoy
et Gaimard lors de l'expédition de M. Freycinet, et par
M. Gay. Nous les avons aussi reçus de Bahia.

Il paraît que l'espèce est du petit nombre de celles qui
traversent l'Océan; car Adanson en avait donné ancien-
nement au Cabinet du roi un individu qu'il avait pris dans
les rochers de l'île de Gorée en Janvier 1750.

Cette espèce a été représentée dans l'Iconographie du
Règne animal de M. Guérin, Poiss., pl. 38, fig. 2. Mais il faut
faire attention que le tentacule de la narine et celui de la
nuque qui les caractérisent, ont été oubliés par le dessinateur.

Le CLINUS CHEVELU.

(*Clinus capillatus*, nob.)

On trouve sur les mêmes côtes un clinus semblable à
ce *Cl. pectinifer* par ses formes générales, par ses dents,
par ses écailles, par ses tentacules palmés et ciliés sur la
nuque comme de fins cheveux, mais qui diffère par les
couleurs.

Nous ne lui voyons jamais la pectorale tachetée, et nous en
avons examiné un grand nombre d'individus. Le corps n'a que des
points épars beaucoup plus rares, et la grande tache de l'opercule
est lisérée d'un fin trait blanc, ce qui la change en un bel ocelle.

Nous avons reçu cette espèce par les mêmes voyageurs, et nous l'avons aussi de la Martinique, d'où elle a été envoyée au Muséum d'histoire naturelle par M. Achard.

Le CLINUS DE DELALANDE.

(*Clinus Delalandii*, nob.)

Nous avons encore de nombreux individus d'une autre espèce, et bien caractérisée par sa dorsale à bord serpentant; elle nous a été apportée du Brésil par feu Delalande.

Sa bouche saille un peu, et la courbure de son profil n'est pas tout-à-fait un arc de cercle. La hauteur de son tronc est environ cinq fois et demie dans sa longueur. Son épaisseur aux pectorales fait plus de moitié de sa hauteur, mais elle diminue ensuite. La longueur de sa tête est d'un peu moins du quart de celle du corps. Son œil a plus du quart de la longueur de la tête en diamètre. Sa bouche n'est fendue que jusqu'aux deux tiers de l'intervalle entre l'œil et le museau. Il y a vingt-huit ou trente dents coniques à chaque mâchoire, bien rangées, serrées, un peu courbées à leur pointe, devant une bande de dents en velours. Nous en voyons aussi au palais.

L'opercule osseux est arrondi, sans échancrure; il y a six rayons à la membrane branchiostège. Sur l'œil est un filet grêle et fourchu; sur la nuque en sont deux groupes, chacun de cinq ou six très-fins, disposés en palmettes ou en peignes.

La dorsale a vingt rayons épineux assez forts et très-aigus, et dix articulés; elle est déprimée en deux endroits; savoir, après le troisième rayon, et sur les dix-huitième et dix-neuvième, ce qui donne à son bord une courbure serpentante. La partie molle se relève un peu plus et s'arrondit; en arrière elle adhère un peu au dos de la queue, mais en conservant un espace sensible entre elle et la caudale : l'anale en laisse encore un plus long. Elle a vingt et un rayons, tous flexibles, et dont les deux premiers seuls n'ont peut-être pas d'articulation. L'anus est au second cinquième de la longueur du corps. Je n'y vois point de tubercules. Les pectorales ont plus du quart de la longueur totale, et les ventrales plus du cinquième : celles-ci sont grêles et se terminent en deux filets.

B. 6; D. 20/10; A. 2/19; C. 11; P. 14; V. 2.

Les écailles sont rondes et finement striées en rayons, de manière qu'à la loupe elles ressemblent presque aux coquilles nommées pélerines (*Pecten*, L.). Il y en a près de soixante sur une ligne longitudinale, et quinze ou seize sur une ligne verticale.

Tout ce poisson est gris cendré, fortement marbré et vermiculé de noir. L'opercule a une tache noire, et la gorge deux ou trois lignes obliques noirâtres. Les marbrures du dos se portent sur la dorsale et y forment cinq larges bandes noires, et d'autres fois un plus grand nombre de lignes obliques; il y a de plus des points noirs qui forment trois lignes sur la partie molle. La caudale a aussi des lignes de points noirs, mais irrégulières; sur l'anale sont neuf ou dix lignes noires obliques; les pectorales sont grises et les ventrales blanchâtres.

Nos individus sont longs de trois pouces.

Le Clinus de l'Herminier.

(*Clinus Herminieri*, nob.; *Bl. Herminier*, Lesueur.)

Nous croyons aussi devoir rapporter au clinus le poisson que M. Lesueur a décrit sous le nom de Blennie Herminier.[1]

L'espèce même ne serait pas très-différente de celle des côtes du Brésil.

Le corps est mince et comprimé. La tête porte des cils sur les narines, sur les yeux, sur la nuque. Les lèvres, épaisses, cachent des dents coniques, placées devant une bande de dents plus fines. Il y en a aussi sur le palais et même sur la base de la langue. Nous

---

1. Journ. acad. sc. Philadelph., vol. IV, p. 361.

avons lieu de croire que M. Lesueur parle ici des âpretés des arceaux antérieurs des branchies. Il n'a vu que cinq rayons aux ouïes : mais nous savons par expérience que le premier est très-difficile à apercevoir. Et d'ailleurs les nombres tels qu'il les a comptés, sont :

D. 16/21 ; A. 20 ; C. 14 ; P. 16 ; V. 3.

Le corps est couvert d'écailles assez fortes. La ligne latérale, courbée sur la pectorale, devient droite au-delà jusqu'à la queue.

La couleur est un brun rougeâtre, semé de taches nombreuses. Une tache noire alongée existe sur la portion antérieure de la dorsale.

Voici ce que nous pouvons extraire de la description de M. Lesueur dans ce qu'elle offre de spécifique. Le poisson a été pris parmi les roches madréporiques de Saint - Barthélemy, au mois de Juin 1816.

Dans le même mémoire, p. 363, M. Lesueur a indiqué sous le nom de *blennius Hentz* un poisson dont la description des dents nous ferait croire qu'il a parlé d'un blennie ; mais il nous a été trop difficile de le caractériser et nous n'en parlons ici que pour en rappeler l'espèce aux recherches des naturalistes.

Voici comme il indique les nombres :

D. 11/14 ; A. 16 ; C. 18 ; P. 16 ; V. 3.

Toutefois il est évident qu'on ne peut le rapprocher du blennie bosquien de Lacépède ou de nos chasmodes. Celui-là vient de Charleston.

Le Clinus variolé.

(*Clinus variolosus,* nob.)

Si nous passons maintenant sur les côtes occidentales de l'Amérique du Sud, nous y trouverons encore plus d'espèces de clinus que sur les côtes de ce continent baignées par l'Atlantique.

Nous devons la connaissance de celles des côtes du Chili à M. Gay. Une d'elles paraît ne point le céder pour la taille aux clinus du Cap.

Sa hauteur fait le cinquième de sa longueur totale. La tête est grosse, à joues renflées, comprise quatre fois dans la longueur du poisson. La gueule est bien fendue. Les lèvres sont épaisses et charnues. Une rangée de dents fortes, coniques, borde le devant de chaque mâchoire, et derrière est une bande de dents en velours. Celle de la mâchoire supérieure est large : celle de l'inférieure est très-étroite. Une large plaque de dents en velours grossier sur le chevron du vomer, et une autre sur chaque palatin, forment trois larges disques sur le palais de ce poisson. La langue est libre, charnue, épaisse et pointue en ogive.

L'œil est de grandeur médiocre, placé sur le haut de la joue, sans entamer la ligne du profil; il porte en arrière un tentacule palmé, court, composé de douze à quinze brins, et sur la nuque il y en a un si petit, qu'il n'a l'apparence que d'une papille à peine visible. Le vertex est très-convexe. La ligne du profil s'abaisse sur la nuque, pour se relever très-légèrement le long du dos.

La dorsale commence plus loin que celle de la plupart des autres clinus. Son premier rayon est très-bas; les autres épines s'alongent un peu, et les rayons mous ont le double de la hauteur des épineux. Le bord de la caudale est légèrement convexe. La hauteur de l'anale tient le milieu entre celle des épines et celle des rayons mous de la dorsale. La pectorale est large et arrondie. Les ventrales, attachées sous l'aplomb du bord du préopercule arrondi, ont le huitième de la longueur totale.

B. 6; D. 24/10; A. 2/21; C. 14; P. 14; V. 3.

Le corps est couvert de petites écailles qui remontent sur la portion épineuse de la dorsale; mais les autres nageoires et le dessus de la tête, ainsi que la face, n'en ont pas. La ligne latérale se porte

en ligne droite par le tiers de la hauteur du côté jusque sous le
quinzième rayon épineux; elle s'infléchit alors brusquement, pour
aller ensuite droit à la caudale par le milieu des flancs.

Sur un fond jaunâtre, tout ce poisson est tacheté ou grivelé de
points noirs très-nombreux; non-seulement à l'extérieur, mais
encore sur le dedans des joues et sur la langue. Le long de la
dorsale les points se réunissent et y forment quatre grandes taches.
Sur l'anale ils sont plus gros. Le bord de la pectorale est de la
couleur du fond. Cette teinte devient blanche sur le poisson conservé dans l'alcool.

L'individu que nous devons à M. Gay, est long de dix
pouces et demi. Il vient de Valparaiso, où les pêcheurs
le nomment *trambayo*. M. Gay ne nous a pas communiqué d'autres détails sur cette espèce.

Le Clinus péruvien.

(*Clinus peruvianus*, nob.)

Ce poisson, que nous ne connaissons encore que par le
dessin du père Feuillée, et qui se trouve dans le recueil de
ses manuscrits, déposés aujourd'hui dans la bibliothèque
du Muséum d'histoire naturelle, doit en être fort voisin.

Cependant le dessus de la tête y est présenté plus convexe; les
pectorales plus larges; les ventrales notablement plus longues, et
la seconde partie de la dorsale, celle qui est plus élevée, et qui par
analogie répond à la portion molle, est plus longue et moins haute.
Les nombres des rayons sont indiqués dans le dessin:

D. 18/11; A. 23 probablement 2/21; C. 11; P. 10; V. 2;

mais on ne peut pas regarder ces nombres comme très-exacts. Le
corps est couvert d'écailles. La couleur est brun-noirâtre ou gris-
brun foncé.

Feuillée l'avait intitulé *Canis marinus peruvianus*. C'est
plus pour appeler l'attention des voyageurs naturalistes

sur cette espèce que· nous l'indiquons ici, que pour la placer définitivement dans le système.

Le CLINUS AUX PETITS TENTACULES.

(*Clinus microcirrhis*, nob.)

Les côtes de Valparaiso produisent un clinus qui est remarquable par la petitesse des tentacules de la narine et de la nuque, et par leur absence totale sur le sourcil.

Sa hauteur est du cinquième de la longueur totale. La tête fait plus du quart de cette même longueur. Le dessus du crâne est couvert de nombreuses verrues, qui donnent aussi à cette espèce un caractère tout-à-fait particulier. L'œil est médiocre, placé près du tiers antérieur de la tête. La gueule est bien fendue. Les lèvres sont épaisses et charnues. Les dents de la première rangée sont moins fortes que celles de l'espèce précédente; les vomériennes plus fines, et les plaques des palatins sont beaucoup plus petites.

La dorsale, contenue dans une peau lâche et flasque, commence sur la nuque; elle est moins haute que l'anale, dont les rayons dépassent de beaucoup la membrane. La caudale et les pectorales sont arrondies.

D. 26/12; A. 2/23; C. 15; P. 13; V. 3.

Le corps est tout couvert d'écailles lisses, et la ligne latérale se courbe au troisième quart de la longueur totale, en suivant avant et après sa courbure une direction droite par le quart supérieur du corps pour la première partie et par la moitié pour la seconde.

La couleur est un brun noirâtre sur le dos et sur la dorsale, éclairé de roussâtre sur les flancs, et de gris sur la poitrine et le ventre. Les pectorales, les ventrales et le bord de l'anale sont gris-bleuâtre. La lèvre supérieure est noire, et le dessous de la mâchoire inférieure a des vermicellures grises assez foncées. Sur la dorsale et sur la caudale il y a de gros points bleuâtres ou noirâtres épars.

Nous devons à M. Gay les seuls individus que nous venons de décrire : ils sont longs de sept à huit pouces.

Le Clinus aux joues pointillées.
(*Clinus geni-guttatus*, nob.)

Un autre clinus de Valparaiso

a le corps plus ramassé, la tête plus courte et plus renflée, le crâne lisse, les yeux saillans et entamant la ligne du profil; une large palmette sur le sourcil; une autre, semblable, sur la nuque, et une étroite sur l'ouverture antérieure de la narine. Les trois tentacules sont bas. La bouche est moins fendue que celle des précédens. Les dents coniques antérieures sont petites. Celles en velours sont fines, sur une bande assez large. Sur le fond de la bouche on voit quelques petites dents plus saillantes, mais très-fines. Les palatines et les vomériennes forment un chevron sur une bande très-étroite. La langue est libre, grosse, charnue et pointue en ogive. La dorsale s'avance jusque sur la nuque. La portion molle est arrondie; la caudale et la pectorale le sont aussi.

D. 25/12; A. 2/21; C. 11; P. 15; V. 3.

Le corps est couvert d'écailles, qui deviennent très-petites sous le ventre et sous la poitrine. La ligne latérale commence au quart supérieur du côté, et descend par une très-légère inflexion sur le milieu. La couleur générale du poisson, conservé dans l'eau-de-vie, est rousse. La portion molle de la dorsale, la caudale et quelques taches sur l'anale sont verdâtres. Les joues sont tachetées de nombreux petits points noirs; de plus gros sont sur la base de la pectorale, qui elle-même a des taches couleur de rouille sur les rayons inférieurs. Les lèvres sont bleu-noirâtre, et une tache de cette couleur se voit sur les premiers rayons de la dorsale. Mais sur le frais ces teintes sont bien plus brillantes, le dos seul est brun; les joues, les flancs et la portion épineuse de la dorsale, l'anale, la caudale sont rose très-vif; le ventre est blanchâtre; les points sont noirâtres.

Les individus donnés au Muséum par M. Gay ont près de cinq pouces de longueur; mais les notes qu'il a ajoutées

au dessin que nous lui devons, nous font connaître que cette espèce atteint à une taille de huit pouces. A cette grandeur ils deviennent marbrés de rouge cramoisi et de brun.

Le CLINUS A GOUTTELETTES.

(*Clinus guttulatus*, nob.)

M. Gay nous a communiqué le dessin d'un autre clinus de la rade de Valparaiso, avec un individu qui nous sert à en donner la description suivante.

Cette espèce a le museau moins obtus et l'œil plus grand que dans le précédent. Le corps est beaucoup plus grêle; car la hauteur est contenue six fois et demie dans la longueur totale; la tête n'y est pas tout-à-fait quatre fois. Le tentacule sourcilier est petit et palmé; celui de la nuque encore plus bas, difficile même à apercevoir : celui de la narine est aussi plus petit. Le bord de la portion épineuse de la dorsale est convexe; la caudale est arrondie.

D. 25/12 A. 2/21, etc.

Les écailles du ventre ne sont pas sensiblement plus petites que celles des flancs.

La ligne latérale se courbe par une inflexion douce sur le côté. Ce poisson est devenu tout brun dans l'eau-de-vie; mais sur le frais, M. Gay l'a peint rougeâtre, plus ou moins brun-verdâtre sur le dos. Ces teintes vertes deviennent plus décidées sur les nageoires et plus brunes sur le crâne et sur les lèvres. Le dos, au-dessus de la ligne latérale, les nageoires impaires et les pectorales sont couverts de gouttelettes rouge très-vif. L'iris est rouge plus foncé et couvert de points noirs disposés en rayons autour de la pupille.

Le seul individu du Cabinet est long de cinq pouces.

Le CLINUS ÉLÉGANT.

(*Clinus elegans*, nob.)

Celui de tous les clinus qui a conservé les couleurs les plus jolies, est un petit poisson long de trois pouces, caractérisé par

un museau court, un front bombé, des dents assez fortes, un très-petit tentacule sur la narine, un autre sur le sourcil, et un troisième sur la nuque : tous trois étant de petites palmettes finement ciliées.

D. 24/12; A. 2/21, etc.

Les écailles sont très-petites. La ligne latérale à peine courbée. Des deux individus que nous devons à M. Gay, un seul a conservé les couleurs presque aussi vives que sur le dessin qu'il a bien voulu nous donner. Sur un fond brun-noirâtre on voit deux séries de grosses taches rondes et d'un beau rose vif presque carmin : l'une, le long de la base de la dorsale, est composée de six points ; une seconde, plus nombreuse, commence sous l'œil, laisse deux taches sur l'opercule et le préopercule, une sur la base de la pectorale, et les autres continuent jusque sur la queue.

La dorsale a un fin liséré noir et est couverte de points noirs sur un fond brun. L'anale est plus foncée et a moins de points ; il y en a au contraire davantage sur la caudale, dont le fond est rose vif. Les pectorales et les ventrales ont aussi quelques taches.

Suivant M. Gay, cette espèce porte à Valparaiso le nom de *torrito*.

Le CLINUS DE RIVAGE.

(*Clinus littoreus*, nob.)

Le *blennius littoreus* de Forster, qui est devenu le *blennius quadridactylus* du Système posthume de Bloch, est peut-être, autant que nous pouvons en juger par sa description et par la figure ébauchée qui est dans la bibliothèque de Banks, un clinus à corps un peu raccourci.

Sa hauteur est moins de cinq fois dans sa longueur. Il a les dents des mâchoires, les écailles et tous les autres caractères des clinus; mais il ne porterait pas de dents palatines. Sa dorsale est continue et ne paraît pas joindre la caudale. Si ce qu'il dit des rayons de l'anale, qu'elle en a vingt-cinq épineux et trois mous, n'est pas une distraction et l'inverse de la vérité, ce serait une circonstance sans exemple, et qui éloignerait ce poisson du genre dans lequel nous le plaçons.

L'auteur ajoute qu'il y a quatre rayons aux ventrales; mais il faudrait savoir comment il l'entend. En comptant la petite épine et la division du rayon interne, on pourrait en dire autant de beaucoup de blennoïdes.

B. 6; D. 25/4; A. 25/3; C. 18; P. 20; V. 4.

Il est brun, avec une ligne blanche sur le vertex, quelquefois un ocelle doré sur l'opercule. Ses pectorales sont orangées, avec un point blanc à leur base. Les pointes des lanières de la dorsale et de l'anale sont rouges.

L'individu, long de six pouces, avait été pris à la Nouvelle-Zélande.

Le CLINUS ANGUILLAIRE.

(*Clinus anguillaris*, nob.)

C'est le plus alongé et le plus arrondi du genre; ce qui, joint à ses nageoires basses et égales, lui donne quelque chose de l'apparence d'une anguille.

Sa hauteur est près de huit fois dans sa longueur, et son épaisseur fait les trois quarts de sa hauteur. Sa tête a le sixième de la longueur du corps, et est un peu moins de deux fois plus longue que haute; son épaisseur est des trois quarts de sa hauteur. Le profil en est presque rectiligne; le museau un peu obtus. L'œil est à un de ses diamètres et demi du bout du museau, et à quatre de l'extrémité de l'opercule. La distance d'un œil à l'autre est d'un diamètre. Le tentacule du sourcil est de moitié de la hauteur de l'œil, aussi large que haut, et comme déchiré à ses bords; la nuque n'en a point, et il n'y en a qu'un très-petit à la narine. La bouche est fendue, en descendant, jusque sous le bord antérieur de l'œil. Ses dents sont, comme dans les autres clinus, en velours; le rang extérieur est plus fort. Une petite plaque existe sur le chevron du vomer; la langue est très-libre. Les pièces operculaires sont petites. La membrane branchiostège a six rayons, dont les supérieurs très-élargis : elle s'unit à sa semblable sous l'isthme.

La dorsale commence à l'aplomb du préopercule et règne jusqu'à la caudale, toujours à la même hauteur, qui est du quart environ de celle du corps. Elle a quarante-huit ou quarante-neuf rayons épineux, et trois ou quatre mous seulement : le dernier s'attache à la base de la caudale. Celle-ci, qui est arrondie, n'a que le quinzième ou le seizième de la longueur totale, et compte treize rayons. L'anale commence à peu près sous le deuxième cinquième de cette longueur, et approche beaucoup de la caudale, sans s'y unir. Elle a trente-sept rayons, dont les deux premiers seuls sont épineux. Les pectorales sont rondes et ont en tout sens le douzième de la longueur totale. Leurs rayons sont au nombre de treize. Les ventrales en ont trois bien distincts, sans compter la petite épine cachée sous la peau; leur longueur est à peu près celle des pectorales.

B. 6 ; D. 49/4 ; A. 2/35 ; C. 13 ; P. 13 ; V. 1/3.

Les écailles sont aussi petites que dans aucun clinus. La ligne latérale se marque par des tubulures assez larges dans toute sa partie courbée, qui dure jusqu'à l'aplomb de l'anus; ensuite elle disparaît.

Nos individus, soit secs, soit dans la liqueur, paraissent fauves, avec des marbrures plus brunes, mais petites et en petit nombre : il y a aussi quelques taches sur la dorsale, mais mal marquées.

Ce clinus a un canal digestif semblable à celui de ses congénères; on le voit se renfler en un estomac assez grand, oblong, donnant du fond un intestin grêle faisant deux replis. A un pouce de l'anus existe la valvule du rectum.

L'individu que j'ai disséqué était une femelle pleine; ses ovaires

11.

formaient deux grands sacs oblongs très-gros, ayant, chez un animal de onze pouces de long environ, plus de deux pouces en longueur et d'un pouce en largeur. La membrane est très-mince et contient des œufs enfermés chacun dans une poche particulière, et de différente grosseur, depuis des germes petits comme une graine de pavot, jusqu'à des œufs gros comme des grains de chenevis ou même davantage. Ceux-ci montrent un vitellus bien distinct, sur lequel est roulé le petit fœtus, dont les deux yeux paraissent comme des points noirs, même à travers les parois de l'utérus. Cette espèce est donc vivipare, comme les précédentes. Je n'ai pas eu occasion de disséquer des mâles.

Leur squelette a dix-neuf vertèbres abdominales et trente-neuf caudales, y compris celle qui se dilate pour porter la nageoire du bout de la queue. Les interépineux répondent à peu près régulièrement aux apophyses épineuses, soit supérieures, soit inférieures. Ils s'élargissent un peu, mais leurs crêtes latérales sont peu élevées. Les côtes sont courtes : les trois dernières s'alongent; la seizième paire est celle qui acquiert le plus de longueur. Elles se réunissent pour former une sorte d'anneau osseux, qui supporte les premiers interépineux de l'anale.

Les autres parties du squelette sont assez semblables à ce que nous avons déjà observé dans les espèces précédentes.

Leur longueur est de dix et de douze pouces; ils viennent, comme tant d'autres espèces de clinus, de la rade du Cap. Nous les devons à feu Delalande, à M. Raynaud et à M. Dussumier; il s'en trouvait un dans les poissons desséchés de Commerson; mais ni ce voyageur ni M. de Lacépède n'ont parlé de cette espèce, qui nous paraît nouvelle.

Le CLINUS HÉTÉRODONTE.

(*Clinus heterodon*, nob.)

Le Cap a un autre clinus à tête courte et à profil convexe, mais fort différent du précédent.

Sa hauteur aux pectorales est quatre fois et demie dans sa longueur. Ses dents sont sur une rangée, excepté au milieu, où il y en a à chaque mâchoire deux groupes en arrière; le vomer les a ensuite sur une ligne en chevron. Je ne lui vois pas de tentacules. Sa dorsale est d'une venue jusqu'aux rayons mous, qui se relèvent un peu : elle atteint la base de la caudale.

D. 30/6; A. 2/21, etc.

Sa verge, fort grande, se termine par trois proéminences, dont l'inférieure est plus longue et se recourbe en crochet vers le haut. Il paraît tout brun, sauf le ventre, qui est roussâtre, et les pointes des rayons de l'anale, qui sont blanchâtres.

La longueur de l'individu est de trois pouces et demi.

Le CLINUS LATIPENNE.

(*Clinus latipennis.*)

Celui-ci a la tête plus courte et le profil plus convexe que la plupart des espèces du genre.

Sa hauteur est six fois dans sa longueur, et sa tête plus de cinq fois. Son tentacule sourcilier est de moitié aussi haut que l'œil; à peu près carré, et a le bord supérieur divisé en cinq ou six brins. Sa dorsale est égale, sauf ses rayons mous, qui s'élèvent un peu. Elle atteint juste l'anale.

D. 34/9; A. 2/26; C. 11; P. 13; V. 2.

Sa couleur est d'un brun cendré. Dans quelques-uns, des taches plus brunes forment six demi-bandes étendues sur le dos et la dorsale; en d'autres le brun est plus uniforme. Presque toute la dorsale est brune, avec quelques parties transparentes vers le bord. Les autres nageoires sont grises. Il y a des points bruns sur les rayons de la caudale et des pectorales.

Sa taille va à quatre pouces.

Il nous est venu de la rade du Cap par M. Delalande.

Enfin nous terminons cette liste de clinus par une petite espèce remarquable par sa grosse et large tête qui, à la première vue, la ferait prendre pour notre cotte ou chabot de rivière (*cottus gobio*). Aussi l'appelons-nous

Le Clinus chabot.

(*Clinus gobio*, nob.)

Sa hauteur aux pectorales n'est que quatre fois et demie dans sa longueur, sa tête n'y est que trois fois et demie, et elle est aussi large que longue, ou à peu près : sa hauteur est d'un tiers moindre. Les yeux sont grands, leur diamètre est des deux cinquièmes de la longueur de la tête, et ils n'ont entre eux qu'un demi-diamètre. Il y a un très-petit tentacule au sourcil, qui disparaît aisément dans certains individus, et un autre sur la narine. La courbe du profil s'arrondit entre les yeux et descend presque verticalement au museau, qui est fort court. Les joues sont renflées, et le crâne est un peu âpre. La bouche, au niveau du bord inférieur de l'œil en avant, descend obliquement en arrière jusque sous le milieu de ce bord. Les dents des mâchoires sont petites, coniques et pointues. La supérieure en a vingt-six égales, et qui vont jusqu'à la commissure ; l'inférieure n'en a que seize, qui n'occupent de chaque côté que moitié de la longueur, et dont les deux dernières sont plus grosses et plus crochues. Celles du vomer et des palatins sont petites et sur deux rangées irrégulières. Le préopercule et l'opercule sont arrondis. Les membranes branchiostèges, qui ont chacune six rayons, s'unissent sous l'isthme, mais sans s'y attacher, en sorte que les ouïes sont très-ouvertes.

Le corps va en se comprimant et en se rapetissant en arrière. La dorsale a dix-huit épines et neuf rayons articulés ; elle s'abaisse un peu à la dix-septième ; sa hauteur moyenne est de moitié de celle du corps. L'anale a deux épines et dix-sept rayons articulés. Les pectorales et les ventrales ont le cinquième de la longueur du corps. Les ventrales sont très-grêles. La caudale est obtuse et du sixième environ de la longueur totale.

B. 6; D. 18/9; A. 2/17; C. 15; P. 14; V. 2.

Les écailles sont assez grandes : il n'y en a guère que trente sur une ligne longitudinale et dix sur une verticale. Il n'y a de ligne latérale sensible que jusque vis-à-vis la fin de la pectorale, au tiers supérieur de la hauteur.

Ce petit poisson paraît dans la liqueur d'un gris roussâtre, avec des vestiges de bandes nuageuses brunâtres; mais il a une bande très-brune à la base de la caudale.

Notre plus grand individu n'a pas deux pouces, les autres en passent à peine un.

Nous les devons à M. Plée, qui nous les a envoyés des Antilles.

DES MYXODES.

Nous plaçons à la suite des clinus un petit groupe de poissons que M. Cuvier avait caractérisés dans son Règne animal par la forme alongée de leur museau, par leur corps plat et comprimé, et par leurs dents disposées sur un seul rang à chaque mâchoire. Les plus grandes sont sur le devant de la mâchoire; il n'y a pas de canines, comme dans les blennies proprement dits, sur l'arrière des mâchoires : il n'y en a aucunes au palais.

Nous les éloignons des blennies pour les rapprocher des clinus, à cause de la quantité de leurs rayons dorsaux épineux; caractère si remarquable des clinus. Ils en ont d'ailleurs un autre qui leur est commun avec quelques clinus, c'est d'avoir les trois rayons antérieurs de la dorsale un peu détachés des suivans, et formant une sorte de petite nageoire distincte. Ce sont en quelque sorte des poissons intermédiaires entre les clinus et les gonnelles; car nous allons voir que ceux-ci diffèrent des myxodes parce que leurs dorsales n'ont pas de rayons mous.

Les espèces de ce groupe sont nouvelles et viennent des
côtes du Chili. M. Gaudichaud en avait fait connaître im-
parfaitement deux à M. Cuvier; mais M. Gay en a augmenté
le nombre, et de plus il nous a communiqué des dessins
faits sur le poisson frais, qui complètent nos documens à
cet égard. Les Espagnols de Valparaiso les confondent
toutes sous le nom de *donzella*.

Le Myxode vert.

(*Myxodes viridis*, nob.)

Cette première espèce porte plus spécialement le nom
de *donzella verde*.

Sa hauteur, triple de son épaisseur, est contenue six fois dans
sa longueur totale; celle de la tête égale la hauteur du corps. Le
diamètre de l'orbite est du quart de la longueur de la tête; l'œil,
sur le haut de la joue, sans entamer la ligne du profil, est éloigné
du bout du museau d'une fois et demie le diamètre. La bouche est
petite, peu fendue; les lèvres sont assez épaisses; les dents petites,
obtuses, au nombre de vingt-quatre environ à chaque mâchoire;
la langue libre; le voile membraneux du palais étendu : les palatins
ni le chevron du vomer n'ont point de dents.

La dorsale commence sur l'occiput, au-dessus de la fente de l'ouïe,
en avant de l'angle de l'opercule. Elle a d'abord trois rayons un
peu séparés des autres; puis trente-trois autres épines dures et
poignantes, et six rayons mous. L'anale a deux épines faibles; elle
commence sous le seizième rayon épineux de la nageoire du dos.

La dorsale tient par une membrane au dos de la queue; mais
l'anale est libre. La queue est assez prolongée au-delà de ces deux
nageoires. La caudale est arrondie; la pectorale pointue; la ventrale
a trois rayons assez longs.

B. 6; D. 36/6; A. 2/24; C. 13; P. 13; V. 3.

Les écailles sont très-petites et comme perdues dans la peau.

La ligne latérale est courbée sur la pectorale, et se rend de là en ligne droite à la caudale.

M. Gay nous a donné les couleurs du poisson : elles sont vertes sur le dos, un peu jaunâtres sous la gorge; au-dessus de la ligne latérale, sur la dorsale et sur l'anale, il y a quelques taches blanches; les nageoires sont brunes; la caudale est lisérée et rayée de noirâtre. L'individu conservé dans l'alcool est devenu brun et a quelques vestiges de points blancs sur le corps; il offre de plus une tache noirâtre assez marquée sur l'opercule, que je ne vois pas indiquée sur le dessin de M. Gay.

L'individu est long de cinq pouces.

Les viscères ressemblent à ceux de nos salarias, l'intestin étant roulé en spirale sur lui-même plusieurs fois de suite.

Le MYXODE OCELLÉ.

(*Myxodes ocellatus,* nob.)

Une autre espèce, dont M. Gay nous a également fait connaître les couleurs, et qui vient de même de Valparaiso, a le corps encore plus alongé; la hauteur étant du septième de la longueur totale. L'œil est plus rapproché du bout du museau. Les dents sont aussi obtuses, mais moins nombreuses : j'en compte dix-huit à vingt à chaque mâchoire. Il n'y a que deux rayons avancés sur l'occiput; toutes les épines sont plus fines, plus aiguës et plus basses. L'anale commence de même sous la seizième épine; la dorsale est réunie au dos de la queue; l'anale est libre; la caudale coupée carrément; la pectorale pointue, plus courte que celle de la précédente espèce. Il y a trois rayons aux ventrales.

B. 6; D. 35/6; A. 2/24; C. 13; P. 14; V. 3.

Les écailles sont plus petites que celles du myxode vert; la ligne latérale est tracée de même. La couleur est brune sur le dos, rougeâtre sur le ventre. De l'angle de la pectorale et par le milieu du corps, est une série d'ocelles blancs, entourés d'un cercle noir. Une suite de pareilles taches existe le long de la dorsale et de l'anale. Les deux nageoires sont brunes; la caudale est plus claire et rayée de noirâtre. La pectorale est tachetée.

Ce poisson est devenu gris-rougeâtre dans la liqueur; il n'y a plus que les taches qui soient encore distinctes. L'individu est long de quatre pouces et demi.

Le Myxode a crête.

(*Myxodes cristatus*, nob.)

Une autre espèce de ce genre nous a été rapportée par M. Gaudichaud. Elle est distincte des deux autres par

sa tête plus courte, par sa hauteur moindre, et surtout parce que les trois rayons de la dorsale sont plus longs et forment une sorte de crête sur la tête; elle n'a d'ailleurs que quatre rayons mous, dont le dernier est très-petit. La caudale est bien arrondie.

D. 37/4; A. 2/26; C. 17; P. 13; V. 3.

La couleur est un gris cendré uniforme, avec des points noirs irréguliers sur le corps, et huit grandes taches noirâtres sur la dorsale. La caudale est chargée de marbrures noirâtres. L'anale est blanchâtre, pointillée de brun.

L'individu n'a que quatre pouces et demi de longueur. Nous en avons un autre, devenu plus noir, et qui est long de six pouces. La longueur de ses trois premiers rayons dorsaux et ses quatre rayons mous le font aisément reconnaître.

DES CRISTICEPS,

et en particulier du Cristiceps austral.

(*Cristiceps australis*, nob.)

Nous devons encore faire un genre, dans la famille des blennoïdes, d'un poisson qui a les trois premiers rayons

de la dorsale séparés et distincts des suivans, et avancés
sur l'occiput de manière à devenir une crête sur la tête.
Outre le grand individu que nous devons à M. Péron, et
que M. Cuvier a décrit de la manière suivante, nous en
avons reçu deux autres très-petits que MM. Quoy et Gaimard
ont trouvés à la Nouvelle-Zélande.

Son corps, gros aux pectorales, diminue plus que dans aucun autre
blennoïde vers l'arrière de la queue. L'épaisseur de son tronc en
avant est six fois et demie dans sa longueur totale, et son épaisseur
fait moitié de sa hauteur. A la base de la caudale, la hauteur et l'é-
paisseur sont six fois moindres. Sa tête n'a pas tout-à-fait le cinquième de la longueur du poisson, et elle n'a pas un quart de
moins en hauteur à la nuque. Son profil descend presque en ligne
droite. L'œil a un cinquième de la longueur de la tête en diamètre,
et il y a la même distance de l'œil au bout du museau. La bouche
est fendue jusqu'à l'aplomb du milieu de l'œil; son maxillaire est
bien à nu, ses lèvres charnues, ses dents en velours ou plutôt en
cardes fines; les extérieures plus séparées, plus pointues, mais à peine
plus grandes; celles du vomer, sur deux lignes transverses, forment
un angle en avant. Au-dessus de chaque œil est un tentacule simple;
un peu plus haut, et sur le bout du museau, il y en a de chaque
côté un fourchu, qui n'est guère moins long que celui de l'œil.

La première nageoire dorsale répond à la pointe antérieure de la
dorsale du clinus sourcilier, et est de même soutenue par trois
rayons, mais elle est beaucoup plus avancée et totalement séparée
de la seconde : elle est implantée sur la nuque même, et son premier
rayon est au-dessus de l'œil. La seconde dorsale naît à l'aplomb de
l'extrémité de l'opercule; d'abord du tiers de la hauteur du corps
aux pectorales, elle s'élève un peu en arrière, où elle s'unit au dos
de la queue, à une distance de la caudale égale à la hauteur de la
queue à cet endroit. Elle a trente-cinq rayons, tous flexibles, mais
dont les vingt-sept premiers sont simples, et les huit derniers
articulés.

L'anale commence au deuxième cinquième de la longueur, et

demeure à une distance de la caudale double de celle où finit la dorsale. Elle est un peu moins haute que la nageoire du dos et a deux rayons simples et vingt-trois ou vingt-quatre articulés. La caudale est pointue et comprise quatre fois et demie seulement dans la longueur totale. Ses rayons ne sont qu'au nombre de neuf entiers avec deux petits. Les ventrales, très-fourchues et prolongées en deux filets, surpassent le sixième de la longueur totale. Leur troisième rayon mou ne forme qu'une petite pointe au côté interne de leur base. Les pectorales, à peu près de la même longueur, sont ovales et ont douze rayons.

B. 6 ; D. 3 27/8 ; A. 2/24 ; C. 13 ; P. 11 ; V. 1/2.

Ce poisson ne me paraît point avoir d'écailles. Sa peau mince laisse apercevoir toutes les intersections musculaires. Sa ligne latérale, courbée comme dans les clinus, est très-peu marquée.

Son foie est triangulaire et un peu échancré ; le canal cystique et le cholédoque s'unissent à leur sortie du foie ; l'hépatique est fort long ; l'estomac se distingue peu du reste du canal.

Le squelette, semblable en général à celui des clinus, a quarante-trois vertèbres abdominales et trente et une caudales. Les rayons de la première dorsale adhèrent à une verge osseuse couchée longitudinalement sur le crâne, dans un aplatissement demi-elliptique et horizontal, qui paraît formé par la crête occipitale, courbée vers l'avant jusques entre les yeux.

Feu Péron en avait rapporté de la Terre de Van-Diémen deux individus longs de trois et de quatre pouces et décolorés.

C'est là le climat natal de l'espèce ; MM. Quoy et Gaimard l'ont retrouvée dans la rivière du nord à Hobart-Town, et y ont peint un individu de sept pouces ; ils lui représentent le tronc jaunâtre avec six bandes obliques fauves, et les intervalles semés de points fauves ; la tête, la poitrine et toutes les nageoires, verdâtres ; six larges taches d'un vert

plus foncé sur la dorsale et sur l'anale; deux séries transversales de points bruns sur la pectorale et sur la caudale.

Cette espèce est vivipare. MM. Quoy et Gaimard ont
trouvé le sac de l'ovaire rempli de petits. Les individus
que nous avons examinés ne portent aucune trace de verge.
Nous ne savons pas si le mâle en manque comme dans
le zoarcès, ou si nous n'avons vu que des femelles.

———

DES CIRRHIBARBES,

et en particulier du CIRRHIBARBE DU CAP.

(*Cirrhibarbis capensis,* nob.)

M. Cuvier a séparé, sous ce nom de cirrhibarbe, un
poisson d'ailleurs fort semblable à nos myxodes, mais qui
a la dorsale plus continue et de nombreux tentacules, soit
sur le dessus de la tête, soit à la symphyse des deux mâchoires inférieures. Cette disposition ne s'observe dans
aucun autre. Les dents en velours sont d'ailleurs disposées
comme dans les clinus, avec lesquels ces poissons ont
encore un autre rapport marqué par le grand nombre des
rayons épineux de la nageoire du dos.

Nous n'en connaissons qu'une espèce, dont voici la description.

Sa hauteur aux pectorales est près de sept fois dans sa longueur,
et son épaisseur, au même endroit, près de deux fois dans sa
hauteur. La longueur de la tête est quatre fois et un tiers dans la
longueur totale : elle est de deux cinquièmes plus longue que haute,
et son profil est rectiligne, son museau pointu. L'œil est à deux
de ses diamètres du bout du museau, et à peu près de quatre de
celui de l'opercule. La bouche, fendue jusqu'à l'aplomb du milieu
de l'œil, a la mâchoire supérieure bien protractile, le maxillaire

très-découvert, les lèvres charnues et pendantes. La mâchoire inférieure dépasse un peu la supérieure : toutes les deux ont une bande de dents en velours, fort large au milieu, et le rang extérieur un peu plus fort : il y en a une petite plaque au-devant du vomer. La langue est libre, lisse et pointue. Du bout de l'ethmoïde s'avance sur la mâchoire supérieure, mais sans y adhérer, un lambeau charnu qui se divise en trois tentacules pointus, chacun du cinquième à peu près de la longueur de la tête, et sous la symphyse de la mâchoire inférieure en pendent huit semblables, disposés sur trois rangs : trois aux deux premiers, deux au troisième, un peu plus longs que les autres; sur l'œil est un petit tentacule pointu, et il y en a un semblable et presque aussi grand à l'ouverture antérieure de la narine; la postérieure n'a qu'un petit rebord.

L'opercule osseux et le subopercule forment deux pointes obtuses, mais cachées dans le bord membraneux de ces parties. Les ouïes sont largement ouvertes; leurs membranes embrassent l'isthme par leur réunion, sans y adhérer : il y a à chacune six rayons robustes. L'épaule n'a qu'un repli de la peau au scapulaire. La pectorale est ronde, du neuvième environ de la longueur totale, et a quatorze rayons. Les ventrales, à peu près de même longueur, sont fourchues jusqu'au milieu et ont un petit appendice au côté interne de leur partie entière.

La dorsale, du quart environ de la hauteur du corps, partout égale, si ce n'est vers la fin, où elle s'élève un peu, commence à l'aplomb du bord montant du préopercule, et se termine juste à la base de la caudale; elle a quarante-trois ou quarante-quatre rayons épineux et huit mous.

La caudale n'a guère que le dixième de la longueur totale. On y compte treize rayons : il y en a deux épineux et trente-trois mous à l'anale, qui est basse comme la dorsale, commence après le quatrième neuvième de la longueur totale, et laisse en arrière, avant la caudale, un espace égal à la moitié de cette dernière nageoire.

B. 6; D. 43/8; A. 2/33; C. 13; P. 14; V. 2.

L'anale est précédée d'un organe en forme de verge cylindrique, courbée en avant et terminée par six tubercules disposés comme une fleur; l'inférieur est plus gros que les autres.

Tout ce poisson est couvert d'écailles très-petites, si ce n'est celles de la partie antérieure de la ligne latérale, qui sont plus larges. Cette ligne, après s'être infléchie à l'aplomb de l'anus, disparaît sur la queue.

La vraie couleur de ce poisson singulier nous est inconnue. Deux individus seulement nous sont tombés sous les yeux : un très-petit de deux pouces et demi, que le Cabinet du Roi avait reçu de l'ancien Cabinet du Stadhouder, et un de dix pouces, rapporté du cap de Bonne-Espérance par feu Delalande.

C'est ainsi que l'on a appris son climat natal, le même que celui de tant de clinus.

***

DES TRIPTÉRYGIONS.

Le triptérygion de M. Risso (2.ᵉ éd., p. 241), ou le *blennius tripteronotus* de sa 1.ʳᵉ édition (p. 135, pl. 5, fig. 14[1]), est le type d'un genre très-voisin des clinus et dont il se distingue par la dorsale divisée en trois parties.

Nous en connaissons une espèce dans la Méditerranée, qui y est abondante; les mers étrangères en nourrissent quelques autres.

Le Triptérygion a bec.

(*Tripterygion nasus,* Risso.)

C'est un petit poisson qui n'est pas très-rare sur le côtes de Provence et de Ligurie, et dont il ne paraît pas cependant qu'aucun auteur ait parlé avant M. Risso.

---

1. Cette figure est peu exacte et pour le travail et pour les couleurs.

M. Guérin nous en a apporté quelques individus de Toulon; M. Bibron en a pris un en Sicile, et M. Laurillard en a peint un, d'après le frais, à Nice. C'est sur ces documens que nous avons rédigé la description suivante.

La forme de sa tête ressemble beaucoup à celle du clinus argenté, c'est-à-dire, que son profil, quoique arqué, ne descend pas verticalement, et que son museau, quoique court, saillit néanmoins en avant.

Sa hauteur aux pectorales est six fois dans sa longueur; son épaisseur, au même endroit, fait les deux tiers de sa hauteur. La longueur de sa tête est quatre fois et demie dans celle du corps, et elle est d'un tiers moins haute que longue. L'œil est près de la ligne du profil, d'un peu plus du quart de la longueur de la tête en diamètre. Sa distance au bout du museau égale son diamètre, et les deux yeux ne sont séparés l'un de l'autre que d'un demi-diamètre. La bouche, fendue jusque sous le tiers antérieur de l'œil, est assez protractile; son maxillaire est fort étroit. Il y a à chaque mâchoire une rangée extérieure d'une soixantaine de dents coniques, pointues, dont les antérieures, surtout à la mâchoire supérieure, sont plus grandes; et derrière celles-là une bande assez large en avant, de très-fin velours; en avant du vomer en est une petite bande transverse, aussi en fin velours ras. L'opercule et le préopercule sont arrondis. La membrane branchiostège ne s'unit à celle de l'autre côté que sous l'isthme, en sorte que l'ouïe a la même ouverture que dans les blennies propres, et il y a aussi le même nombre de rayons.

Les pectorales ont le quart de la longueur du poisson, et quatorze rayons : le huitième est le plus long; celui-là et ceux qui le suivent sont plus gros et simples, quoique articulés; les sept supérieurs sont branchus. Les ventrales ont quelque chose de moins que les pectorales; elles finissent en filets; on n'y voit bien que deux rayons.

La première dorsale commence à la nuque sur l'aplomb de la naissance des ventrales et par conséquent plus en avant que les pectorales; elle n'a que trois rayons, dont le second, qui est le plus long, n'a que le tiers de la hauteur du corps. La seconde naît au-

dessus de l'insertion des pectorales et finit un peu après le milieu
du poisson; elle a dix-sept rayons, dont le premier s'alonge en un
filet plus élevé que le corps; le second et le troisième, aussi en
partie en filets libres, diminuent, et les suivans ont à peu près moitié
de la hauteur du corps : le dernier est fort court. La troisième dorsale
suit immédiatement après et s'élève d'abord un peu plus que la
seconde, mais va en s'abaissant en arrière; son douzième rayon, qui
est le dernier, est fort court. Elle laisse encore entre elle et la
caudale un espace égal au huitième de la longueur totale. C'est aussi
à peu près la longueur de la caudale, qui a onze rayons. L'anale
commence sous le tiers antérieur de la seconde dorsale et finit vis-à-
vis le dernier rayon de la troisième; elle a vingt-quatre rayons, et
sa hauteur est à peu près du tiers de celle du corps.

B. 5; D. 3 — 17 — 12; A. 24; C. 11; P. 14; V. 2.

Il y a environ quarante écailles depuis l'ouïe jusqu'à la caudale,
et douze ou quinze du ventre au dos, en avant. Elles tombent aisément, excepté à la ligne latérale; elles sont transversalement ovales,
finement ciliées à leur bord externe, entières partout ailleurs, et
marquées de douze ou quinze stries légères dans leur partie cachée;
celles de la ligne latérale ont une tubulure échancrée à chaque bout
et beaucoup moins de stries. Cette ligne est droite, au tiers à peu
près de la hauteur : elle se marque peu vers l'arrière.

Ce petit poisson est agréablement coloré : son museau, tout le
côté de la tête, la gorge, jusqu'à la base de la pectorale, sont d'un
noir profond. Le corps, à compter du crâne et de la tempe, est fauve
et a huit bandes verticales nuageuses, brunes, rapprochées par paires,
et des marbrures et points bruns. Les nageoires sont d'un bel orangé,
excepté les ventrales, qui sont noires dans leur première moitié,
et la première dorsale, qui a souvent du noirâtre; d'après le dessin
de M. Laurillard, elle est quelquefois aussi orangée avec des taches
vertes, et il y a sur la seconde dorsale une large bande longitudinale
verdâtre; la troisième aurait trois lignes vertes ou bleues sur la
moitié inférieure. Il y en a aussi trois sur la moitié antérieure de
la caudale, et l'anale a trois rangées de points bleus sur sa base et

du blanc à la pointe de ses rayons; il y a aussi un fin liséré blanc
à l'extrémité de la caudale, et un vert à la deuxième dorsale; mais
ces diverses couleurs disparaissent dans la liqueur.

Certains individus, probablement des femelles, ont moins de
rouge; leur tête n'a que des taches noirâtres, et les premiers rayons
de leur dorsale ne s'alongent pas en filets.

C'est un de ceux-là que M. Risso a représenté (1.re éd., pl. 5,
fig. 14), mais peu exactement.

La taille de l'espèce n'excède guère deux pouces ou deux pouces
et demi. On la nomme à Nice *bavecca d'arga*. M. Risso dit qu'elle
se tient dans les fucus, qu'elle paraît au printemps et en automne,
et que sa femelle pond en Avril parmi les zostera. Il ajoute que sa
chair est ferme et de bon goût; mais on doit bien peu rechercher,
comme aliment, un poisson si petit.

Dans un mémoire que M. le professeur[1] Cocco a bien
voulu nous communiquer sur divers poissons de Sicile,
se trouve une description de ce triptérygion, sous le nom
de *tript. melanocephalum*, qui conviendrait très-bien aux
individus à tête noire.

On le prend à Messine sur les fonds vaseux, et il est porté
au marché avec beaucoup de petits blennies et de petits
gobies. Les pêcheurs le nomment *baussa russa*. Son abondance est assez grande au printemps et en été, mais il
devient rare en hiver.

Le TRIPTÉRYGION NIGRIPENNE.

(*Tripterygion nigripenne*, nob.)

Les côtes et les rivières de la Nouvelle-Zélande nourrissent plusieurs espèces de ce genre.

MM. Lesson et Garnot, lors de l'expédition du capitaine

---

1. *Acta acad. Gennaro.*, fasc. 1, pl. 4, 1829.

Duperrey, en ont pris un dans les rivières de ce pays, plus grand que celui de la Méditerranée,

et dont la tête est plus grosse et le profil un peu plus bombé. Sur chaque œil il porte un très-petit tentacule ovale et dentelé.

D. 5 — 19 — 12; A. 25; C. 15; P. 17; V. 2.

Dans la liqueur il paraît d'un brun roussâtre, plus pâle vers le ventre, avec quelques nuages peu apparens d'un brun plus foncé, formant comme deux raies longitudinales. Sa première dorsale est noire, la seconde grise, et noirâtre vers le bord; l'anale est aussi grise, à bord noirâtre; mais les bouts de ses rayons sont blancs : tout le reste des nageoires est gris.

Il est long de trois pouces.

Le TRIPTÉRYGION VARIÉ.

(*Tripterygion varium*, nob.; *Blennius varius*, Forst.)

Nous trouvons dans les dessins de Forster, conservés à la Bibliothèque de Banks, un poisson qui y est nommé *blennius varius*, et dont la description par le même voyageur a été insérée dans le Système posthume de Bloch, p. 78. C'est évidemment un triptérygion, et même assez voisin du précédent.

Ses mâchoires et son palais ont des dents petites et rassemblées (en velours); son corps est écailleux; sa tête lisse; la ligne latérale invisible en arrière; et il a trois dorsales.

B. 6; D. 5—24—14; A. 26; C. 14; P. 16, dont les supérieures branchues; V. 2.

Son corps est semé de points bruns. On voit sur les opercules et la poitrine, avant la pectorale, des lignes verticales dont l'auteur ne nous dit pas la couleur. La première dorsale a une tache noire à son sommet; la seconde a du blanc à la pointe de ses rayons et quelques taches rondes et blanches. Il y a aussi du blanc à la pointe des rayons de l'anale.

11.   39

L'individu était long de quatre pouces trois quarts, et avait été pris à l'hameçon, le long des côtes pierreuses de l'île sud de la Nouvelle-Zélande.

Le TRIPTÉRYGION DE FORSTER.

(*Tripterygion Forsteri*, nob.)

C'est probablement encore un *tripterygion* que le *blennius tripinnis* de Forster, décrit dans le Bloch posthume (p. 174);

mais il a de chaque côté deux tentacules palmés. Son corps est écailleux, sa tête lisse; il a aux mâchoires et au palais des dents en velours. Sa dorsale est divisée en trois.

B. 6; D. 3 — 16 — 15; A. 24; C. 12; P. 16; V. 2.

Il est brun, semé de taches rousses. Son abdomen est rougeâtre. A la base de la pectorale est une tache demi-circulaire d'un noir bleuâtre, entourée d'un liséré doré. Sa pectorale a quatre rangées de points bruns. L'anale est tachetée de brun, et les pointes de ses rayons sont pourpre.

L'individu était long de quatre pouces et demi. On ne nous dit pas où il avait été trouvé.

Le TRIPTÉRYGION A FENÊTRES.

(*Tripterygion fenestratum*, nob.; *Blennius fenestratus*, Forster.)

Le *blennius fenestratus* de Forster est tout aussi certainement un *tripterygion*. Nous en trouvons la figure dans la Bibliothèque de Banks, et la description dans le Système de Bloch, p. 173.

Sa forme est exactement celle de l'espèce de la Méditerranée, si ce n'est que la seconde dorsale s'élève moins de l'avant; il a de même le corps écailleux. Un petit tentacule tronqué se voit sur son sourcil, et un plus petit, frangé, à sa narine.

B. 6; D. 4 — 10 — 13; A. 24; C. 11; P. 11; V. 2.

Il est tout entier d'un brun olivâtre; ses nageoires sont du même brun et opaques; mais il y a dans leur membrane des endroits transparens qui y forment comme de petites fenêtres ovales. La première dorsale en a une entre ses troisième et quatrième rayons; la seconde en a trois; savoir : entre les quatrième et cinquième, entre les septième et huitième, et après le dixième; à la troisième il n'y en a que deux : entre le quatrième et le cinquième, et entre le neuvième et le dixième; l'anale en a jusqu'à douze; le long de sa base il y en a à la caudale plusieurs de grandeurs diverses et qui se touchent en partie; la pectorale en a deux, et en outre une tache opaque blanche à sa base.

Ce poisson, long de cinq pouces et demi, fut pris à la Nouvelle-Zélande entre les roches, et à l'embouchure des ruisseaux d'eau douce, mais où l'eau de la mer remonte lors du flux.

CHAPITRE V.

Des Gonnelles.

Nous avons vu dans les clinus les rayons épineux de la dorsale se multiplier au point qu'il n'en reste plus qu'un petit nombre de mous : les gonnelles n'en ont plus du tout. Leur dorsale est entièrement épineuse, et de plus, leurs ventrales sont excessivement petites et le plus souvent réduites au seul aiguillon.

Ce sont des poissons à corps alongé, très-comprimé; à tête oblongue; à museau peu saillant; à bouche peu fendue; à dents en velours ou en cardes.

C'est le genre pholis de Gronovius (*Zooph.*, p. 78), fort différent de celui auquel Artedi, Fleming et nous avons donné le même nom.

Leur dos, rendu tout épineux par la composition de la nageoire, aurait justifié le nom de centronote, sous lequel Bloch en a fait un genre dans son Système posthume (p. 165); mais ce nom a été donné aussi par Lacépède à un genre de scombéroïde.

Ce célèbre ichthyologiste, tout en conservant parmi ses blennies le *blennius gunnellus,* Lin., a fait, il est vrai, sous le nom de murénoïde, un genre du *blennius murenoides* de Sujef, ne reconnaissant pas alors l'identité de l'espèce de l'académicien de Pétersbourg avec celle du grand naturaliste suédois. Mais ce genre, qui fait double emploi dans l'ouvrage de M. de Lacépède, est si mal caractérisé qu'on est forcé de le regarder comme non établi.

Le nom de gonnelle[1] est dérivé de celui que porte sur les côtes occidentales .de l'Angleterre l'espèce commune, la seule que nos mers possèdent; mais c'est vers le Nord que ces poissons se multiplient. On en a déjà décrit trois ou quatre en Groenland et en Islande, et près du double dans le nord de l'océan Pacifique.

Nous ne possédons sur nos côtes que l'espèce suivante.

Le GONNELLE VULGAIRE.

(*Gunnellus vulgaris*, nob.; *Blennius gunnellus*, Lin.)

Son corps est alongé et comprimé. Sa hauteur au milieu est neuf fois dans sa longueur, et va en diminuant vers le museau et vers la caudale. Son épaisseur en avant est de moitié de sa hauteur, mais il s'amincit beaucoup en arrière. Sa tête est huit fois dans sa longueur totale, et d'un tiers plus longue que haute. Son profil est légèrement convexe; son œil, placé au quart antérieur de la tête, est séparé de l'autre par un intervalle convexe de la largeur de son diamètre, qui lui-même est du cinquième de la longueur de la tête. La bouche, au bout du museau, est un peu descendante, et n'est fendue que jusque sous le bord antérieur de l'œil. Le maxillaire est découvert, élargi en arrière; les lèvres molles et charnues; chaque mâchoire a un rang de dents coniques, peu aiguës; la supérieure en a un second rang au milieu: il y en a d'excessivement petites au-devant du vomer. La langue, très-enfoncée dans la bouche, mais fort libre, paraît, ainsi que le palais, avoir quelques âpretés, à cause des fortes papilles dont ces parties sont hérissées. On ne voit sur la tête ni crête ni tentacule. Les membranes branchiostèges embrassent l'isthme en dessous par leur réunion, et ont chacune cinq rayons, dont les supérieurs sont larges et plats.

La pectorale, arrondie, attachée au-dessous du milieu du corps,

---

1. *Gunnel*, corrompu de *Gun-wale*, signifie plat-bord. La minceur du corps de ces poissons leur aura fait donner ce nom.

n'a guère que le seizième de la longueur totale. La ventrale, placée juste sous la base de la pectorale, est plutôt thorachique que jugulaire; elle est réduite à un petit aiguillon attaché au ventre par une membrane, dans l'épaisseur de laquelle il y a peut-être un vestige de rayon mou.

La dorsale commence un peu en arrière de la nuque, à l'aplomb de la pointe de l'opercule, et se continue jusqu'à la caudale, à la base de laquelle elle s'unit, conservant partout une hauteur du sixième environ de celle du corps. L'anus est juste au milieu de la longueur. L'anale, à peu près de la même hauteur que la dorsale, atteint aussi la caudale et s'y unit, mais un peu moins intimement; elle n'a que deux petites épines, et tous ses autres rayons sont mous et articulés. La caudale est arrondie et du quinzième environ de la longueur totale.

B. 5; D. 76 à 81; A. 2/39 à 44; C. 15, dont les latéraux plus petits; P. 11; V. 1.

Ce poisson est brun-roussâtre avec des nuages grisâtres, qui ne se montrent pas toujours; la gorge et le ventre sont plus pâles; la tête tire au jaunâtre. Sur la base de la dorsale et la partie voisine du dos est une série de dix taches rondes, noires, entourées chacune d'un liséré blanc. L'anale a sur un fond gris douze ou treize bandes obliques brunes. L'iris est doré. Une bande noirâtre un peu effacée descend verticalement du bord antérieur de l'œil sur la joue, et s'arrête à la mâchoire supérieure; elle ne remonte pas au-dessus de l'œil.

Les viscères digestifs de ce poisson sont un simple tube court, peu dilaté en avant, faisant quelques petits festons en arrière, et se rendant directement de la bouche à l'anus, ce qui rend le canal intestinal très-court. Le foie est alongé, mince et creux sous toute la portion stomacale du tube digestif. La vésicule du fiel est très-petite; la rate à peine sensible. Les laitances forment deux petits cordons ronds et très-minces; il n'y a point de verge, point de papilles derrière l'anus. Les femelles ont les œufs très-petits et ne sont pas vivipares. Il n'y a pas de vessie aérienne.

Le squelette du gonnelle a les os de l'épaule étroits et presque membraneux, et le bassin extrêmement petit. L'épine se compose de quatre-vingt-quatre ou quatre-vingt-cinq vertèbres, dont trente-sept ou trente-huit abdominales, qui, à l'exception des premières, ont toutes leurs apophyses transverses descendantes et réunies en anneaux, d'où part en dessous une courte apophyse épineuse inférieure. Le premier interépineux de l'anale est suspendu à l'apophyse épineuse inférieure de la trente-huitième vertèbre : les deux rayons épineux de cette nageoire n'ont pas d'interépineux, ou du moins ils sont rudimentaires et seulement suspendus dans les chairs.

Nous avons des échantillons de sept pouces.

M. Faber dit avoir observé que les jeunes individus n'ont point de taches à la dorsale, mais que dans les adultes le nombre de ces taches va quelquefois à douze. Cependant je les trouve bien marquées sur de très-petits individus que M. Gaimard a rapportés d'Islande.

L'auteur de l'Ichthyologie d'Islande pense, et nous avions aussi depuis long-temps cette idée, que le *blennius muræ-noides* de Sujef[1] et de Gmelin n'est encore que le gonnelle.

Le *blennie pourpre* de Low[2], qui ressemble entièrement au gonnelle, excepté qu'il est rougeâtre pourpré, et n'a qu'une seule tache ocellée sur le devant de la dorsale, pourrait bien n'être aussi qu'une variété de cette espèce.

Willughby, qui le premier a fait connaître le gonnelle, l'avait vu à Saint-Ives, petite ville tout près de l'extrémité du comté de Cornouailles[3]. Selon Pennant et Donovan, il n'est pas rare à la côte d'Anglesey[4], et Low assure qu'il y en a beaucoup aux Orcades[5]. Turton le cite aussi dans sa Faune d'Angleterre, et Fleming établit bien un genre *gunnellus,* mais il y réunit à tort les blennies vivipares.

---

1. *Acta acad. petrop.*, 1779, 2.ᵉ part., p. 195, pl. **VI**, fig. 1. — 2. *Fauna Orcad.*, 203. — 3. Willughby, p. 115. — 4. Donovan, *Brit. fish.*, pl. 27. — 5. *Fauna Orcad.*, 204.

M. Yarell[1] en donne une bonne figure et dit que M. Audubon lui a donné un individu de cette espèce, originaire d'Amérique.

Nous l'avons trouvé fréquemment dans les roches des côtes de Normandie, et nous l'avons reçu de Brest et de La Rochelle, en sorte qu'il appartient à toutes les côtes de France sur l'Océan. Gronovius dit qu'il est rare sur celles de Hollande[2]; mais je suppose que cela tient à leur nature sablonneuse, car il est rare aussi sur celles de Jutland[3], quoiqu'il s'avance jusqu'à l'extrême Nord. Il y en a au Groenland[4], en Islande, où il passe toute l'année[5]; en Laponie[6] et sur la côte de Norwége jusqu'au Finnmark : il y en a aussi dans la Baltique.[7]

Je ne trouve personne qui dise l'avoir vu dans la Méditerranée, ni dans les mers qui y aboutissent, et il ne nous en a jamais été envoyé. A la vérité, Pallas prétend en avoir pris une fois un très-petit dans le fucus sur les côtes de la Crimée[8]; mais cette indication isolée et sans description détaillée, peut difficilement être regardée comme se rapportant avec certitude à cette espèce.

Outre son nom de *gunnel*, il porte aussi en Angleterre celui de *butter-fisch*[9], et aux Orcades celui de *swordick* ou *sword-fish*[10]; les Islandais l'appellent *skeria-sinbitr* (anarrhique de roche) ou *sprettfiskr* (poisson sauteur, pétillant)[11]. C'est un des poissons nommés en Norwége

---

1. *Brit. fish.*, p. 239. — 2. Mus. ichth., I, n.° 77, p. 33. — 3. Faber, Poissons d'Islande, p. 78. — 4. Fabricius, *Fauna Groenl.*, p. 151. — 5. Faber, Poiss. d'Islande, p. 78, et Olafsen, trad. fr., pl. 49. — 6. Leem., *Lapl.*, 170. — 7. *Fauna Suecica*, édit. Retz, p. 324. — 8. *Zoogr. ross.*, t. III, p. 173. — 9. Willughby, Pennant, Couch, Donovan, etc. — 10. Low, *Fauna Orcad.*, p. 262. — 11. Faber, Poiss. d'Islande, p. 76.

tangbrosme [1]; mais il y porte aussi le nom de *snör-dolk.* [2]

Bloch croit que c'est l'*ophidium* de Schonevelde, nommé à Helgoland *neunauge* [3], nom qui est proprement celui de la petite lamproie; mais cette opinion me paraît douteuse. [4] Les Groenlandais lui donnent celui de *kurksaunack* [5], et les Lapons celui de *stagosch.* [6]

Il habite les fonds pierreux et principalement les fentes des rochers, où il se tient d'ordinaire caché dans les algues: on l'y prend aisément lors de la marée basse.

Il nage rarement, quoique avec vîtesse, et quand on l'inquiète, il se meut avec force et fait de grands sauts. [7] Lisse et vif comme il est, on a peine à le retenir avec la main. Sa vie est dure et il subsiste deux ou trois heures hors de l'eau [8]. Sa principale nourriture consiste en cloportes marins, autres petits crustacés [9] et en œufs ou en frai de poisson. [10]

On ne le mange point à cause de sa petitesse, quoique sa chair ne soit pas mauvaise; mais les oiseaux de mer, le cormoran, les goélands et les poissons voraces en font une grande destruction. On le trouve bien souvent dans leur estomac: le cotte scorpion passe surtout pour lui faire une guerre cruelle. C'est cependant un appât médiocre, que les pêcheurs n'emploient que faute d'un meilleur [11]. Les Groen-landais le sèchent quelquefois pêle-mêle avec le lodde [12] (*salmo arcticus*).

---

1. Strœm, *Sœndm.*, t. I, p. 315, n.° 3. — 2. Müller, *Zool. dan. Prodr.*, p. 43. — 3. Schonev., p. 53. — 4. Bloch, 2.ᵉ part., p. 107. — 5. Fabr., *Fauna Groenl.*, p. 150, et Richardson, *Fauna bor. Amer.*, 3.ᵉ part., p. 91, n.° 42. — 6. Leem., *Lapl.*, 170. — 7. Faber, Fabricius, *loc. cit.*, etc. — 8. Donov., *ad tab.* 27. — 9. Faber. — 10. Donov. — 11. Low, *Fauna Orc.*, 205. — 12. Fabricius, *Fauna Groenl.*, p. 151.

Le GONNELLE SANS NAGEOIRES.

(*Gunnellus apos*, nob.)

M. Tilesius a dessiné au Kamtschatka un poisson tellement semblable au gonnelle ordinaire par ses formes et ses couleurs, que Pallas l'avait jugé le même[1], et qui cependant en différerait beaucoup, si, comme l'assure le premier de ces naturalistes, il n'avait absolument point de ventrales. M. Tilesius, à cause de cette circonstance, l'appelle *blennius gunnellus apos,* ou bien *ophidium ocellatum;* mais si ses rayons dorsaux étaient épineux, ce ne pourrait être un *ophidium,* et tout au plus pourrait-on en faire le type d'une section dans le genre des gonnelles, ou celui d'un genre très-voisin. Malheureusement cet observateur a négligé de s'expliquer nettement à ce sujet.

A en juger par la figure, ce poisson serait un peu moins alongé que le gonnelle commun, mais lui ressemblerait d'ailleurs à peu près en tout. Sa caudale, quoique jointe aux deux autres nageoires, en reste néanmoins distinguée, et ne fait pas avec elle une pointe comme dans les ophidiums.

Ses nombres sont indiqués comme il suit :

B. 4; D. 80; A. 50; C. 18; P. 16; V. 0.

Sa couleur est jaunâtre, teinte de brun vers le dos, avec des taches et des lignes verticales irrégulières, ondulées, interrompues et nuageuses, tirant au pourpre. Sur sa dorsale se voient six ocelles noirs.

Il est long de cinq ou six pouces.

---

1. *Zoogr. ross.*, t. III, p. 173. A l'article du *blennius gunnellus*, M. Tilesius, dans une note, s'exprime ainsi : *jussu beati auctoris, tabulam meam octavam ex actis Petrop. adjicio, quœ figura secunda blennium gunnellum apodem, etc., refert :* termes qui semblent impliquer que Pallas croyait le poisson de Tilesius identique avec le gonnelle.

Le GONNELLE ÉPINEUX.

(*Gunnellus mucronatus,* nob.; *Ophidium mucronatum,* Mitchill.)

C'est aussi dans le genre des gonnelles que l'on doit placer
l'*ophidium épineux* de M. Mitchill[1]; l'auteur lui-même nous
dit que ce poisson a une petite épine entre la pectorale et
le sternum, ce qui ne peut être qu'une ventrale épineuse,
comme en ont plusieurs espèces de ce genre. La figure qu'il
en donne est d'ailleurs, pour la tête, pour la caudale, pour
tout ce qui est caractéristique, celle d'un gonnelle et non
pas celle d'un ophidium.

Il paraît qu'à l'avant de la dorsale est une épine plus prononcée
que les autres; mais l'auteur ne nous donne ni le nombre des rayons
de cette nageoire, ni celui des rayons de l'anale. Tout ce que l'on
peut tirer de ses nombres est :

B. 5;   C. 11; P. 12.

Il ajoute que sa peau est douce et sans écailles; sa ligne latérale
droite; ses pectorales petites; son corps brun, avec environ dix taches
nuageuses plus foncées le long du dos, et s'étendant en partie sur
la dorsale; son ventre, ses pectorales et sa caudale jaunes; son anale
jaunâtre, avec une suite d'environ seize taches d'un brun pâle.

Ce poisson, long de sept pouces; avait été pris dans l'eau
salée, à Brooklyn.

Le GONNELLE PONCTUÉ.

(*Gunnellus punctatus,* nob.; *Blennius punctatus,* Fab.)

Otton Fabricius a décrit dans sa Faune du Groenland
(p. 153) un poisson du Nord, qu'il nomme *blennius punc-*

---

1. *Fish of New-Yorck.* Mém. acad. philad., tom. Ier, pl. 1, fig. 1.

tatus, et qui ne peut guère être placé qu'ici; il en a donné la figure dans les Mémoires de la Société d'histoire naturelle de Copenhague (t. IV, part. 2, pl. 10, fig. 3).

Ces deux documens nous ont fourni la description suivante :

Sa hauteur est environ six fois dans sa longueur. Son corps est comprimé : sa tête l'est plus que le corps, et du cinquième environ de la longueur. Les mâchoires sont à peu près égales. Les dents sont comme dans le lumpène et le gonnelle; sa langue est lisse et un peu fourchue. Son profil descend peu, et sa bouche, fendue au bout du museau, est horizontale. Les yeux, placés un peu avant le milieu, sont rapprochés et proéminens. Les orifices antérieurs des narines ont un petit rebord. Les membranes des ouïes embrassent l'isthme par leur réunion.

Fabricius lui attribue sept rayons aux ouïes, ce qui aurait besoin de confirmation.

Les pectorales sont grandes et ovales. Les ventrales, extrêmement petites, ont quatre rayons, dont les deux externes sont excessivement courts. La dorsale, tout d'une venue, s'unit à la base de la caudale; elle n'a que des rayons épineux un peu arqués; l'anale répond aux trois derniers cinquièmes de sa longueur; elle ne s'unit point à la caudale : ses rayons sont mous. La caudale est un peu en coin.

B. 7; D. 50; A. 38; C. 18; P. 17; V. 4.

Les écailles sont petites et noyées dans l'épiderme très-lisse : il n'y en a point à la tête. La ligne latérale, assez marquée d'abord, et qui marche au cinquième supérieur de la hauteur, finit vers le milieu de la longueur.

Sa couleur est fauve; la gorge et les pectorales sont blanches. Il y a tout le long du bas de la tête, depuis la symphyse de la mâchoire inférieure jusqu'à l'extrémité du sous-opercule, sept bandes ou taches verticales brunes. Sur la dorsale sont cinq grandes taches ovales brunes, bordées d'un côté de blanc et formant autant d'ocelles. L'anale en a douze noirâtres et moins remarquables. Les pectorales et la caudale ont des lignes transversales blanches. Sur la tête sont des points blancs enfoncés, disposés sans ordre sur les opercules, mais formant une rangée autour des yeux, deux entre eux, et une transversale derrière.

La longueur de ce poisson est de six pouces.

Il se tient dans les profondeurs et vient rarement à la côte; mais Fabricius l'a trouvé fréquemment dans l'estomac des flétans, des morues et des autres grands poissons.

Les Groenlandais l'appellent *akulliakitsoc,* nom qui dans leur langue exprime le peu d'intervalle qu'il y a entre ses yeux.

M. Richardson [1], en suivant les indications de la seconde édition du Règne animal, mentionne cette espèce comme un clinus dans sa Faune de l'Amérique boréale.

Nous n'avons pas vu ce poisson, mais M. de La Pylaie nous a donné une figure fort bien dessinée, faite à Terre-Neuve, et qui répond, pour les formes, à la description de Fabricius, mais elle ne marque point d'ocelles à la dorsale, et montre, au contraire, sur tout le corps des taches rondes de diverses grandeurs et diversement groupées. Le poisson qu'elle représente devra peut-être former un jour une espèce particulière, voisine de la précédente.

Fabricius suppose que son *blennius punctatus* n'est qu'une variété du gonnelle vulgaire; mais les nombres seuls des rayons réfuteraient cette idée.

Le GONNELLE DE FABRICIUS.

(*Gunnellus Fabricii,* nob.; *Blennius lumpenus,* Fabr.)

Un autre gonnelle du Groenland a été décrit par Fabricius dans sa Faune de Groenland (p. 151, n.° 109),

---

1. Richardson, *Fauna bor. Amer.*, 3.ᵉ part. p. 88, n.° 40.

et a été confondu mal-à-propos par lui avec le *lumpen*
des Anversois, décrit par Willughby, lequel n'est autre
que le zoarcès ou *blennius viviparus*, Lin. Cette méprise
a engagé le savant voyageur de Copenhague à donner à
l'espèce le nom de *blennius lumpenus*[1]; mais il a annoncé
ensuite[2] que ce poisson ne paraît pas différer du *blennius
islandicus* de Mohr, ou *blenn. lampetræformis* de Walbaum. Les nombres indiqués par les deux auteurs s'accordent cependant si peu, que nous hésitons à adopter
cette identité.

Ce prétendu lumpen du Groenland est un poisson alongé et
presque rond, sa hauteur aux pectorales est quatorze fois dans sa
longueur, et il diminue encore en arrière.

Sa tête est plus comprimée que le corps, presque conique. Sa
bouche, peu fendue, ne va pas jusque sous l'œil, qui est petit et a
le sourcil un peu saillant. Outre les orifices de la narine il y a un
troisième pore. Ses mâchoires sont à peu près égales, la supérieure
dépassant à peine l'inférieure. Ses dents sont assez fortes; sa langue
est lisse, obtuse. La membrane des ouïes est ouverte fort avant.
L'opercule se termine en pointe. Les ventrales, excessivement grêles,
ont cependant trois rayons, dont l'externe très-petit. Les pectorales
sont grandes et ovales. La dorsale, égale partout, à peu près du
tiers de la hauteur du corps, n'a que des rayons épineux arqués
en arrière; elle ne se joint pas tout-à-fait à la caudale. La caudale
est arrondie et du onzième de la longueur totale. Fabricius donne
les nombres suivans aux rayons:

B. 6; D. 63; A. 41; C. 18; P. 15; V. 2.

La peau est fort lisse, et les très-petites écailles sont noyées dans

---

1. Le *Blennius lumpenus* d'Artedi, *Syn.*, p. 45, qui a passé ensuite dans le
Systema naturæ, n'est qu'un composé du zoarcès (*Blennius viviparus* ou *lumpen*
de Willughby) et du *galea piscis* de Gesner, p. 90, qui est la mustèle. Il doit
disparaître de l'ichthyologie.

2. Mémoires de la soc. d'hist. nat. de Copenhague, t. II, p. 87.

son épiderme. Le dos et les flancs ont des aréoles pâles, séparées par des lignes et des traits bruns nuageux. La tête et les pectorales tirent au'jaunâtre. L'abdomen est blanchâtre. Le dessous de la queue a aussi une teinte de jaune.

La taille de ce poisson est d'un pied.

Au Groenland il se tient avec le gonnelle dans les endroits sablonneux ou argileux; mais est moins abondant. Par un temps serein on le voit reposant sur le fond. Son corps est diversement fléchi comme l'anguille. S'il fait obscur, il se cache parmi les varecs, où il dépose ses œufs au mois de Juillet.

Son nom groenlandais est *tejarnak,* que l'on dérive de *tejak* (bracelet).

Le Gonnelle d'Islande.

(*Gunnellus islandicus,* nob ; *Centronotus islandicus,* Bl. Schn.,
p. 157, n.° 5.[1])

Mohr donne à son *blennius islandicus* pour nombres :

B. 6; D. 72; A. 54; C. 16; P. 15; V. 1.

Sa figure le représente beaucoup plus alongé que le poisson de Fabricius. Sa hauteur aux pectorales est douze fois dans sa longueur totale, et la longueur de sa tête neuf fois : du reste il paraît assez semblable. Sa bouche est au bout d'un museau un peu pointu et dont le profil est un peu convexe. L'auteur dit les yeux grands et rapprochés; il place aux mâchoires trois rangées de dents, dont celles du rang extérieur sont pointues, fortes et courbées en dedans. Les soixante-douze aiguillons de sa dorsale vont en croissant, et ensuite en décroissant. C'est à peine, dit-il, s'il y a un rayon aux ventrales. La couleur est un châtain clair, avec des taches nuageuses

---

1. *Blennius islandicus,* Mohr, Hist. nat. d'Isl., p. 84, pl. 4; copié Walbaum, *Art. renov.,* III, pl. 3, fig. 6. Sous le nom de *Blennius lampetræformis, ibid.,* p. 184.

plus obscures. Sa longueur est d'un pied, et sa grosseur de celle du doigt.

Il se trouve sur les côtes de l'Islande.

Le GONNELLE ANGUILLAIRE.

(*Gunnellus anguillaris*, nob.; *Blennius anguillaris*, Pallas.)

Le *blennius anguillaris* de Pallas[1] diffère beaucoup des deux gonnelles précédens, parce que ses ventrales sont moins incomplètes. C'est, dit-il, un des blennoïdes les plus longs.

Le corps est arrondi et diminue insensiblement en arrière. Sa tête est du huitième de la longueur totale, oblongue, comprimée, un peu conique, à museau un peu obtus. Sa mâchoire supérieure est plus longue et reçoit l'inférieure : toutes les deux ont en dedans de leurs bords des dents sétacées très-fines; la bouche est bien ouverte; les maxillaires sont élargis en arrière. Un des orifices de la narine est tubuleux. Les yeux sont médiocres, rapprochés, voisins du museau; les opercules longs, plats, anguleux en arrière, inermes et mous. La membrane branchiostège, fendue en dessous jusqu'à la mâchoire, a cinq rayons. Les pectorales sont grandes, demi-ovales. Les ventrales sont petites et paraissent avoir quatre rayons, dont l'externe, plus long, les rend un peu pointues. La dorsale commence à la nuque; ses rayons sont épineux; les premiers un peu plus courts : l'anale les a mous, à trois ou quatre branches : elle commence au tiers antérieur. La caudale est grande et ovale.

B. 5? D. de 67 à 70; A. de 45 à 50; C. 14; P. 14; V. 1/3.

Les écailles sont imbriquées et molles.

La couleur est d'un jaune olivâtre, plus pâle en dessous, avec cinq bandes longitudinales, brunes, parallèles, interrompues, alternativement plus marquées et plus pâles; le long de la base de la dorsale

---

[1]. *Zoogr. ross.*, t. III, p. 176.

en règue une continue et noire. Des lignes brunes traversent la caudale, dont le fond est fauve. La dorsale est d'un brun jaunâtre;
l'anale tire au fauve.

C'est un des plus grands gonnelles. Il y en a d'un pied
et demi. Semblable à l'anguille pour la forme, il ne lui ressemble pas moins par sa vie dure. Il n'est pas rare sur les
côtes du Kamtschatka et aux îles Aleutiennes, ainsi que le
long des côtes voisines de l'Amérique : Billings et Merk y
en prirent plusieurs beaux échantillons.

Les Kamtschadales le nomment *kanaise*.

M. Lichtenstein a bien voulu nous confier les deux échantillons de ce gonnelle, donnés au Musée de Berlin par
Rudolphi, qui a acheté les poissons de Pallas lui-même, et
où nous avons reconnu l'exactitude de la plus grande partie
de cette description.

Cependant nous y avons compté six rayons aux ouïes; les ventrales ont bien réellement une épine et trois rayons articulés. La
dorsale a soixante-huit rayons, tous épineux; l'anale deux épineux
et quarante-trois mous; l'une et l'autre finissent à la racine même de
la caudale, du douzième environ de la longueur totale, et qui a trois
rayons simples en dessus, trois en dessous et quinze branchus.

La pectorale est ronde et a deux rayons simples et treize branchus;
sa longueur est treize fois et demie dans celle du corps; il y a tout
le long du dos et des flancs trois bandes brunes, dont la première
touche à la dorsale et dont la troisième est interrompue, et trois
suites de taches brunes, dont deux dans les intervalles des bandes
et une au-dessous de la troisième. Les nageoires sont de la couleur
pâle du fond et sans tache.

B. 6; D. 68; A. 2/43; C. 3, 15, 3; P. 15; V. 1/3.

Un individu, long de dix-neuf pouces, est desséché;
l'autre, conservé dans l'alcool, a neuf pouces trois lignes de
longueur.

11.

Le GONNELLE A LONG VENTRE.

(*Gunnellus dolichogaster*, nob.; *Blennius dolichogaster*, Pallas.)

Le blennius *dolichogaster* de Pallas (*Zoogr. ross.*, p. 175) est manifestement encore un gonnelle, long d'un pied et de la grosseur d'un doigt.

Il a le corps comprimé, lisse, et la tête oblongue; le museau obtus et très-court; la bouche oblique, la mâchoire inférieure montante, plus longue que la supérieure; les dents petites, obtuses, séparées sur deux rangs à la pointe des mâchoires, où elles sont un peu plus fortes; les yeux rapprochés, voisins de la bouche.

Pallas décrit ses membranes branchiostèges comme n'ayant que quatre rayons, et réunies en dessous par la peau. L'anus est avant le milieu, mais les ovaires se prolongent beaucoup plus en arrière. La dorsale commence non loin de la nuque, et va s'unir à la caudale, ainsi que l'anale. La première est toute épineuse, la seconde n'a que deux épines. La caudale est courte et arrondie; les pectorales sont aussi arrondies et petites. Il n'y a pour toutes ventrales que deux petites verrues osseuses, qui saillent au travers de la peau.

B. 4? D. 93; A. 2/50; C. 30; P. 12.

Ses écailles, très-petites et molles, ressemblent à des points. Sa ligne latérale est très-peu visible. Sa couleur est d'un brun olivâtre, avec des nuages verdâtres et jaunâtres. Il a des taches vertes au-dessus de la ligne latérale, et une bande fauve le long du bord inférieur du ventre. La dorsale et l'anale sont brunes, avec des bandes verticales pâles. La caudale et les pectorales tirent au fauve.

Sa taille est d'un pied.

Merk avait observé ce poisson au Kamtschatka et près des îles Aleutiennes les plus voisines de l'Amérique. Il en avait aussi pris quelques-uns dans les étangs salés.

Le poisson sec qui est conservé dans le Musée de Berlin, provient également du don que Rudolphi a fait à cette belle collection des espèces de Pallas. L'individu est long de onze à douze pouces et vient d'Unalaschka.

Cette espèce s'éloigne un peu de tous les autres centronotes par la réunion des trois nageoires impaires, et se rapproche des zoarcès. Cependant tous les rayons de la dorsale sont réellement épineux.

Le GONNELLE ROSE.

(*Gunnellus roseus,* nob.; *Blennius roseus,* Pallas.)

C'est encore à Pallas que l'on doit la connaissance de cette espèce, qui, dit-il[1], se prend souvent aux filets dans l'archipel des Kouriles, où on le nomme *umschu-ipy.*

Son corps, étroit, alongé et très-mince, diminue insensiblement et finit en une queue pointue. Sa tête est comprimée, obtuse; sa mâchoire inférieure plus longue. Il y a des dents très-petites au bord des mâchoires, à un petit disque du palais et sur la langue, qui est conique. Les yeux sont grands, rapprochés du front et du bout du museau; les opercules arrondis. La dorsale et l'anale, dont la première commence à la nuque, et l'autre à peu de distance de la gorge, s'unissent ensemble à l'extrémité de la queue. L'auteur n'explique point la nature de leurs rayons. Les pectorales sont rondes et petites. Deux petits aiguillons tiennent lieu de ventrales.

B. 5? D. 100; A. 90; P. 9; V. 1.

La ligne latérale est droite et peu marquée.

Tout ce poisson est d'un rose pourpré, et a la tête d'un rouge plus intense et le ventre plus blanc. Les rayons de ses nageoires sont rougeâtres. Il y a à son squelette quatre-vingt-seize vertèbres et quarante-cinq paires de côtes.

Sa taille est de neuf pouces et approche quelquefois d'un pied.

---

1. *Zoogr. ross.,* t. III, p. 177.

Pallas se demande si ce ne serait point le *cepola rubes-cens;* mais les cépoles ont une caudale séparée de la dorsale et de l'anale, et des ventrales complètes.

Le GONNELLE RUBAN.

(*Gunnellus tœnia*, nob.; *Blennius tœnia*, Pallas, *Zoogr. ross.*, p. 178.)

Cette espèce vient aussi des Kouriles, d'où Pallas l'a reçue sous ce même nom d'*umschu-ipy*.

Son corps est très-alongé, en forme d'épée; sa tête comprimée, à opercules plats et triangulaires. Ses dents sont un peu obtuses et séparées. Les rayons de sa dorsale sont épineux : elle s'étend jusqu'à la caudale; l'anale en fait autant, et néanmoins la caudale subsiste encore distincte. L'anale commence au milieu; ses pectorales sont petites, et ses épines, tenant lieu de ventrales, aiguës et recourbées.

B. 5? D. 87; A. 47; V. 1.

Ses écailles, fort petites, sont noyées dans l'épiderme.

Il a le corps entouré de bandes et est long d'un empan.

Le GONNELLE TRÈS-ROUGE.

(*Gunnellus ruberrimus,* nob.)

Pallas donne encore (*Zoogr. ross.*, p. 178) les notices d'un blennoïde qui lui fut envoyé avec les deux précédens, et dont les aiguillons, tenant lieu de ventrales, sortaient à peine de la peau. La caudale, quoique la dorsale et l'anale s'y joignissent, était néanmoins distincte et arrondie. Il y avait quatre-vingt-quinze rayons à la dorsale. Ce poisson, un peu plus petit que le tænia, était tout entier d'un rouge vif.

Il paraît, d'après M. Tilesius[1], que Steller a laissé dans

____

1. Mémoires de l'acad. de Pétersbourg, t. III, p. 240.

ses manuscrits la description d'un blennie rouge, portant des épines au lieu de ventrales, qui devait être ou ce gonnelle ou le gonnelle rosé.

Le GONNELLE RUBANNÉ.

(*Gunnellus fasciatus,* nob.; *Centronotus fasciatus,* Bl. Schn., p. 165, et pl. 37, fig. 1.)

La seule espèce connue de ce genre, qui appartienne aux mers des pays chauds, si toutefois Bloch n'a pas été induit en erreur, fut, selon cet ichthyologiste, envoyée de Tranquebar et est représentée dans son Système posthume, pl. 37, fig. 1.

Ses formes générales, à en juger par la figure, paraissent semblables à celles de l'espèce vulgaire; cependant la tête est beaucoup plus grande; car elle n'est contenue que cinq fois et un tiers dans la longueur totale. La pectorale, pointue et comprise huit fois et deux tiers dans la distance du bout du museau à l'extrémité de la queue, est plus grande que dans aucun autre gonnelle. La dorsale est moitié de la hauteur du corps sous elle. Sa taille est aussi bien supérieure, elle atteint un pied et demi.

B. 5; D. 84; A. 2/46; C. 18; P. 12; V. 1.

Ses écailles, dit Bloch, ont de la rudesse, sont très-petites, et il n'a qu'une rangée de petites dents. Tout son corps est traversé verticalement de bandes irrégulières alternativement jaunâtres; celle qui passe par l'œil est noire; une seconde, rousse, plus foncée que le fond, descend sur le préopercule.

Je suis porté à croire que Bloch a fait ici une confusion semblable à celle qui existait pour le *cottus monopterygius*. M. le professeur Reinhardt de Copenhague a en effet reconnu que ce poisson ne vient pas de Tranquebar, mais des mers du Nord.

Ce savant a eu la bienveillance de nous envoyer une

espèce de gonnelle du Groenland, si voisine du *centronotus fasciatus* de Bloch, que nous ne l'en distinguons qu'avec doute. Nous suivons en cela l'opinion de M. Reinhardt, qui a donné à cette espèce le nom de *gunnellus groenlandicus,* que nous lui conservons.

Voici la description de ce gonnelle.

Le Gonnelle du Groenland.

(*Gunnellus groenlandicus,* Reinhardt.)

Le corps est semblable à celui de l'espèce commune. La hauteur du corps est contenue dix fois et demie dans la longueur totale, la caudale étant la moitié de cette hauteur, et la tête égalant cette même mesure. Le museau me paraît un peu plus obtus, et la dorsale, entièrement épineuse, est un peu plus basse. Si la figure de Bloch (édit. Schn., pl. 37) est exacte, la dorsale de l'espèce de Tranquebar est notablement plus haute : c'est même la différence qui me ferait regarder ces deux espèces comme distinctes. Je lui trouve d'ailleurs des nombres tout autres :

D. 89; A. 2/43; C. 24; P. 12; V. 1.

La nuque et les joues sont couvertes de pores assez apparens; les écailles sont excessivement petites; la ligne latérale est droite et tracée par le milieu du côté.

Sur un fond gris-jaunâtre, le corps est marbré sur le dos de brun, qui se distribue de manière à laisser au-dessus de la ligne latérale une douzaine de points jaunâtres entre la pectorale et l'anus; au-delà de l'anus les taches sont plus nombreuses et disposées au-dessous comme au-dessus de la ligne latérale en bandes verticales au nombre de dix à douze. Tout l'espace compris sur chaque flanc, entre l'ouïe et le commencement de l'anale, est rayé d'une douzaine de bandes verticales brunes, plus foncées souvent sur le bord, de sorte que ces bandes paraissent alors comme formées de la réunion de deux raies verticales. Le long de la base de la dorsale il y a une

série de dix grandes taches irrégulièrement rondes, de la couleur
jaunâtre du fond, et marbrées chacune de points ou taches noirâtres.
Un trait noir traverse la joue en passant sur l'œil, et formant un
chevron sur le dessus de la tête par sa réunion avec celui du côté
opposé. Un second trait est tracé en chevron sur le bout du museau, et dont les branches marchent le long du maxillaire; enfin,
un troisième trait descend de la nuque le long du préopercule. Les
nageoires sont jaunâtres.

Outre les différences de proportion de plusieurs parties,
telles que la tête, les pectorales, etc., on voit que les dis-
tributions de couleurs ne ressemblent pas tout-à-fait à celle
du gonnelle fascié. L'individu est long de cinq pouces neuf
lignes.

Le GONNELLE DE STRŒM.

(*Gunnellus Strœmii*, nob.; *Blennius galerita*, Strœm, Penn.
et Ascan.)

Le Nord produit un poisson que nous n'avons pas vu et
qui paraît tenir aux gonnelles, au moins par sa dorsale tout
aiguillonnée, quoique son profil approche de la verticale,
et que les tentacules dont sa tête est ornée, semblent le
placer près des blennies ou des salarias.

C'est celui qu'a décrit, en 1762, Strœm dans son ouvrage
sur le bailliage de Sœndmœr, et qu'il a pris pour le *blennius
galerita*, quoique bien certainement ce ne soit ni le *galerita* de Rondelet, ni celui d'Artedi; néanmoins Linné, dans
sa douzième édition, l'a ajouté comme synonyme à ces deux-
là, déjà assez disparates entre eux, ce qui a achevé de rendre
son *galerita* impossible à déterminer.

Strœm, copié par Linné, donnait pour nombre à son
poisson :

D. 50 épin.; A. 36; C. 16; P. 10; V. 2;

mais, par une faute d'impression (50/60 au lieu de 50/50),
Gmelin a ajouté dix rayons mous aux cinquante épineux
de la dorsale, ce qui a encore ajouté aux embarras de cette
nomenclature.

Il est très-probable que le *crested blenny* de Pennant[1],
que cet auteur prend aussi pour le *galerita*, est précisément
l'espèce de Strœm, bien que les nombres, que l'on ne peut
déterminer que par la figure, soient un peu différens :

D. 54; A. 31.

A en juger par cette figure, son profil ressemble beaucoup à celui
des salarias. Sa hauteur, qui est aussi la longueur de sa tête, est six
fois dans sa longueur totale. Il a au sourcil un tentacule de la hauteur de l'œil, et un peu plus en avant un autre, plus petit, qui ne
semble cependant pas tenir à la narine. L'œil est tout près du front.
La dorsale, basse et égale partout, montre cinquante-quatre rayons,
et n'atteint pas tout-à-fait la caudale : l'anale en a trente et un. Les
ventrales sont extrêmement petites.

Ce qui est singulier, c'est que la description de Pennant
ne se rapporte point à cette figure et ne paraît qu'une traduction de l'article d'Artedi ou de Linné.

Bonnaterre dans l'Encyclopédie méthodique, p. 52,
combine cette description avec les nombres donnés par
Linné d'après Strœm, et M. Turton[2] avec les nombres
fautifs donnés par Gmelin, toujours pour représenter le
galerita.

Un poisson qui paraît encore identique avec celui dont
nous parlons ou, du moins, qui en approche infiniment,
est celui qu'Ascanius représente, et toujours sous ce nom
de *galerita* ou, comme il le traduit, sous celui de *brosme*

---

1. Zool. brit., t. III, pl. 35, n.º 90. — 2. *British fauna*, p. 92, n.º 31.

toupée, qui est devenu le *blennius Ascanii* de Walbaum[1]
et le *centronotus brosme* de Bloch[2]; en voici la description telle qu'on peut la prendre de la figure d'Ascanius.[3]

Le corps est alongé comme à une anguille, obtus en avant et en
arrière; la tête petite, ovale, renflée latéralement; le profil descendant et arrondi. Les deux tentacules antérieurs et courts, sont au-
devant de chaque orbite; les deux autres, trois fois plus longs, sont
aux sourcils, et il y en a encore deux plus longs à la nuque. Les
yeux sont grands et proéminens, les mâchoires presque égales, l'inférieure cependant un peu plus longue. L'ouïe est ouverte. La dorsale,
longue et basse, joint la caudale et n'a que deux rayons épineux. Ses
deux premiers rayons, plus longs que les suivans, se terminent par
trois pointes et sont ciliés supérieurement. Les pectorales sont arrondies; les ventrales excessivement petites; l'anale demeure distincte
de la caudale, qui est petite et ovale.

B. 6; D. 56; A. 38; C. 15; P. 13; V. 2.

Tout le dessus est fauve, qui se change en jaune sur les flancs,
et en blanc sur le ventre. Des taches lenticulaires pâles, au nombre
de neuf, sont disposées le long de chaque côté du dos. Les pectorales et la caudale sont rougeâtres, les autres nageoires jaunâtres.
Sa longueur est d'un pied.

On le prend, mais rarement, sur les côtes de la Norwége.
L'individu figuré par Pennant, qui n'avait pas les deux
premiers rayons de la dorsale alongés, était peut-être une
femelle.

On hésitera encore davantage à placer parmi les gonnelles
les deux poissons suivans, qui vivent dans la mer du Kamtschatka, et dont on n'a que des descriptions encore moins
complètes.

---

1. *Artedi renov.,* III, p. 173. — 2. Syst. posth., p. 167, n.° 7. — 3. Ascan.,
Icones rer. nat., pl. 19.

Le GONNELLE A CRÊTE DE COQ.

(*Blennius alectrolophus*, Pall., *Zoogr. ross.*, p. 174.)

Espèce sans ventrales, à tête surmontée d'une crête longitudinale, qui s'étend depuis les yeux jusqu'à la nuque. Son corps est alongé, un peu comprimé, et s'amincit vers l'arrière. Sa tête est courte, obtuse; ses mâchoires sont égales; ses dents petites, obtuses, séparées. Sa dorsale et son anale s'unissent à la caudale. L'anale commence au tiers antérieur du corps. Tous leurs rayons sont mous. Leur hauteur reste à peu près égale sur toute leur longueur. La caudale est arrondie; les pectorales le sont aussi et très-petites. Il n'y a point de ventrales du tout.

D. 63; A. 44; C. 13.

Les écailles se réduisent à de petits points. On ne distingue pas la ligne latérale. Sa couleur est d'un brun olivâtre, plus obscur sur le dos. Le long de la dorsale sont des taches anguleuses d'un vert clair.

La dorsale a sur un fond brun-olivâtre des bandes obliques peu marquées. Sur l'anale sont des rivulations brunes et olivâtres, transparentes. La caudale a en travers des lignes ondulées et olivâtres.

La taille de ce poisson est de cinq pouces. Il avait été vu par Merk à l'île de Talek qui est dans le golfe de Penshin, en face du fort de Tavisk.

Le GONNELLE A TÊTE HÉRISSÉE.

(*Gunnellus polyactocephalus*, nob.; *Blennius polyactocephalus*, Pall., *Zoogr. ross.*, p. 179.)

Sa forme approche de celle du zoarcès. Sa tête est très-courte, à profil vertical, renflée et presque carrée. Il n'a aucunes dents. Sa mâchoire inférieure est la plus longue. Ses orbites sont rapprochés, et entre eux le front a deux petites épines cartilagineuses l'une derrière l'autre. Sur chaque sourcil sont deux tentacules plats à une branche, dont le postérieur est plus long et plus épais. Le vertex derrière les orbites est concave et hérissé de huit petits filets carti-lagineux droits, rangés deux à deux, et dont les derniers, plus ex-térieurs, ont aussi chacun une branche. Le disque des opercules porte aussi des appendices mous : ils sont triangulaires et assez pointus.

Sa dorsale s'étend presque de la nuque jusque très-près de la cau-dale. L'anale ne commence qu'assez loin en arrière de l'anus, et se prolonge aussi jusque près de la caudale, où elle a une petite lanière saillante.

B. 6; D. 60; C. 13.

Les autres nombres ne sont pas marqués, et l'auteur ne parle même pas des ventrales, ni de la nature des rayons. Le corps est couvert de petites écailles molles.

Un individu, long d'un pied, fut envoyé sec de Kamt-schatka à Pallas, qui déjà l'indique comme une espèce anomale.

CHAPITRE VI.

Des Zoarcès.

M. Cuvier a affecté ce nom, qui veut dire *vital, faisant vivre,* à un genre dans lequel il fait entrer le *blennie vivipare* de Linné et quelques espèces analogues; poissons qui, avec des ventrales jugulaires et composées de peu de rayons, comme celles de tous les blennoïdes; avec un corps, des nageoires verticales, des intestins, et même des dents semblables à ce que l'on voit dans les clinus et les gonnelles, se distinguent éminemment de tout le reste de la famille, en ce qu'ils n'ont point de rayons épineux aux parties antérieures de leur dorsale, ni de leur anale; mais que, s'il y en existe, ce n'est que vers l'arrière de la dorsale, dans une partie plus basse que le reste de la nageoire, où ces rayons ont en quelque sorte l'air d'avoir été raccourcis par la détrition, et où ils sont précédés et suivis de rayons articulés comme à l'ordinaire. C'est le seul point par lequel ces poissons puissent être considérés comme tenant du caractère acanthoptérygien, et sans cela ils auraient fait une exception plus notable encore, dans le grand ordre auquel nous avons donné ce nom, que les blennies et les salarias. Tous leurs caractères leur donnent des rapports si étroits avec les gonnelles, acanthoptérygiens incontestables, qu'il aurait été impossible de les en éloigner sans enfreindre l'ordre naturel.

Artedi avait déjà proposé (dans l'*appendix* de ses *Gen.,* p. 83) d'en faire un genre à part, qu'il nommait *mustela;* mais M. Cuvier n'a pas cru devoir conserver ce nom, puisqu'il est celui d'un genre de quadrupèdes.

Le corps de ces zoarcès est alongé, comprimé; de très-petites écailles en forme de points sont éparses sur la peau; les dents sont coniques, sur un seul rang aux côtés des mâchoires, sur deux ou trois à leur partie antérieure : ils n'en ont point au palais ni à la langue. Leur membrane branchiale contient six rayons, et leurs ventrales en ont trois, tous mous; leur dorsale et leur anale s'unissent à la caudale pour entourer l'extrémité de leur queue. Ils ont en arrière de l'anus une petite papille qui résulte du prolongement de la peau un peu épaissie autour des deux ouvertures des canaux déférens ou des oviductes, et au-devant du méat urinaire. Pendant le temps du frai, cette papille se gonfle, s'alonge, et prend quelque apparence de l'appendice mâle de certains poissons vivipares; mais rien de cet appareil, soit à l'extérieur, soit à l'intérieur, ne ressemble à cette verge que porte le mâle des clinus.

Aussi je trouve que M. Cuvier s'est servi d'une expression peu exacte quand il a dit[1] que les zoarcès ont d'ailleurs le tubercule anal; ils n'ont pas même ces houppes si remarquables des blennies qui ne sont pas vivipares.

Ce genre des zoarcès rentre à peu près dans celui des *enchelyopus* de Gronovius; mais ce nom, qui signifie *forme d'anguille*, a été appliqué si diversement par les auteurs qui s'en sont servis, que je craindrais trop d'équivoques en le conservant.

Klein, qui paraît l'avoir inventé en 1744, dans son quatrième *Missus*, p. 52 et suiv., le donne à l'un de ses genres, on peut le dire, les plus absurdes, lui qui en a tant établi de tels, où il entasse avec notre zoarcès commun des trichiures, des gempyles, des ophidies, des ammodites, des

____

1. Rég. an., t. II, p. 240.

cépoles, des lotes, des rhynchobdelles, des loches, et jusqu'au scharmuth (*silurus anguillaris,* Lin.).

Plus nouvellement, en 1801, un genre un peu moins mauvais, mais qui l'est encore beaucoup, reparaît sous ce nom dans le Système posthume de Bloch, p. 50, où il comprend des lotes, des lingues, des brosmes, des brotules et même un percis, et le *blennius viviparus* n'y entre pas.

La détermination de Gronovius, intermédiaire pour la date, est plus précise quant aux caractères. Six rayons branchiaux et de petites ventrales jugulaires n'y laisseraient guère entrer que nos zoarcès; mais l'équivoque qui en résulterait, et surtout le sens aujourd'hui plus généralement attribué au nom d'après Bloch, ne m'a pas permis, non plus qu'à M. Cuvier, de le conserver. Nous avons en Europe une espèce de zoarcès, célèbre depuis long-temps par la faculté, assez rare parmi les poissons osseux, de produire des petits vivans, et qui lui donne un rapport de plus avec les blennoïdes; car elle est partagée, ainsi que je l'ai établi plus haut, par le *clinus superciliaris* et je crois encore par toutes les autres espèces du même genre. La poécilie, l'anableps en jouissent aussi; mais à l'époque où Schonevelde fit connaître ce zoarcès, il était peut-être le seul poisson osseux où on l'eût constaté. Les réflexions que j'ai présentées au commencement de ce livre sur la viviparité de ces poissons et la difficulté de comprendre comment se fait la fécondation intérieure des femelles, se renouvellent ici avec plus de force encore que pour les blennies, dont les mâles ont au moins quelques houppes derrière l'anus ou des crêtes particulières qui font distinguer le sexe. Dans les zoarcès, c'est avec peine que l'on peut reconnaître le mâle à l'extérieur; à l'intérieur on voit les laitances donner leurs canaux déférens exactement de la même manière que dans les autres poissons ovipares. Le renflement musculaire dans la verge des clinus, que j'ai comparé au bulbo-caverneux, n'existe pas; il n'y a pas non plus de muscles ischio-caverneux. Aucun appareil éjaculateur ne paraît donc donné à des poissons qui ont un mode de reproduction si remarquable par le nombre de petits vivans qui en est le résultat.

L'Amérique en possède des espèces plus grandes, mais nous ne savons pas si elles sont vivipares.

Le ZOARCÈS VIVIPARE.

(*Zoarces viviparus*, nob.; *Blennius viviparus*, Lin.)

Sa hauteur aux pectorales est environ neuf fois dans sa longueur; son épaisseur est des deux tiers de sa hauteur. La longueur de sa tête est du sixième de sa longueur totale; elle est d'un tiers plus longue que haute, et d'un tiers aussi plus haute que large. L'œil est au tiers antérieur, près de la ligne du profil, qui, d'abord presque horizontale, commence au-dessus de l'œil à se courber en arc pour descendre au bout du museau. Le diamètre longitudinal de l'œil est du sixième environ de la longueur de la tête, et il y a d'un œil à l'autre les deux tiers de ce diamètre, ce qui est aussi la hauteur de l'œil. L'orifice inférieur de la narine, garni d'un petit tube charnu et conique, est à peu-près à égale distance de l'œil et du bout du museau; le supérieur est un peu au-dessus, et ne consiste qu'en un point à peine visible à la loupe.

La bouche est fendue jusque sous le milieu de l'œil, et garnie de lèvres membraneuses et molles, assez amples. Le maxillaire ne dé-passe pas beaucoup la commissure, et la dilatation de son extrémité prend la forme d'un fer de hache. Chaque mâchoire a un rang de dents coniques, mousses, serrées, au nombre d'environ trente, et en arrière, dans sa partie moyenne, un deuxième rang de dents semblables, au nombre de dix ou douze, en sorte qu'il n'y en a sur les côtés qu'un rang simple, et qu'au milieu il est double. Toutes

les parties du palais et la langue sont lisses. Celle-ci, courte, large et
bombée, semble une proéminence hémisphérique. Les arcs branchiaux
eux-mêmes sont presque lisses, sauf les petites proéminences latérales,
coniques et cartilagineuses. Le préopercule est coupé en demi-cercle:
l'opercule en triangle équilatéral. L'orifice des ouïes est assez ouvert,
quoique la membrane s'attache au côté de l'isthme, à l'aplomb du
bord montant du préopercule; elle renferme six rayons, un de plus
que dans les gonnelles.

La pectorale est arrondie, du huitième de la longueur totale, et
a dix-huit rayons, tous branchus, excepté peut-être le premier. La
dorsale naît à l'aplomb de la pointe de l'opercule, et règne tout le long
du dos et jusqu'à la pointe de la queue, où aboutit aussi l'anale. La
hauteur de la dorsale jusqu'à son soixante-dix-huitième rayon, qui
répond à peu près au dernier huitième de la longueur totale, est du
quart environ de la hauteur; puis viennent dix rayons trois fois plus
courts que les autres, arqués, pointus, sans branches ni articulations;
en un mot, de vrais rayons épineux, après lesquels les vingt ou vingt
et un derniers se relèvent un peu, et sont articulés et branchus
comme à l'ordinaire. L'anale n'éprouve pas de dépression semblable,
et ses quatre-vingt-quatre ou quatre-vingt-cinq rayons, tous articulés
et branchus, commençant sous le cinquième douzième de la longueur
totale, vont, sans beaucoup décroître, jusqu'au bout de la queue, où
ils se joignent à ceux de la dorsale; de manière que l'on ne peut
guère attribuer à la caudale que huit ou dix rayons très-petits, très-
serrés, qui sont entre l'anale et la dorsale, sans appartenir précisément ni à l'une ni à l'autre. La circonscription de cette terminaison
ou de cette réunion des trois nageoires verticales, est ovale. Les
ventrales sont attachées à la gorge, à l'aplomb du bord montant du
préopercule, et ont à peine le trentième de la longueur du poisson.
La dissection y démontre trois rayons, tous les trois articulés.

B. 6; D. 109; A. 84; C. 9; P. 18; V. 3.

Tout le corps de ce poisson est revêtu d'une peau molle, où les
écailles, si on peut leur donner ce nom, bien loin de se recouvrir
ou d'avoir aucune dureté, ne se montrent que comme des points ou

des pores un peu serrés et distribués sur tout le corps. Détachées, cependant, et vues au microscope, elles sont ovales, striées d'une infinité de cercles concentriques. La ligne latérale est à peine sensible comme un léger enfoncement longitudinal.

Sa couleur est un gris roussâtre, où les pores dont je viens de parler forment un pointillé blanchâtre. Des taches nuageuses d'un brun roux, au nombre de dix ou douze, occupent la dorsale et la partie supérieure du dos, et leurs portions situées sur le dos sont le plus souvent réunies par une suite d'arcs convexes vers le bas, qui en font comme une bande en zig-zag. D'autres taches, moins prononcées dans la direction de la ligne latérale, répondent à peu près aux concavités de ce zig-zag. L'anale est jaune, et il y a aussi du jaunâtre sous la gorge, aux ventrales et sur une partie des pectorales. La couleur varie d'ailleurs à l'époque du frai. Le mâle a la gorge et la poitrine orangées et très-brillantes; la femelle reste grise.

Le canal intestinal est beaucoup plus long que celui des gonnelles. Il commence par un œsophage assez large, se renflant promptement en un estomac à parois épaisses et charnues, qui donnent en dessus un petit prolongement ou une sorte de sac conique pour le terminer. En dessous est l'origine de l'intestin grêle qui se porte, en faisant quelques ondulations, jusqu'au fond de la cavité abdominale; il se plie, remonte jusqu'auprès de l'estomac où il se retourne de nouveau pour se rendre à l'anus, en ayant également dans ces deux parties de nombreuses ondulations. Le gros intestin est court et a des plis longitudinaux nombreux.

Le foie est assez volumineux, subdivisé en plusieurs lobules : quand on ouvre le poisson renversé, il recouvre tout l'estomac et même une portion du canal intestinal. Le viscère se porte plus à droite qu'à gauche de l'estomac et remplit la plus grande partie de l'hypocondre droit. La rate est petite et située à la région dorsale de l'intestin sur le second pli. Les ovaires de la femelle que j'ai disséquée, n'étaient pas encore très-développés; ils étaient oblongs et occupaient plus du tiers de la cavité abdominale, de couleur grisâtre, et contenaient un grand nombre d'ovules de différente grosseur, ainsi que cela a toujours lieu dans ces poissons vivipares.

On ne voyait pas encore de fœtus prêts à sortir, et par conséquent ces petits points noirs, qui sont les yeux des petits poissons,
n'existaient pas encore sous les enveloppes de fœtus. Les laitances
des mâles formaient deux corps oblongs, arrondis, occupant moins
d'espace dans l'abdomen que les ovaires des femelles; leur couleur
était jaunâtre; elles paraissaient d'une nature homogène et comme
pulpeuse, en tout semblables à celles des autres poissons. Deux canaux à parois blanchâtres, fins et déliés, se rendaient derrière le
rectum à l'orifice extérieur et double de ces organes, indiqué par
deux très-petits trous percés derrière le cloaque.

Ces poissons n'ont pas de vessie natatoire. Le rein est peu volumineux et donne par son urètre presque directement à l'orifice
externe du méat de l'urine. Toute la vessie urinaire est petite; le
péritoine est mince et noirâtre, un peu teinté de rougeâtre argenté.

Le squelette du zoarcès a cent dix vertèbres, dont vingt-cinq appartiennent à l'abdomen. Les apophyses transverses de ces dernières
sont horizontales et portent des côtes très-courtes. Vers l'arrière elles
s'infléchissent un peu, et à la première caudale elles se réunissent
en anneau : ce qui continue d'avoir lieu plus loin. Les vertèbres de
la queue, toutes comprimées et plus hautes que longues, vont en
diminuant en arrière et finissent en pointe, sans qu'il y en ait une
en éventail pour porter la caudale. Leur couleur est verte comme
celle des vertèbres de l'orphie (*Esox belone*, Lin.); mais Fleming
ajoute qu'ils ne prennent cette couleur qu'après la cuisson du poisson. Selon M. Eckstrœm ils sont phosphorescens. Les os de l'épaule
sont minces, mais ceux du corps sont élargis. Le dessus du crâne
est plat : il n'y a pas même de crête au plan occipital, si ce n'est
un vestige pour la suspension du scapulaire.

Nos plus grands individus sont longs de neuf pouces, et
il y en a de plus d'un pied. Ce poisson appartient proprement à la mer du Nord : il descend, à la vérité, dans la
Manche, mais nous ne voyons pas qu'on l'ait observé au-
delà.

Schonevelde nous paraît le premier qui en ait parlé; dans

son Ichthyologie du Holstein, imprimée en 1624, il le décrit assez bien (p. 49 et 50), en donne une figure reconnaissable (pl. 4, fig. 2), sous le nom de *mustela marina vivipara.* Les observations, très-neuves alors, qu'il avait faites sur le mode de sa propagation, sont bien détaillées dans son livre.

Jonston (pl. 46, fig. 8) et Willughby (p. 122 et pl. H 3, fig. 5) copient Schonevelde; mais ce qui est singulier, c'est que Willughby décrit très-bien ce même poisson une autre fois, sans le reconnaître, sous le nom de *Lumpen* des Anversois, ce qui a donné lieu d'abord à une duplication d'espèce et ensuite à des confusions de synonymie[1]. Il est vrai que sa figure (pl. H 1) est faite d'après un individu tellement mutilé, qu'elle pouvait jeter dans l'embarras; mais la description est si claire et si précise, qu'elle ne laisse subsister aucun doute.

Après Schonevelde, Sibbald a observé ce poisson en Écosse[2], Gronovius en Hollande[3], Gissler et Linné en Suède[4], et Müller en Danemarck, où il est fort commun.[5]

Il est très-abondant près de Lubeck, selon Walbaum[6], et dans le golfe de Bothnie, selon Retzius[7]; mais quoique l'on ne puisse guère douter qu'il n'habite aussi le golfe de Finlande, ni Pallas ni Georgii ne le citent parmi les poissons russes, ni Fischer parmi ceux de Livonie; Wulf n'en parle pas davantage dans ses Poissons de Prusse; Siemsen, cependant, le range au nombre de ceux du Meklenbourg.[8]

Low l'a trouvé en quantité aux Orcades et aux îles de

---

1. *Hist. pisc.*, p. 120. H 1. — 2. *Scotia illustrata*, 2.ᵉ partie, l. III, p. 25, et pl. 19, fig. 3. — 3. Gronov., *Mus. ichthyol.*, I, p. 65. — 4. Mém. de l'acad. de Stockholm, 1748, p. 37, pl. 2, et *Mus. Ad. Fred.*, p. 69 et pl. 32. — 5. Zool. dan., II, p. 23, pl. 67. — 6. *Artedi renov.*, III, p. 185. — 7. *Fauna Suec. Retz.*, 1.ʳᵉ part., p. 325. — 8. Siemsen, *Fische Mecklenburgs*, p. 26.

Shetland [1], et Pennant à l'embouchure de l'Esk, à Whitby dans le comté d'York [2]. Mais il est déjà rare dans le midi de l'Angleterre, et ce n'est qu'avec peine que M. Donovan [3] a pu se l'y procurer. M. Couch ne le nomme point parmi les poissons de Cornouailles. Cependant nous le trouvons cité par Fleming [4], qui l'a placé dans son genre des gonnelles, sous le nom de *gunnellus viviparus;* et mieux sous le nom de *zoarces viviparus* dans l'ouvrage récent de M. Jenyns [5]. M. Yarell [6], qui en donne une excellente figure, nous apprend qu'il est commun sur les marchés d'Édimbourg. M. Noël nous l'a envoyé de Copenhague; je ne le trouve ni parmi les poissons d'Islande, dont M. Faber nous a donné une si intéressante histoire, ni parmi ceux du Groenland, décrits par Fabricius. M. Beck pense qu'il ne dépasse pas le 60.ᵉ degré latitude nord. De France il ne nous a été envoyé que des côtes de Picardie. On le prend au Crotoy dans des tas de pierres que l'on rassemble à la marée basse, et où il est retenu quand la mer baisse de nouveau.

Nous ne l'avons reçu ni de Brest ni de La Rochelle. Cornide n'en parle pas, et il n'en est question, à notre connaissance, dans aucun des auteurs qui ont parlé des poissons de la Méditerranée, en sorte que je ne sais sur quelle autorité Shaw l'attribue à cette mer [7]. A la vérité, Gronovius [8] soupçonne que ce pourrait être *l'ophidium imberbe* de Rondelet [9]; mais aujourd'hui, que l'on connaît

1. Low, *Fauna Orcad.*, p. 204. — 2. Penn., *Brit. Zool.*, III, n.° 94, pl. 37, fig. 1. — 3. Donov., *Brit. Fishes*, ad. pl. 34. — 4. Flem., *Brit. Ann.*, p. 207. — 5. Léon Jenyns, *Man. an. vert.*, p. 384. — 6. Yarell, *Brit. Fish.*, p. 243. — 7. Shaw, *Gen. Zool.*, t. IV, 1.ʳᵉ part., p. 182. — 8. *Zoophil.*, t. I, p. 77. — 9. Rond., *Pisces*, 398.

bien cet ophidium[1], une semblable conjecture n'est plus admissible.

M. Baillon, à qui nous le devons, nous apprend qu'à Abbeville on le nomme *loquette,* peut-être comme un diminutif de *loche* (*cobitis*).

Les Anglais ne paraissent pas lui avoir donné de nom; mais il en a beaucoup en Hollande : (*pilatus visje,* poisson de Pilate) à Catwick; (*mag-aal* ou *quab-aal,* anguille-lote) à Hardewick; *magge* dans l'île de Vlie[2]. C'est aussi à l'anguille et à la lote que les habitans du Holstein l'ont comparé; ils le nomment *aalquappe,* que les Danois changent en *aalequabbe*[3]; mais ceux de Helgoland, qui le connaissent depuis long-temps pour *vivipare,* l'appellent *aal-moder* (*aal-mutter, anguille mère*)[4], ce que les Danois rendent par *aalekone*[5], qui a le même sens.

En Écosse, son nom est *gaffer* ou *eelpout*[6]; aux Orcades, en particulier, il se nomme *green-bone* (os verts)[7], à cause de la couleur de son squelette. Les Norwégiens l'appellent *tang-brosme*[8], et les Suédois *täng-lake*[9]; noms qui le supposent aimant à se tenir dans les fucus, et dont le premier au moins paraît lui être commun avec les *gonnelles* et les *brosmes.* A ce nom M. Eckström ajoute ceux de *stenlake* et *aalkusa.*[10]

Les femelles commencent à avoir des œufs, mais encore fort petits, dès l'équinoxe du printemps; vers le milieu de Mai ces œufs augmentent de volume et prennent de la mol-

---

1. Le *fierasfer,* Risso, 2.ᵉ édit., p. 212. — 2. Gronov., *Mus. ichthyol.,* I, p. 65.
3. Müll., *Prod. zool. dan.,* p. 43, n.º 358. — 4. Schonevelde, p. 49 et 50. —
5. Müller, *loc. cit.,* p. 43. — 6. Sibbald, *loc. cit.,* et Low, *Fauna Orcad.,* 204. —
7. Low, *ibid.* — 8. Müller, *loc. cit.* — 9. Linn., *Fauna Suecica.* — 10. Eckstrœm,
Fisk. von Mörko, trad. par Creplin, p. 242.

lesse et de la rougeur; ils s'alongent : bientôt deux petits points noirs s'y font remarquer, ce sont les yeux. Les fœtus sont disposés très-régulièrement dans le sac qui les contient, chacun dans son enveloppe particulière. Schonevelde parle de vaisseaux qu'il compare à des vaisseaux ombilicaux, et qu'il suppose se rendre de la mère aux petits; mais ce sont simplement les vaisseaux sanguins de l'ovaire et de l'espèce d'utérus où ces petits sont contenus. Lorsqu'ils sont près de naître et que l'on ouvre leur mère, ils nagent promptement et avec rapidité. Leur nombre va quelquefois jusqu'à trois cents et au-delà.

C'est vers le solstice d'hiver que les zoarcès femelles mettent bas en déposant leurs œufs sur le *fucus vesiculosus,* et leur abdomen se contracte alors de manière à les faire ressembler aux mâles, sauf leur couleur, qui est toujours plus cendrée et toujours plus obscure [1]. Dès le solstice d'été ce poisson s'éloigne des côtes et se retire dans les profondeurs, se tient même caché dans les trous des rochers. Les zoarcès mâles sont plus rares et plus petits que les femelles.

Au moment de la naissance, les petits sont assez transparens pour que l'on puisse y suivre aisément la circulation au microscope. [2]

Leur nourriture consiste en petits poissons, principalement en frai de hareng, en vers et en moules (*mytilus edulis,* Lin.).

Selon Schonevelde, sa chair est dure et désagréable et

---

1. Schonevelde, *loc. cit.*, copié à ce sujet par Pennant. Je ne sais comment Bloch, 2.ᵉ part., p. 169, a cru trouver de la contradiction sur ce point entre les deux auteurs; probablement il n'entendait pas le latin de Schonevelde. Cependant Shaw a supposé aussi l'existence de cette contradiction, probablement pour avoir copié Bloch sans recourir à l'auteur original. — 2. Low, 205.

ne sert qu'au pauvre, surtout pendant qu'il a des petits; elle devient moins mauvaise après le part. Low le représente au contraire comme beaucoup meilleur et plus gras que les autres blennies. Les oiseaux de mer, et en particulier les harles (*mergus merganser,* Lin.), leur font une chasse fort active.

DES GRANDS ZOARCÈS D'AMÉRIQUE.

M. Mitchill a fait connaître deux poissons des États-Unis qu'il range parmi les blennies, et qui appartiennent manifestement à cette division des zoarcès. Nous en possédons un qui par ses grosses dents fait une sorte de passage au genre des anarrhiques. C'est

Le ZOARCÈS A GROSSES LÈVRES.

(*Zoarces labrosus,* nob. *Blennius labrosus,* Mitchill, pl. 1, fig. 7.)

D'ailleurs ce poisson représente tout-à-fait le zoarcès commun en grand :

Toutes ses parties extérieures et intérieures, ses écailles et ses nageoires, sont semblables; mais ses dents sont plus grosses, plus séparées et moins nombreuses. Chacune d'elles représente un cône obtus, dont le sommet est lisse et séparé de la base par une légère impression circulaire. La base est sillonnée longitudinalement, surtout près de la racine, par où elle adhère à la mâchoire. Il y en a onze ou douze de chaque côté à chaque mâchoire sur un seul rang, et dans le milieu on en voit deux rangs de plus. A la mâchoire supérieure le rang interne en a sept ou huit, et l'intermédiaire trois ou quatre de chaque côté. A l'inférieure, l'interne en a quatre et l'intermédiaire trois; la partie du rang externe au-devant de ces deux-là est comme repoussée en avant; c'est proprement le rang interne qui continue la série unique des dents des côtés. A la mâchoire supérieure, au contraire, c'est le rang interne. Les pharyngiens ont aussi des dents fortes et coniques; mais il n'y en a ni au palais ni à la langue.

La dorsale a quatre-vingt-douze rayons jusqu'à sa dépression; il y en a ensuite vingt et un, courts, simples, pointus, arqués, que l'on pourrait regarder comme des rayons épineux; et puis vingt-deux qui reprennent un peu de hauteur et sont articulés. C'est en tout cent trente-cinq. La très-petite caudale, serrée entre la dorsale et l'anale, et qui s'unit à elle presque entièrement, en montre environ dix-neuf minces, serrés, courts, mais articulés. L'anale en a cent dix. Les ventrales en ont quatre, dont l'externe, quoique articulé, n'a point de branches.

B. 6; D. 135; A. 110; C. 19; P. 20; V. 4.

M. Mitchill, qui a décrit ce poisson sur le frais, nous apprend

qu'il est olivâtre, avec des taches nuageuses obscures sur le corps; que son ventre est plus pâle, avec une teinte de rougeâtre; que ses nageoires verticales sont verdâtres, avec un liséré orangé; et que ses pectorales et ses ventrales sont orangées; enfin, que ses dents sont blanches. Une large tache brune occupe chaque côté de la tête entre l'œil et l'ouïe.

A l'état sec, tel que nous l'avons, il paraît entièrement d'un brun roussâtre. La tache noire s'y voit encore sur la joue, et les places des petites écailles s'y marquent comme autant de points jaunâtres.

L'individu que nous avons disséqué était un mâle. Il n'a aucun appendice externe; ses laitances sont très-petites, et plus éloignées du cloaque que celles de l'espèce de nos côtes; aussi les canaux déférens sont-ils beaucoup plus longs.

Le canal intestinal est un peu plus court, parce qu'il fait moins d'ondulations; les deux replis existent cependant. L'estomac et le rectum sont beaucoup plus larges. Le foie est plus épais; mais il est moins étendu, et les lobes ne sont pas aussi nombreux. Il n'y a pas de vessie aérienne. L'estomac était plein de débris de crustacés.

Le squelette de ce grand zoarcès a vingt-sept vertèbres abdominales et cent dix caudales. Il est très-semblable dans tous ses points à celui du zoarcès d'Europe.

L'individu décrit par M. Mitchill était long de vingt-huit pouces (25 à 26 pouces de France); il pesait plus de trois livres et demie: on l'avait pris à la mer avec des morues, et apporté en même temps au marché, en Mars 1815. Les nôtres ont deux pieds et deux pieds et demi; ils nous ont été envoyés de New-York par M. Milbert.

Le Zoarcès frangé.

(*Zoarces fimbriatus,* nob.; *Blennius fimbriatus,* Mitchill, pl. 1, fig. 6.)

L'autre zoarcès de M. Mitchill, dont le genre ne peut être équivoque d'après sa figure, et surtout d'après la dépression qu'il y marque à l'arrière de la dorsale, n'est pas si déterminé quant à l'espèce, parce que l'auteur ne donne point le nombre de ses rayons, si ce n'est aux ouïes et aux pectorales: B. 6, P. 20, et que, ne l'ayant pas vu, nous ne pouvons suppléer à ce silence.

Sa description le présente comme très-semblable au précédent. Elle a été faite d'après des individus longs de vingt pouces, qui furent apportés en grand nombre au marché de New-York, en Mars 1813.

Ils avaient les dents sur deux rangs au-devant de la mâchoire inférieure, et sur trois à la supérieure. Les pointes en étaient obtuses et verdâtres; mais les os n'avaient rien de vert, ni avant ni après l'ébullition, en sorte qu'on ne peut rapporter ce poisson au zoarcès commun. Toutes ses nageoires étaient jaunes et bordées de blanc.

Les ventrales n'étaient, selon M. Mitchill, ni digitées ni rameuses: sa figure les montre très-petites; et elle est en général extraordinairement ressemblante à celle du zoarcès précédent; il serait donc très-possible que ces individus, vus en 1813, et incomplétement décrits, ne différassent point par l'espèce.

On les trouva bons à manger.

Le Zoarcès de Gronovius.

(*Zoarces Gronovii*, nobis; *Blennius americanus*, Bl. Schn.)

C'est encore dans le genre zoarcès et près du *Bl. viviparus* qu'il faut placer le poisson décrit par Gronovius[1], et qui est devenu le *blennius americanus* du Système posthume de Schneider.

Sa forme est celle du zoarcès vivipare. Les dents sont fines et aiguës, et disposées sur un seul rang sur la mâchoire supérieure, et dans le fond des branches de l'inférieure; mais sur le devant de celle-ci elles sont en rang double.

La fente des ouïes est large; les écailles sont petites; on ne voit pas de dépression à la dorsale. Les nombres indiqués par Gronovius sont les suivans:

D. plus de 80; A. plus de 60; C...; P. 16; V. 2.

La caudale est pointue; les pectorales sont très-grandes; les ventrales sont rondes.

Ce poisson, de couleur brune, est long de six pouces, haut de six lignes. Il était originaire d'Amérique, mais Gronovius n'indique pas de quelle partie il avait été envoyé.

Quant au *blennius polaris* de Sabine[2] et de Ross[3], et qui reparaît dans M. Richardson[4] comme un zoarcès, avec la même épithète *zoarces polaris*, il nous est impossible

---

1. Gron., *Zooph.*, n.° 266. — 2. Sab. *Suppl. to Parry's first voy.*, p. ccxxii. — 3. Ross, *Append. to Parry's polar voy.*, p. 200, et *Append. to the narrat. of a second voy.* 1835, p. lij, n.° 8. — 4. *Fauna boreali Americ.*, part. III, p. 94, n.° 43.

de rien fixer de précis sur ce poisson. Les nageoires impaires, réunies à la caudale, peuvent le faire regarder comme voisin des zoarcès; mais l'auteur ne parle pas du caractère si important de l'abaissement de la dorsale un peu avant sa réunion à la caudale, et ne dit rien sur l'état du palais de son poisson. Il n'indique pas les nombres de rayons: d'ailleurs M. Richardson n'a cité ce poisson, dans sa *Fauna borealis,* que d'après les auteurs qui en avaient parlé avant lui; il ne paraît pas l'avoir examiné, et l'animal, retiré de l'estomac d'un gade, n'était peut-être pas assez bien conservé pour que l'on puisse établir une espèce d'après de tels documens.

CHAPITRE VII.

Des Anarrhiques.

Malgré leur grosseur et leur grandeur, malgré l'absence totale de ventrales, malgré la conformation extraordinaire de leurs dents, il est impossible de méconnaître les rapports des anarrhiques avec les blennies. Les proportions, les formes de la tête, la disposition des nageoires, la minceur des écailles cachées sous un mucus épais et glissant, sont les mêmes. L'organisation interne ressemble tout autant que l'extérieure. Un canal intestinal court et sans cœcum, l'absence de vessie natatoire, sont des caractères anatomiques communs aux deux genres. Le squelette est également semblable. On est d'ailleurs conduit tout naturellement à faire ce rapprochement, à cause de leur ressemblance avec les grands zoarcès d'Amérique dont nous venons de parler.

D'ailleurs la diminution des ventrales des gonnelles et des zoarcès nous conduit aussi insensiblement à la disparition complète de ces nageoires, comme nous le voyons dans le genre qui nous occupe.

Les anarrhiques vivent dans les mers du Nord; M. Agassis a placé dans ce genre une espèce rapportée de l'Atlantique par M. Spix, ce qui pourrait faire croire qu'ils s'avancent un peu aussi vers le Sud; mais en parlant de ce poisson, nous ferons remarquer les caractères qui pourraient l'éloigner des anarrhiques.

L'Anarrhique loup.

(*Anarrhichas lupus*, Lin.)

C. Gesner avait reçu d'un de ses correspondans, nommé
G. Fabricius, le squelette, la description et la figure d'un
grand poisson de l'océan Germanique, qui, selon cet observateur, était nommé par les peuples des bords de la
Baltique *klippfisch*, soit, dit-il, parce que l'on rapporte
que ce poisson monte sur les rochers, soit parce qu'il se
cache parmi les roches sous-marines. Gesner a préféré la
première de ces deux observations, qui est probablement
la plus mauvaise, et a forgé le nom d'*ANARRHICHAS, scansor*,
du verbe ἀναρριχάομαι, pour exprimer une prétendue habitude de ce poisson, laquelle n'est nullement confirmée
par les auteurs les plus spéciaux et les plus modernes.
Gesner a publié cette figure dans son *Nomenclator aqua-
tilium animantium*, pag. 116, qui date de 1560, et c'est
la première représentation que l'on ait de ce grand poisson
des mers du Nord: elle est même assez exacte, sauf quelques
détails peu importans; il l'a reproduite dans ses *Parali-
pomena*, pag. 4.

Nous trouvons ensuite notre poisson dans l'Ichthyologie
de Schonevelde (p. 45, tab. 5), sous la dénomination de
Wolf, qui lui était imposée par les habitans de l'île d'Helgoland. Schonevelde, en traduisant ce nom par celui de
lupus marinus, fait observer qu'il entend parler d'un
poisson très-différent du loup de mer des anciens. Sa description offre plusieurs observations de détail bien faites,
mais il a certainement beaucoup exagéré la force de la
morsure de ce poisson, puisqu'il va jusqu'à dire que les

marques des dents restent empreintes sur le fer des ancres ou autres corps que ces poissons mordent.

La figure est beaucoup moins bonne que celle de Gesner; cependant elle est reproduite dans l'ouvrage de Jonston[1] et dans celui de Willughby.[2]

C'est avec ces données qu'Artedi a fait paraître le genre anarrhichas, et que l'espèce qui nous occupe a été introduite dans le *Systema naturæ* sous le nom *d'anarrhichas lupus*. Elle est même la seule espèce citée jusque dans la 12.ᵉ édition; Linné y donne pour synonyme la figure d'Oléarius[3], laquelle est préférable non-seulement à celle de Schonevelde, mais même à celle de Gesner. Le second synonyme est celui de Gronovius qui, soit dans le *Museum ichthyologicum, fasc.* I, n.° 44, soit dans le *Zoophilacium,* donne une assez bonne description de notre poisson.

Ascanius en a aussi parlé dans son *Icones,* et sa figure, très-bonne pour le trait, nous donne une idée plus juste des couleurs.[4]

L'anarrhique, si abondant dans toutes les mers du Nord, y a été observé par tous les auteurs des voyages aux régions septentrionales, ou des faunes boréales. Ainsi Olafsen, Ström, Pontoppidan, en parlent et en laissent des figures plus ou moins exactes. Celle d'Olafsen[5] a été faite d'après un jeune individu qui avait encore la livrée de son jeune âge, c'est-à-dire des taches éparses sur le corps, et non encore réunies par bandes verticales. Müller[6], ne faisant

---

1. Jonst., tab. 47, fig. 1. — 2. Will., *Hist. pisc.,* p. 130, tab. H 3, fig. 1. — 3. *Mus. Olear.,* tab. 27, fig. 2, p. 53. — 4. Que la pectorale a le bord un peu retourné, ce qui arrive naturellement dans les nageoires des poissons à rayons mous. Cependant cette disposition a été bien à tort l'objet de la critique de Bloch. — 5. Olafs., *Reisen,* pl. 42, ou pl. 50 de la traduction franç. — 6. *Prodrom. zoolog. dan.,* p. 40, n.ᵒˢ 332 et 333.

pas attention à ces différences d'âge, a établi deux espèces : l'adulte, sous le nom d'*Anarrhichas lupus,* et le jeune, sous celui d'*Anarrh. minor.* Otton Fabricius[1] a suivi cet exemple, ainsi que Mohr[2] dans son Histoire naturelle de l'Islande.

Bloch[3], qui avait de grandes facilités pour se procurer ce poisson, en a donné aussi une fort bonne figure; mais ce qui prouve avec quelle légèreté cet auteur faisait ses observations, c'est que les dents représentées sur cette planche sont celles d'une espèce de dorade (*chrysophrys*), et point du tout celles de notre poisson. Dans la description il paraît admettre l'existence spécifique de l'*anarrhichas minor* de Müller, caractérisé par ses dents cartilagineuses; mais dans le Système posthume il ne fait de l'*anarrhichas minor* qu'une variété d'une espèce douteuse, l'*anarrhichas maculatus.*

Gmelin, reprenant les travaux de ces auteurs, a porté à quatre le nombre des espèces d'anarrhiques, et en cela il a été à peu près suivi par M. de Lacépède[4], qui a considéré seulement l'*An. strigosus* comme une variété du loup. C'est alors que la nomenclature de cette espèce est venue à s'embrouiller, et que, malgré quelques rectifications faites par différens auteurs intermédiaires, l'espèce, bien établie par Artedi et Linné, a perdu de son caractère, jusqu'aux travaux récens de M. Faber[5] qui a ramené l'histoire naturelle de ce poisson à ce qu'il y a de vrai.

Nous avions nous-même depuis long-temps préparé notre travail, et nous étions arrivé de notre côté aux mêmes ré-

---

1. *Fauna Groenl.,* p. 138, n.º 97 et 97 *B.* — 2. Mohr, *Island. Natur-hist.,* Copenhague 1787, p. 63, n.º 114, et p. 64, n.º 115. — 3. Bl., pl. 74. — 4. Hist. des poiss., t. II, p. 299. — 5. Fab., Poiss. d'Islande, p. 70.

sultats. Mais avant de continuer cette discussion, nous allons donner la description de ce poisson, faite d'après l'examen d'un assez grand nombre d'individus pris sur nos côtes ou venus des mers du Nord.

Son corps est alongé et comprimé. Sa hauteur aux pectorales est cinq fois et demie ou cinq fois et deux tiers dans sa longueur. Son épaisseur au même endroit est d'un peu plus de moitié de sa hauteur; mais en arrière il s'abaisse et se comprime beaucoup. A la base de la caudale, la hauteur est à peine le quart de ce qu'elle est aux pectorales, et l'épaisseur est trois fois moindre.

La tête est grosse et ronde : sa longueur du museau à l'ouïe est de plus du cinquième de celle du poisson; sa hauteur d'un cinquième moindre que sa longueur, et son épaisseur d'un tiers moindre que sa hauteur. Le crâne est un peu aplati. Le profil descend assez rapidement en s'arrondissant; au-dessus de la bouche il saille un peu comme en une légère tubérosité. L'œil est rond, du huitième de la longueur de la tête, près de la ligne du profil, à deux diamètres du bout du museau, et à deux diamètres aussi de celui de l'autre côté : leur intervalle est assez plane. L'orifice postérieur de la narine, au niveau du bord inférieur de l'œil, et juste entre l'œil et le bout du museau, est rond et entouré d'un bourrelet charnu; l'antérieur, juste aussi entre le postérieur et le bout du museau, est rond, petit et sans bourrelet. Il faut remarquer en outre huit ou dix pores, qui forment un cercle autour de l'œil, à égale distance les uns des autres.

La bouche se porte en descendant jusque sous l'aplomb du bord postérieur de l'œil, à une distance verticale égale à trois diamètres. Les lèvres sont charnues, surtout sur les côtés. Le maxillaire ne se montre aucunement en dehors, non plus que les sous-orbitaires; c'est à peine même si l'on distingue la courbe arrondie du préopercule sous la peau épaisse qui la recouvre. L'opercule, deux fois plus haut que long, et qui n'a en longueur qu'à peine le quart de celle de la tête, se termine en angle obtus et mou. La membrane branchiostège, fort épaisse, s'attache à l'isthme par le côté, laissant ainsi un assez grand espace entre elle et sa congénère. Elle renferme sept rayons, difficiles à compter dans le frais, assez grêles proportionnellement.

Les dents de l'anarrhique ne ressemblent à celles d'aucun autre poisson : elles n'adhèrent pas immédiatement à la mâchoire ou aux os du palais, mais à des épiphyses osseuses, coniques ou hémisphériques, qui elles-mêmes tiennent à ces os par une sorte de suture, et s'en détachent aisément à certaines époques. La base de ces épiphyses est percée tout autour d'une rangée de petits trous, ou de pores, destinés sans doute à admettre les vaisseaux, et qui marquent le cercle où se fera la séparation. C'est sur leur sommet seulement qu'est attachée la véritable petite dent en cône plus ou moins aigu ou évasé, avec la substance éburnée et son émail. Mais la plupart des auteurs ont décrit les tubercules osseux comme s'ils étaient des dents.

Venant maintenant au détail, on peut remarquer que les dents des intermaxillaires et celles du devant de la mâchoire inférieure sont coniques et pointues, et que celles des côtés de la mâchoire inférieure, des palatins et du vomer, sont évasées et attachées sur de gros tubercules hémisphériques. Aux intermaxillaires il y en a une rangée antérieure de quatre grosses coniques, avec deux plus petites au milieu, et une rangée plus intérieure de douze petites, laquelle se prolonge plus en arrière que la première rangée. A la mâchoire inférieure il y en a en avant une rangée extérieure de six grosses, dont les deux du milieu sont très-écartées, et une rangée intérieure de quatre plus petites. Ensuite viennent de chaque côté deux rangées parallèles, irrégulières, serrées de gros tubercules ronds, portant de petites dents plates, au nombre de cinq ou six à chaque rangée, et plus en arrière encore trois ou quatre de ces tubercules en rangée simple.

A ces grosses dents latérales de la mâchoire inférieure en répondent, vers le milieu, deux rangées adhérentes à chaque palatin, et composées aussi de gros tubercules, mais d'une forme plus conique : six à la rangée extérieure et cinq à l'interne, sauf quelques irrégularités. Enfin, tout le dessous du vomer est garni de

11.

45

deux rangées serrées et irrégulières de gros tubercules, au nombre de cinq ou six de chaque côté; les antérieurs sont un peu moins gros et moins ronds. Les dents pharyngiennes sont coniques et pointues, mais beaucoup plus petites qu'aucunes de celles de la bouche; et les râteliers des branchies sont petits et membraneux.

Les pectorales, attachées au tiers inférieur du tronc, ne laissent pas entre elles en dessous le tiers de l'espace qui reste entre les deux membranes des ouïes. Elles sont arrondies, du huitième de la longueur totale, et ont dix-neuf rayons, enveloppés, comme ceux de toutes les nageoires, d'une peau épaisse.

Il n'y a point du tout de ventrales. La dorsale commence à l'aplomb de la fente des ouïes et de la base de la pectorale, et s'étend uniformément jusqu'à la caudale, près de laquelle elle s'arrondit et qu'elle touche de l'extrémité de son dernier rayon, qui se trouve très-court. Par cet arrondissement, la hauteur moyenne des autres est à peu près du tiers de celle du tronc aux pectorales. Ils sont au nombre de soixante-quinze, tous flexibles; mais tous simples, sans branches comme sans articulations : le premier, de moitié plus court, se colle au second. La distance du bout du museau à l'anus est presque égale à celle de l'anus à la base de la caudale. L'anale commence vis-à-vis du vingt-huitième rayon de la dorsale, et est de moitié moins haute; elle a quarante-six rayons, tous, excepté le premier, sensiblement articulés; mais dont les neuf ou dix derniers seuls sont un peu branchus.

La caudale est arrondie, du douzième à peu près de la longueur totale, et a quinze rayons entiers et branchus, et quelques petits aux deux bords. La peau de l'anarrhique n'offre pour toutes écailles que de petits points également semés, assez serrés, mais non contigus, qui ne saillent point hors de l'épiderme épais dans lequel ils sont enveloppés; mais qui, enlevés par le scalpel et vus à la loupe, se trouvent de véritables écailles rondes et légèrement striées en rayons autour de leur centre. On n'en voit pas sur la tête, sur la poitrine, ni sur les nageoires. Il n'y a pas de ligne latérale

La couleur générale de ce poisson est un brun foncé tirant à l'olivâtre; de petites taches noirâtres y forment par leur rapproche-

ment de larges bandes verticales, au nombre de neuf ou dix. Sur la
dorsale sont des lignes irrégulières noirâtres, qui montent en se
portant un peu plus obliquement en arrière que les rayons, qu'elles
croisent par conséquent, mais à angles aigus.

Le cœur est petit; le ventricule est trièdre; le bulbe et l'aorte qui
en sort sont alongés et ont des parois minces; l'oreillette, qui y
entre, est plus petite que le ventricule: elle est loin de l'embrasser.
L'entrée de l'œsophage ou le pharynx est très-large; à un pouce en
arrière le tube se rétrécit un peu, et il continue, en se dilatant de
nouveau et successivement en un sac arrondi en arrière et long
d'environ trois pouces. En dessous et à un pouce avant la terminaison du sac, est le pylore et le commencement des intestins grêles.
L'ouverture du pylore est large d'environ quatre lignes de diamètre.
La valvule est épaisse, mais peu large et peu libre. Le duodénum
a près de deux pouces de diamètre à sa naissance, et l'intestin,
suspendu à un double feuillet mésentérique assez fort, diminue de
grosseur en faisant sept à huit plis. A sa terminaison, marquée par
la valvule des gros intestins, le diamètre n'est plus que de dix ou
douze lignes. La longueur de ces intestins grêles est de trois pieds.

Une valvule épaisse, sensible à l'extérieur même par le simple
tact, marque le commencement des gros intestins, qui n'ont que
cinq pouces de long. Ils se rendent directement à l'anus, qui est
très-large. L'épaisseur des tuniques du tube digestif est très-variable.
La membrane musculaire est très-épaisse à l'origine de l'œsophage,
ensuite elle devient très-mince et s'efface presque complétement au
premier rétrécissement; mais tout l'estomac jusqu'auprès du pylore
est recouvert d'une couche charnue tout aussi épaisse qu'au commencement. Les parois des intestins grêles sont minces, et la tunique
musculaire est peu sensible; mais elle reprend ensuite de l'épaisseur
le long du rectum: dans toute son étendue les fibres musculaires
de cette tunique paraissent longitudinales. La veloutée de l'œsophage offre des plis longitudinaux formant des lames parallèles et
très-élevées dans l'intérieur du tube digestif, surtout celles qui sont
adhérentes à la face inférieure; elles deviennent plus grosses, mais
plus basses, et ne constituant que de grosses rides fort nombreuses,

vers le fond de l'estomac et près du pylore : dans l'intestin grêle elles reprennent l'état de lames élevées et présentent des sortes de valvules conniventes très-prononcées. Dans le gros intestin les plis redeviennent parallèles et longitudinaux. Le foie se compose de deux gros lobes à peu près égaux; cependant le droit est un peu plus fort. Ils sont découpés sur les bords, arrondis à l'extrémité; leur vésicule du fiel est grosse et ellipsoïde. Dans les viscères d'une femelle prise sur nos côtes, que j'ai examinée, je trouve les dimensions de cette vésicule deux fois plus grosses que celles d'un mâle qui venait des mers de l'Islande. La première a deux pouces neuf lignes de son extrémité libre à l'insertion du canal cholédoque, et deux pouces de diamètre transversal. Le canal cholédoque est gros et long; il remonte entre les lobes du foie et vient, après s'être replié le long de l'œsophage, déboucher non loin du pylore dans le duodénum, par une longue papille molle et fongueuse, flottante entre les lames de la veloutée et percée d'un trou capillaire.

La rate est assez petite et suspendue dans le mésentère entre l'intestin et la portion postérieure de l'estomac.

Les laitances des mâles que j'ai disséqués sont deux rubans grêles et minces, n'occupant guère que la moitié postérieure de la cavité abdominale; à un pouce avant leur terminaison ils donnent un canal déférent un peu sinueux, et qui débouche à près d'un pouce en arrière de l'anus, dans le canal qui communique avec la vessie urinaire par un trou d'une petitesse extrême. On ne le trouve qu'après les recherches les plus minutieuses.

Les ovaires sont contenus dans deux très-gros sacs rejetés vers l'arrière de l'abdomen, de forme ovalaire, ayant plus de quatre pouces de long et presque autant de large. Les deux sacs donnent dans un oviducte commun très-large, uni au rectum par un tissu cellulaire assez serré, et s'ouvrant lui-même au dehors immédiatement derrière l'anus, par un trou ayant trois à quatre lignes de diamètre. Il n'y a auprès de ces issues des organes génitaux aucuns appendices particuliers. Les œufs de la femelle sont aussi gros que ceux des plus fortes truites. Un grand nombre avait près de deux lignes de diamètre.

Il n'y a point de vessie natatoire.

Les reins commencent par être de chaque côté une petite masse parenchymateuse trièdre, se réunissant bientôt en un seul corps, qui prend d'autant plus d'épaisseur qu'il avance près de la vessie urinaire. Il paraît y donner presque directement par son parenchyme même, tant l'uretère est court. La vessie urinaire est longue de deux pouces, étroite, ce qui la rend alongée. Elle verse l'urine par un petit trou, percé assez loin derrière l'anus. Le péritoine est gris-rougeâtre, et très-mince.

J'ai trouvé l'estomac et le canal intestinal d'une femelle rapportée d'Islande, remplis d'une quantité considérable de débris de toute sorte de coquillages concassés en petits fragmens. Il y en avait près de deux livres dans un poisson long de deux pieds et quelques pouces.

La femelle dont les viscères ont été décrits, avait deux pieds dix pouces, et c'est sur son squelette que la description suivante a été faite.

Le crâne de l'anarrhique ressemble singulièrement à celui d'un blennie par la compression de sa crête sagittale. Ses sous-orbitaires sont très-épais, mais fort étroits et percés de sinus profonds, aux-quels répondent les pores du trou de l'œil. Son maxillaire est à peu près cylindrique et seulement un peu aplati à son extrémité postérieure.

L'opercule et les os de l'épaule demeurent peu ossifiés. Le radial et le cubital restent écartés l'un de l'autre dans le cartilage qui les contient; il y a quatre os du carpe échancrés comme des corps de viole. Les vertèbres abdominales sont au nombre de vingt-six, et les caudales de cinquante, y compris la dernière en éventail, pour les rayons de la caudale. Toutes ces vertèbres sont un peu compri-mées et creusées latéralement de deux fossettes. Les apophyses épineuses ascendantes sont hautes, et si l'on excepte les deux premiers interépineux qui se perdent dans les chairs de la nuque, tous les autres répondent chacun à une de ces apophyses avec une régularité rare parmi les poissons. Il en est de même des apophyses descendantes, des vertèbres caudales et des interépineux de l'anale. Les apophyses transverses des vertèbres abdominales sont prismatiques, descendent vers le bas et portent chacune deux côtes grêles, les unes descendantes, les autres presque horizontales, et toutes fort éloignées de pouvoir embrasser tout l'abdomen.

L'anarrhique habite l'océan d'Europe septentrional et se porte fort haut vers le Nord. Nous en avons observé sur nos rivages de la Manche; il est plus commun dans la mer d'Allemagne et sur les côtes de Danemarck et de Norwége. Nous les voyons aussi fort abondans sur celles d'Islande, et nous en avons la preuve tirée des auteurs des Faunes du Nord que nous avons cités, et des individus nombreux que M. Gaimard vient de rapporter par l'expédition envoyée à la recherche du courageux et infortuné Blosseville, sous les ordres du capitaine Trehouart. Ce poisson n'est pas cité dans le *Fauna suecica* de Linné; mais Retzius a rectifié cette omission dans l'édition qu'il a publiée de cet ouvrage. Nous voyons encore certains passages d'Eggede[1] confirmer la présence de cette espèce jusque sur les côtes du Groenland.

Ce poisson est aussi très-abondant sur les côtes d'Angleterre, et y est sujet à quelques variétés de coloration; ainsi Pennant a donné la figure[2] d'un individu où les bandes verticales s'anastomosaient entre elles par des rayures longitudinales : c'est l'origine de l'*anarrhichas strigosus* de Gmelin. Sibbald[3] le représente avant Pennant, mais sa figure est au-dessous de toute critique. Donovan[4] en publia une excellente figure coloriée, et dans sa description il réforme avec raison l'espèce de l'*An. strigosus*, établie d'après Pennant, et soupçonne déjà que l'*anarrhichas minor* pourrait bien n'être qu'un jeune de l'ordi-

---

1. Descr. du Groenland, p. 69 et p. 83. — 2. Penn., *Brit. zool.*, p. 109, pl. 7. — 3. Sibbald, *Scotia illustr.*, tab. 16. — 4. Donov., *Brit. fish*, pl. 24.

naire : il est en cela suivi par Turton[1]. Fleming[2] compte aussi l'anarrhique parmi ses poissons.

Enfin, nous avons encore à citer parmi les ichthyologistes anglais l'élégant ouvrage de M. Yarell[3], qui en donne une figure ne laissant rien à désirer, et on acquiert une idée nette de ses fortes mâchoires et de la forme et de la disposition des dents par la vignette gravée au bas de la page 248. Il le dit rare sur les côtes du sud de l'Angleterre, plus commun sur celles du nord.

Low[4] le cite également dans sa Faune des Orcades, et M. Nilson en parle dans son *Prodromus ichthyologiæ scandinavicæ;* mais c'est principalement à l'ouvrage de M. Faber[5] qu'il faut recourir pour avoir sur l'histoire naturelle de ce poisson les idées les plus complètes. Sa synonymie y est donnée d'après les règles de la plus saine critique. Le jeune âge, dont on a fait l'*anarrhichas minor,* est rapproché de l'adulte. M. Faber pense même que l'*anarrhichas pantherinus* de Gmelin doit être aussi considéré comme une variété de l'anarrhique ordinaire, et je suis à cet égard tout-à-fait de son opinion. En lisant la description de Souiew[6], et d'après l'inspection de la figure, on y est facilement conduit. Voilà donc les quatre espèces de Gmelin réduites à la seule vraie établie par Linné.

L'anarrhique a ordinairement trois à quatre pieds; tous les auteurs qui l'ont observé par eux-mêmes ne lui donnent pas une longueur plus considérable et un poids supérieur à vingt livres. J'ai peine à croire à celle de quinze pieds, annoncée par Gronovius pour ceux des mers du Nord, et

---

1. Turt., *Brit. faun.*, p. 87. — 2. Flem., *An. Kingd.*, p. 208, n.° 127. — 3. Yarell, *Brit. fish*, p. 247. — 4. Low, *Fauna Orcad.*, p. 187. — 5. Faber, *Naturgesch. der Fische Islands*, p. 70. — 6. *Act. Petrop.*, 1784, t. V, p. 271, tab. 6.

répétée avec tant d'emphase par M. de Lacépède, qui, prenant toujours pour véritable ce que ses prédécesseurs ont avancé, se sert de la grandeur considérable qu'aurait un poisson de cinq mètres de long pour le comparer au Xiphias, et, en exagérant encore sur la disposition à mordre de cet animal, en fait un des monstres les plus horribles de l'Océan.

Il n'y a cependant nul doute que ce poisson, dont la gueule est si bien armée et qui a des muscles masséters très-puissans, à en juger par le seul renflement des joues, ne soit un animal capable de mordre et de briser avec force. Steller a vu un de ces poissons briser avec facilité une lame de couteau qu'on lui mit entre les dents. Mais c'est surtout pour satisfaire à sa nourriture, que la nature l'a si bien armé : elle consiste en coquillages, en crabes, en astéries, en oursins et autres animaux à test dur, qu'il brise avec une grande facilité. Dans un autre individu de vingt et un pouces, j'ai encore trouvé l'estomac rempli de deux livres de débris de ces mollusques ou zoophytes ; il n'y avait aucune autre trace d'animaux différens, et M. Faber a fait la même observation.

L'étude anatomique de ces poissons ne donne pas lieu de supposer que leur reproduction soit vivipare, et cette opinion est confirmée par les différens observateurs. La femelle dépose ses œufs sur les plantes marines, aux mois de Mai et de Juin, en Islande ; il paraît que les jeunes croissent lentement, car on en voit encore de très-petits au mois de Janvier et même de Mars.

On fait dans le Nord des pêches abondantes de ce poisson pour le conserver séché. Il en vient sur les marchés d'Édimbourg, où il est très-estimé par les uns et tout-à-fait rejeté par les autres. Cependant les auteurs s'accordent généralement à dire que sa chair est bonne quand elle est bouillie. Les peuples du Nord tirent aussi divers usages de sa peau, soit pour en faire de la colle, soit pour la couper en lanières ou pour s'en servir comme d'une sorte de chagrin.

Nous avons vu que le nom d'*anarrhichas* a été imaginé par Gesner, dont le correspondant lui avait envoyé le poisson sous celui de *klippfisch;* dénomination qui est celle des blennies, sur les côtes d'Allemagne, et même celle des espèces de clinus au cap de Bonne - Espérance. Celui de *Wolf* ou de loup me paraît avoir été imaginé par Schonevelde, nom qui a passé comme dénomination vulgaire dans tous les ouvrages anglais. Aux Orcades, selon Low, l'anarrhique a reçu le nom de *swinefish,* poisson-cochon, à cause d'un mouvement particulier qu'il fait avec ses narines. Son nom islandais est *steinbitr* pour l'adulte, et *hlyre* pour le jeune. Les Groenlandais le nommeraient *kigutilik,* c'est-à-dire, *bene dentatus;* mais la première des dénominations paraît la plus générale dans les langues du Nord.

Ce poisson nage le plus souvent avec lenteur par des mouvemens d'ondulation, et comme en se traînant sur le sable: il se retire de préférence dans les anfractuosités des rochers.

L'observation suivante avait été communiquée à M. de Lacépède.

« L'anarrhique vit long-temps hors de l'eau et paraît d'un naturel féroce et colère. Un individu pris à Halifax en Canada, en Juin 1806, par M. Castet de la Boulbenne, demeura long-temps sur le pont du navire, se remuant avec violence, et mordant avec opiniâtreté tous les corps qu'on lui présentait, même des armes.[1] »

Cette remarque est d'accord avec celle de Steller.

Nous ne pensons pas que l'espèce dépasse vers le Sud les côtes de la Manche; ainsi nous n'en avons jamais reçu du golfe de Gascogne. Nous ne la trouvons pas citée dans l'ouvrage de Cornide, et nous ne la voyons mentionnée par aucun des ichthyologistes qui ont décrit les poissons de la Méditerranée.

Nous avons la preuve qu'on le rencontre sur les côtes de l'Amérique septentrionale. Nous avons reçu de Terre-Neuve un anarrhique long de vingt pouces, que nous ne pourrions distinguer de nos grands d'Europe, si ce n'est par le nombre de ses dents palatines et vomériennes, les unes et les autres n'étant à chaque os qu'au nombre de sept seulement; mais nous avons tout sujet de croire que c'est là un caractère d'âge, et qu'à mesure que l'animal vieillit, ses dents non-seulement se déplacent par la rupture des tubercules osseux qui les portent, mais qu'elles reviennent plus nombreuses.

La forme des dents des anarrhiques a fait croire depuis long-temps que plusieurs de ces dents fossiles de poissons, qui étaient nommées bufonites ou crapaudines, pouvaient provenir des anarrhiques. Déjà Merret avait avancé cette conjecture; et M. de Lacépède, à l'exemple de Wallerius, croit que si toutes ces dents fossiles arrondies ne viennent pas de poissons analogues aux anarrhiques, plusieurs au moins peuvent y être rapportées, en cherchant les analogues des autres dans le genre des sargues ou des dorades.

---

1. Lettre à M. de Lacépède du 19 Décembre 1809.

L'étude des dents des anarrhiques prouve que les corps fossiles dont on parle, n'ont aucune analogie de structure avec elles, et que c'est une erreur résultant d'un examen peu approfondi. M. Agassis a démontré que ces dents appartiennent à des poissons de familles tout-à-fait différentes et fort éloignées.

L'Anarrhique léopard.

(*Anarrhichas leopardus*, Agassis; Spix, tab. 51.)

Je ne place qu'avec doute dans le genre qui nous occupe, le poisson que M. Agassis y a rapporté.

A en juger d'après la figure, il a le corps ramassé et court : sa hauteur n'est que le quart de la longueur totale. La tête est plus courte. La gueule est bien fendue et paraît armée de dents coniques en avant et globuleuses sur les côtés. Les pectorales sont larges; on ne voit pas de traces de ventrales : la dorsale, la caudale et l'anale paraissent réunies. M. Agassis n'en donne pas les nombres dans le texte. Celui des pectorales est de vingt, et la figure indiquait :

D. 53; A. 22; C.   ? P. 20.

L'auteur dit que la caudale est en si mauvais état qu'il n'a pu juger de sa forme.

La couleur est terre d'ombre, parsemée de grosses taches noirâtres plus ou moins foncées; elle s'avance sur le crâne et sur la dorsale; les joues, la poitrine, la pectorale et l'anale n'en ont point.

Telles sont les observations que nous pouvons présenter sur ce poisson, qui n'est connu que par le seul individu, long de vingt pouces, desséché et en mauvais état, du Cabinet de Munich. Il est dit venir de l'océan Atlantique, sans autre indication.

J'ai tout lieu de croire que le caractère générique dont M. Agassis a donné la diagnose, est pris des observations tirées des auteurs qui ont décrit l'anarrhique des mers du Nord, et non pas sur le poisson, tout mauvais qu'il était, observé par lui et figuré par Spix. La réunion de la dorsale et de l'anale à la caudale me ferait croire que ce poisson doit rentrer dans nos zoarcès, à moins que l'absence des ventrales, et que la présence des dents palatines, semblables à l'anarrhique, ne soient bien constatées. Dans ce cas, ce serait encore le type d'un nouveau genre. Il faut donc attendre de plus amples renseignemens sur cette espèce.

CHAPITRE VIII.

Des Opisthognathes.

Ce nom d'opisthognathe (à mâchoires reculées en ar-rière) a été imaginé par M. Cuvier[1] pour désigner un genre de poissons dont il n'a connu qu'une seule espèce de la mer des Indes, d'après un individu desséché et mal con-servé. Aussi les caractères assignés au genre ne sont-ils pas d'une entière exactitude. Toutefois on doit admirer avec quelle sagacité M. Cuvier avait su juger les rapports naturels de ce singulier poisson d'après l'examen d'un si mauvais exemplaire.

Depuis lui, nous avons eu le plaisir de recevoir une seconde espèce de ce même genre, et qui se trouve sur les rivages de l'Amérique baignés par l'Atlantique équinoxiale. A l'aide de ces documens, nous allons en présenter les caractères.

Les opisthognathes sont des acanthoptérygiens à rayons simples, flexibles, comme la plupart de nos blennoïdes; sauf l'épine des ventrales, qui est bien évidemment osseuse et poignante. Les nageoires ventrales sont placées sous la gorge, en avant des pectorales, comme dans tous les pois-sons de la même famille; mais elles sont complètes, en ce sens qu'elles ont cinq rayons mous à la suite de leur épine. Je les ai trouvées telles dans les deux espèces que j'ai examinées; M. Cuvier s'est donc trompé en n'en comp-tant que trois; erreur que je m'étonne de n'avoir pas trouvé rectifiée dans la seconde édition du Règne animal;

---

1. Cuv. Règ. an. 1817; t. II, p. 252.

alors il existait, dans la collection du Jardin des plantes,
un second individu de son opisthognathe de Sonnerat,
conservé dans l'eau-de-vie, et sur lequel on compte facilement les cinq rayons mous, articulés et branchus des
ventrales. M. Ruppel a commis une autre erreur en portant
le nombre des rayons à quatre[1]. Je dois me hâter de me
rectifier ici moi-même; car j'avais cru à l'exactitude du
nombre des rayons de ces ventrales, exprimé dans la seconde édition du Règne animal, et c'est ce qui m'a fait
dire plus haut (p. 145) que les opisthognathes « ont déjà
trois rayons aux ventrales. » Je les ai comptés avec soin
dans les deux espèces, et, je le répète, leur nombre est
de cinq ayant des articulations, plus l'épine.

Le nom d'opisthognathe convient bien à l'espèce de la
mer des Indes; le maxillaire se prolonge au-delà des os
en ceinture de l'avant-bras; mais dans l'espèce américaine,
quoique longs, ces maxillaires n'atteignent pas au-delà de
ce que l'on observe dans la plupart des poissons; ils ne
dépassent pas le bord du préopercule. Les dents sont en
cardes fines, sur une bande étroite à chaque mâchoire;
leur dorsale continue est étendue depuis la tête jusqu'un
peu avant la caudale, sans s'unir au dos de la queue par
aucune membrane; l'anale a l'extrémité des premiers rayons
libre et dépassant la membrane, comme cela est d'ordinaire
dans le plus grand nombre des blennoïdes. Les pectorales
et la caudale sont petites; la ligne latérale est bien marquée;
les écailles sont petites; la membrane branchiostège a six
rayons; nous les avons ainsi comptés sur l'espèce de l'Inde
et sur celle d'Amérique; nous sommes donc autorisés à

1. Ruppel, Atl. zool. *Poiss.*, p. 114 et 115.

admettre que M. Ruppel s'est trompé en n'en portant le nombre qu'à trois. On voit que tous ces détails d'organisation extérieure rapprochent sensiblement ces poissons des blennies, auxquels ils ressemblent encore par leur tête grosse, leur museau obtus et les tentacules de leurs narines. Cependant ils diffèrent des autres blennoïdes par la présence d'une vessie natatoire.

L'Opisthognathe de Sonnerat.

(*Opisthognathus Sonneratii*, Cuv.; *Opisthognathus ocellatus*, Ehrenb.; *Opisthognathus nigro-marginatus*, Ruppel.)

M. Cuvier avait d'abord fait connaître ce poisson d'après un individu desséché en herbier et en mauvais état, qui avait été rapporté de Pondichéry par Sonnerat. Depuis lors M. Leschenault nous a mis à même d'en donner une description complète, au moyen d'un individu conservé dans l'esprit de vin, et qui a même gardé ses couleurs.

Dans l'intervalle, M. Ruppel, ayant de son côté retrouvé l'espèce dans la mer Rouge, l'a bien décrite et en a donné une belle figure; mais, lui trouvant des caractères dont M. Cuvier n'a pas parlé, il l'a jugée nouvelle et lui a donné le nom d'*opisth. nigro-marginatus.*

M. Ehrenberg l'a aussi déposée au Cabinet de Berlin, mais sous le nom d'*opisth. ocellatus*, qui exprime sa marque distinctive la plus apparente.

La tête de ce poisson, grosse et large, son museau très-court, ses yeux très-grands, sa gueule bien fendue, et surtout son maxillaire, prolongé outre mesure, le font reconnaître au premier coup d'œil.

Sa hauteur aux pectorales est du sixième de sa longueur totale, et son épaisseur au même endroit, de moitié de sa hauteur; mais il devient plus mince en arrière. La longueur de sa tête, prise depuis le museau jusqu'au bout de l'opercule, est trois fois et trois quarts dans sa longueur totale. Elle a en hauteur les trois cinquièmes, et en largeur près de moitié de sa longueur. La longueur du museau n'a que moitié du diamètre de l'œil, et la partie de la tête en arrière de l'œil a moitié de ce diamètre. L'œil est tout près de la ligne du profil, qui du sourcil se courbe en arc de cercle pour descendre au museau. La distance d'un œil à l'autre n'est que de moitié de leur diamètre; la narine s'ouvre par deux petits trous, placés l'un au-devant de l'autre, et plus près de l'œil que du bout du museau.

La mâchoire supérieure avance un peu plus que l'autre; leur circonscription horizontale est parabolique, et la gueule, très-grande, est fendue jusque sous le milieu de la joue. L'intermaxillaire est mince et faiblement protractile. Le maxillaire, divisé en deux branches supérieurement, a son extrémité postérieure dilatée en une lame mince et large, qui, se terminant en une pointe obtuse et cartilagineuse, atteint et dépasse même la fente branchiale.

Le maxillaire, par une disposition fort remarquable, a supérieurement deux branches osseuses et grêles : l'antérieure s'articule comme à l'ordinaire en avant de l'œil; la postérieure est un os à part, dont l'extrémité supérieure est simplement sous la peau, et dont l'inférieure s'applique sur la face externe de la dilatation inférieure du maxillaire.

Les dents sont en cardes fines sur une bande de largeur médiocre aux deux mâchoires. Celles du rang extérieur sont plus fortes et plus séparées. Il n'y en a aucunes au palais, ni sur la langue, qui est courte, obtuse et sans liberté. Celles des pharyngiens sont aussi en cardes. Le voile membraneux, si général à l'entrée de la bouche des poissons, est ici d'une telle petitesse qu'on pourrait facilement avancer qu'il n'existe pas dans celui-ci. Le préopercule est coupé en demi-ellipse, et l'opercule en triangle, dont la pointe, enveloppée dans un grand bord membraneux, ne se découvre qu'avec le doigt. Les ouïes sont très-ouvertes; leur membrane, fendue jusqu'à l'aplomb du bord postérieur de l'œil, contient six rayons de chaque côté. L'opercule porte la demi-branchie. Il n'y a point d'armure à l'épaule.

La pectorale, du septième environ de la longueur totale, de forme

ovale et à dix-huit rayons, est attachée au-dessous du milieu de la
hauteur. Les ventrales, pointues et un peu plus longues, s'attachent
un peu plus en avant que la base des pectorales, et sont jugulaires,
mais en prenant le terme à la rigueur. A l'extérieur elles semblent
n'offrir que trois rayons, mais la dissection y en montre cinq articulés et un épineux petit et grêle. La dorsale commence aussi un
peu plus en avant que la base de la pectorale; sa partie antérieure
est à peu près des deux tiers de la hauteur du corps; ses rayons
se raccourcissent un peu ensuite, et les derniers s'alongent un peu
pour former une pointe; son bord postérieur ne s'attache pas au
dos de la queue; on y compte vingt-quatre rayons, dont les treize
premiers, quoique simples, ne sont pas moins flexibles que les
autres.

L'anale commence un peu plus en avant que le milieu de la
dorsale, et finit vis-à-vis le même point. Peu élevés d'abord, ses
rayons forment en arrière une petite pointe comme ceux de la dorsale: il y en a seize. La portion de la queue entre ces deux nageoires
et la caudale, est du treizième de la longueur totale et aussi haute
que longue, mais plus de trois fois plus mince. La caudale est du
septième de la longueur totale, arrondie à son extrémité: elle a douze
rayons, tous branchus.

B. 6; D. 13/11; A. 16; C. 12; P. 18; V. 1/5.

Les écailles sont très-petites, minces, ovales, encroûtées dans
l'épiderme. La ligne latérale en a de plus saillantes qui sont très-
serrées; elle règne en ligne droite, au septième supérieur de la
hauteur depuis le haut de l'orifice branchial jusqu'après le deuxième
tiers de la dorsale, où elle cesse tout à coup sans recommencer
plus bas. Entre cette ligne et la dorsale il n'y a point d'écailles, ou
du moins elles sont tout-à-fait cachées sous le mucus épais qui
recouvre cette partie du dos: la tête n'en a que sur la joue et le
milieu de l'opercule.

Ce poisson paraît d'un brun roussâtre. De chaque côté règnent
quatre bandes longitudinales plus pâles, en partie divisées en taches,
dont une enveloppe le ventre. De petites taches rondes, pâles,
entourées d'un liséré noirâtre, sont semées sur l'opercule, sur la

joue et vers le commencement de la ligne latérale. La dorsale est
d'un brun noirâtre, semée de taches blanches de différentes grandeurs : il y en a une rangée régulière le long de la base. Un grand
ocelle noir, entouré de blanc, va du cinquième au huitième rayon.
Les pectorales sont grises; les ventrales, l'anale et la caudale d'un
brun noirâtre. Un trait singulier de coloration, c'est que le maxillaire
et la membrane qui le joint à la tête, sont à la face interne d'un blanc
pur, avec une bande d'un noir profond vers l'extrémité, laquelle
se montre un peu à l'extérieur le long du bord inférieur.

La figure de M. Ruppel[1], faite d'après un individu de
sept pouces,

représente la dorsale comme d'égale hauteur partout; elle colore le
corps de gris-roussâtre, avec des marbrures irrégulières brunes, et
des points bruns sur la joue et l'opercule. Les pectorales y sont
jaunâtres; l'anale blanchâtre, tachetée de brun; la caudale a deux
bandes verticales brunes, et l'auteur ne compte que trois rayons à
la membrane des ouïes.

B. 3; D. 24; A. 15; C. 14; P. 18; V. 4.

Cette dernière différence nous paraît tenir à une erreur
d'observation, et les autres ne sont pas assez importantes
pour établir une différence d'espèce.

M. Ehrenberg, dont l'individu est beaucoup plus petit
(trois pouces), lui donne pour nombres :

D. 26; A. 15; C. 14; P. 10.

Du reste sa figure ressemble à celle de M. Ruppel.

L'opisthognathe a le foie épais, arrondi en arrière, et creusé en
dessus en une gouttière qui porte l'œsophage. La vésicule du fiel est
petite, étroite et alongée. L'estomac a peu de capacité. Nous n'avons
pu rien voir de la suite du canal intestinal.

La rate est petite et arrondie.

Il y a une petite vessie aérienne, du quart de la longueur de la

____

1. Atl. zool., *Poiss.*, pl. 28, fig. 4.

cavité abdominale, cylindrique et arrondie à ses deux extrémités. Ses ligamens antérieurs sont assez forts, et entre eux on voit passer la principale branche de la coronaire de l'estomac, dont l'apparence, mais fausse, est celle d'un prolongement capillaire de la vessie, qui la ferait communiquer avec le crâne.

Le célèbre voyageur de Francfort n'en a vu que deux individus, pris à Massuah, et dont on ne put lui dire le nom arabe, ce qui fait supposer que l'espèce n'est pas commune sur cette côte. Elle ne doit pas l'être non plus dans les autres parages de la mer des Indes, puisqu'aucun auteur n'en avait parlé avant nous, et que nous n'en avons jamais reçu que deux individus. L'un, sec, a six pouces de long, l'autre n'en a que cinq.

L'Opisthognathe de Cuvier.

(*Opisthognathus Cuvierii*, nob.)

Je dédie cette seconde espèce à M. Cuvier, parce que c'est lui qui a établi ce genre, et qui en a marqué les véritables affinités naturelles. Elle offre dans l'ocelle dont sa dorsale est marquée un rapport de coloration bien remarquable avec l'opisthognathe des Indes.

La tête est grosse et plus longue que le corps n'est élevé; car sa hauteur aux pectorales ne fait que les deux tiers de la longueur de la tête; la queue est comprise trois fois et deux tiers dans la longueur totale. L'œil est grand, situé en avant près du museau et fort rapproché de l'autre; son diamètre est contenu trois fois et demie dans la distance du bout du museau à l'angle de l'opercule. Je ne vois aucun tentacule sur l'œil ni sur l'occiput; mais il en existe un très-petit sur la narine; il est simple et filiforme.

L'opercule et le préopercule sont cachés dans la peau molle et flasque qui recouvre la tête; on voit quelque peu le bord montant

du préopercule. La bouche est fendue jusque sous l'aplomb du bord
postérieur de l'orbite; le maxillaire se porte au-delà de l'œil; mais
sans être de beaucoup autant alongé que celui de l'opistognathe
de l'Inde. L'intermaxillaire est mince et étroit, et caché sous une
lèvre assez épaisse et molle. Les dents sont en cardes fines aux deux
mâchoires; j'en aperçois deux très-petites sur le chevron du vomer;
je ne m'étonnerais pas qu'elles ne tombassent facilement, et que
quelque naturaliste ne vînt à les négliger ou à trouver effectivement
un individu qui eût le palais lisse.

La langue est libre, arrondie et lisse. Les ouïes sont largement
fendues; la membrane, soutenue par six rayons, se joint, entre les
branches de la mâchoire inférieure, à celle de l'autre côté. Les
pectorales sont petites, arrondies et transparentes; en avant de leur
insertion, on voit celle des ventrales, nageoires plus courtes que
celles de l'espèce indienne, mais composées de même de cinq rayons
articulés, précédés d'une épine longue et solide. La dorsale naît sur
le derrière du crâne, à l'aplomb de la pectorale; elle est basse dans
sa portion antérieure, et un peu plus élevée dans la portion soutenue
par les rayons articulés. L'anale est plus basse, n'a que deux rayons
simples, et les autres dépassent un peu la membrane. La caudale
est arrondie.

B. 6; D. 10/18; A. 2/16; C. 15; P. 17; V. 1/5.

Les écailles sont régulières, fort petites, mais non implantées ou
cachées dans la peau comme celles d'un grand nombre de blennies.
On en compte facilement soixante-dix rangées entre l'ouïe et la
caudale.

La ligne latérale est tracée, sur le haut du dos, comme une petite
bandelette foncée, qui s'efface vers le dixième rayon de la dorsale.
Tout ce poisson paraît avoir été gris-jaunâtre ou verdâtre, à reflets
argentés, et tacheté ou grivelé de roux plus foncé. Il y a une sorte
de bande brunâtre, longitudinale, sur la joue. La dorsale et l'anale
sont bleuâtres, et les rayons sont roux. Sur la portion antérieure
de la nageoire du dos, comprise entre le quatrième rayon et le
huitième, on voit une large tache ovale, bleu foncé, entourée d'un

cercle blanc. La caudale est rousse, avec deux bandes verticales de points bleuâtres, formant comme deux arcs concentriques, parallèles au bord de la nageoire. Les ventrales sont noirâtres.

Nous n'avons encore examiné qu'un seul individu de cette espèce de poisson. Il est long de cinq pouces, et a été cédé et échangé au Musée de Paris par celui de Genève. Celui-ci l'avait reçu, avec d'autres poissons intéressans, de M. Blanchet, d'un de ses correspondans établis à Bahia; avant cet observateur aucun naturaliste ne l'avait rencontré. Je ne le trouve point dans l'ouvrage de Spix; je crois l'espèce toute nouvelle.

FIN DU TOME ONZIÈME.

BIBLIOTHEQUE ROYALE

AVIS AU RELIEUR

POUR PLACER LES PLANCHES.

Planches.

307. *Mugil cephalus*...................... vis-à-vis la page 20

308. { *Mugil capito*.................................
  { *Mugil auratus*................................. } 32

309. { *Mugil saliens*.................................
  { *Mugil chelo*................................. } 38

310. *Mugil labeo*.................... 40

311. *Mugil curtus*.................... 52

312. *Mugil cirrhostomus*.................... 94

313. *Mugil melinopterus*....................
314. *Mugil curvidens*.................... } 110

315. *Cestræus plicatilis*.................... 118

316. *Dajaus monticola*.................... 122

317. *Nestis cyprinoides*.................... 126

318. *Tetragonurus Cuvierii*.................... 136

319. *Blennius tentacularis*....................
320. *Blennius palmicornis*.................... } 160

321. *Blennius sphynx*....................
322. *Blennius Montagui*.................... } 174

323. *Blennius pavo*....................
324. *Blennius fucorum*.................... } 178

325. *Pholis smyrnensis*....................
326. *Blennechis filamentosus*.................... } 206

327. *Chasmodes Bosquianus*....................
328. *Salarias periophthalmus*.................... } 218

329. *Salarias quadricornis* .... } 244
330. *Salarias variolatus* .... }

331. *Clinus superciliosus* .... } 268
332. *Clinus variolosus* .... }

333. *Clinus elegans* .... } 288
334. *Clinus anguillaris* .... }

335. *Myxodes ocellatus* 296
336. *Cristiceps australis* 298
337. *Cirrhibarbis capensis* 300

338. *Tripterygion nasus* .... } 304
339. *Tripterygion nigripenne* .... }

340. *Gunnellus groenlandicus* 326

341. *Zoarces labrosus* .... } 352
342. *Anarrhichas lupus* .... }

343. *Opisthognathus Cuvierii* 372